2026

굴착기(굴삭기) 운전기능사 필기

초단기완성

타임 NCS 연구소

2026

굴착기(굴삭기) 운전기능사 필기

초단기완성

인쇄일 2026년 1월 1일 4판 1쇄 인쇄
발행일 2026년 1월 5일 4판 1쇄 발행
등 록 제17-269호
판 권 시스컴2026

발행처 시스컴 출판사
발행인 송인식
지은이 타임 NCS 연구소

ISBN 979-11-6941-857-7 13550
정 가 13,500원

주소 서울시 금천구 가산디지털1로 225, 514호(가산포휴) | **홈페이지** www.nadoogong.com
E-mail siscombooks@naver.com | **전화** 02)866-9311 | **Fax** 02)866-9312

이 책의 무단 복제, 복사, 전재 행위는 저작권법에 저촉됩니다. 파본은 구입처에서 교환하실 수 있습니다.
발간 이후 발견된 정오 사항은 홈페이지 도서 정오표에서 알려드립니다(홈페이지 → 자격증 → 도서 정오표).

PREFACE

해마다 굴착기운전기능사 자격증 시험의 응시인원이 4만 명에서 5만 명을 웃도는 것으로 알 수 있듯이, 굴착기운전기능사의 사회적 관심과 그 수요는 국가공인자격증 중에서도 커다란 규모를 자랑하고 있습니다. 또한, 현대 산업 현장에서 건설사업의 대형화 및 기계화에 따라 이러한 굴착기운전기능사의 밝은 전망이 앞으로도 오래 지속될 것으로 보입니다. 굴착기는 주로 건설업체나 건설기계 혹은 대여업체 등으로 진출이 가능하며, 이외에도 항만, 광산, 건설사업소 등에서 그 사용범위가 광범위하기도 합니다. 이에 따라 저희 시스컴에서는 기존의 출간된 수많은 필기시험 대비 도서들과는 차별점을 두어 수험생들을 보다 가깝게 합격으로 이끌 수 있는 문제집을 출간하게 되었습니다. 변경된 출제기준을 제대로 반영하여 수험생들의 불필요한 공부를 최소한으로 하고자 하였고, 총 10회분이라는 풍부한 문제량으로 수험생들의 시험대비에 부족함이 없도록 하였습니다.

이 책의 특징은 다음과 같습니다.

첫째, 시험대비의 기초를 이루는 단원별 핵심요약을 수록하였습니다. 간단명료한 요약으로 문제를 풀기 전에 확인하기에도 좋고, 시험 직전 마지막으로 한 번 더 보기에도 좋은 유형으로 구성하였습니다.

둘째, 문제와 해설을 엮은 CBT 기출복원문제를 수록하였습니다. 기존에 굴착기운전기능사 필기시험에서 출제되었던 문제들을 바탕으로 문제를 재구성하여 해설과 함께 수험생들에게 꼭 필요한 개념인 '핵심 포크'를 달아 틀린 문제에서도 제대로 배우고 맞춘 문제에서도 정확히 알고 넘어갈 수 있게 하였습니다.

셋째, 실제 CBT 시험과 유사한 형태의 실전 모의고사를 수록하였습니다. 수험생의 정보, 맞춘 문제 수를 기입할 수 있는 공간과 답안표기란을 제시하여 수험생들이 실제시험과 마주하였을 때 차질이 없도록 하였으며, 마찬가지로 '핵심 포크'를 포함한 섬세한 정답해설을 문제와 분리하여 수록해 같은 회차를 여러 번 풀 수 있도록 구성하였습니다.

이 책을 통하여 굴착기운전기능사를 준비하시는 모든 수험생들이 꼭 합격할 수 있기를 기원하며 저희 시스컴이 든든한 지원자와 동반자가 될 수 있기를 바랍니다.

굴착기(굴삭기) 운전기능사 상세정보

CRAFTSMAN EXCAVATING MACHINE OPERATOR

취득방법

① 시행처 : 한국산업인력공단(www.q-net.or.kr)
② 시험과목
　㉠ 필기 : 굴착기 조종, 점검 및 안전관리
　㉡ 실기 : 굴착기 조정 실무
③ 검정방법
　㉠ 필기 : 객관식 4지 택일형 60문항(60분)
　㉡ 실기 : 작업형(6분 정도)
④ 합격기준
　㉠ 필기 : 100점을 만점으로 하여 60점 이상
　㉡ 실기 : 100점을 만점으로 하여 60점 이상

시험일정

상시시험으로 큐넷(www.q-net.or.kr)의 국가기술자격(상시) 시험일정에 접속하여 지역을 선택한 뒤 확인

※시행지역 : 서울, 서울 서부, 서울 남부, 경기 북부, 부산, 부산 남부, 울산, 경남, 경인, 경기, 성남, 대구, 경북, 포항, 광주, 전북, 전남, 목포, 대전, 충북, 충남, 강원, 강릉, 제주, 안성, 구미, 세종

원서접수 및 합격자 발표

① 원서접수방법 : 인터넷접수(www.q-net.or.kr)
② 접수기간 : 정해진 회별 접수기간 동안 접수, 원서접수 첫날 10:00부터 마지막 날 18:00까지
③ 합격자 발표
　㉠ 필기시험 : 시험 종료 즉시 합격여부 확인
　㉡ 실기시험 : 목요일(09:00) 발표

시험시간

시 행	입 실	수험자 교육	시 험
1부	09:10	09:10~09:30	09:30~10:30
2부	09:40	09:40~10:00	10:00~11:00
3부	10:40	10:40~11:00	11:00~12:00
4부	11:10	11:10~11:30	11:30~12:30
5부	12:40	12:40~13:00	13:00~14:00
6부	13:10	13:10~13:30	13:30~14:30
7부	14:10	14:10~14:30	14:30~15:30
8부	14:40	14:40~15:00	15:00~16:00
9부	15:40	15:40~16:00	16:00~17:00
10부	16:10	16:10~16:30	16:30~17:30

 기타 유의사항

① 접수 지사에서 지정한 시험일시 및 장소에서만 응시할 수 있다. 시험일시 및 장소 변경은 불가하다.
② 필기시험 합격자는 정기시험 및 수시시험에 응시할 수 있으며, 그중 실기시험에 접수한 사람은 최종합격자 발표일까지는 동일 종목의 실기시험에 재응시할 수 없다.
③ 필기시험 면제기간은 필기시험 합격자 발표일로부터 2년간이다.
④ 시험에 응시할 때에는 신분증과 수험표를 반드시 지참하여야 한다.

필기시험 출제기준

CRAFTSMAN EXCAVATING MACHINE OPERATOR

출제기준(2025.1.1~2027.12.31)

주요항목	세부항목	세세항목
1. 점검	1. 운전 전·후 점검	1. 작업 환경 점검 2. 오일·냉각수 점검 3. 구동계통 점검
	2. 장비 시운전	1. 엔진 시운전 2. 구동부 시운전
	3. 작업상황 파악	1. 작업공정 파악 2. 작업간섭사항 파악 3. 작업관계자간 의사소통
2. 주행 및 작업	1. 주행	1. 주행성능 장치 확인 2. 작업현장 내·외 주행
	2. 작업	1. 깎기 2. 쌓기 3. 메우기 4. 선택장치 연결
	3. 전·후진 주행장치	1. 조향장치 및 현가장치 구조와 기능 2. 변속장치 구조와 기능 3. 동력전달장치 구조와 기능 4. 제동장치 구조와 기능 5. 주행장치 구조와 기능
3. 구조 및 기능	1. 일반사항	1. 개요 및 구조 2. 종류 및 용도
	2. 작업장치	1. 암, 붐 구조 및 작동 2. 버켓 종류 및 기능
	3. 작업용 연결장치	1. 연결장치 구조 및 기능
	4. 상부회전체	1. 선회장치 2. 선회 고정장치 3. 카운터웨이트
	5. 하부회전체	1. 센터조인트 2. 주행모터 3. 주행감속기어

주요항목	세부항목	세세항목
4. 안전관리	1. 안전보호구 착용 및 안전장치 확인	1. 산업안전보건법 준수 2. 안전보호구 및 안전장치
	2. 위험요소 확인	1. 안전표시 2. 안전수칙 3. 위험요소
	3. 안전운반 작업	1. 장비사용설명서 2. 안전운반 3. 작업안전 및 기타 안전 사항
	4. 장비 안전관리	1. 장비안전관리 2. 일상 점검표 3. 작업요청서 4. 장비안전관리교육 5. 기계·기구 및 공구에 관한 사항
	5. 가스 및 전기 안전관리	1. 가스안전관련 및 가스배관 2. 손상방지, 작업시 주의사항(가스배관) 3. 전기안전관련 및 전기시설 4. 손상방지, 작업시 주의사항(전기시설물)
5. 건설기계관리법 및 도로교통법	1. 건설기계관리법	1. 건설기계 등록 및 검사 2. 면허·사업·벌칙
	2. 도로교통법	1. 도로통행방법에 관한 사항 2. 도료표지판(신호, 교통표지) 3. 도로교통법 관련 벌칙
6. 장비구조	1. 엔진구조	1. 엔진본체 구조와 기능 2. 윤활장치 구조와 기능 3. 연료장치 구조와 기능 4. 흡배기장치 구조와 기능 5. 냉각장치 구조와 기능
	2. 전기장치	1. 시동장치 구조와 기능 2. 충전장치 구조와 기능 3. 등화 및 계기장치 구조와 기능 4. 퓨즈 및 계기장치 구조와 기능
	3. 유압일반	1. 유압유 2. 유압펌프, 유압모터 및 유압실린더 3. 제어밸브 4. 유압기호 및 회로 5. 기타 부속장치

실기시험정보

CRAFTSMAN EXCAVATING MACHINE OPERATOR

※ 시험시간 : 6분

 **요구사항**

① 코스운전
  ㉠ 주어진 장비(타이어식)를 운전하여 운전석 쪽 앞바퀴가 중간지점의 정지선 사이에 위치하면 일시정지한 후, 뒷바퀴가 도착선을 통과할 때까지 전진 주행하시오.
  ㉡ 전진 주행이 끝난 지점에서 후진 주행으로 앞바퀴가 종료선을 통과할 때까지 운전하여 출발 전 장비 위치에 주차하시오.

② 굴착작업
  ㉠ 주어진 장비로 A(C)지점을 굴착한 후, B지점에 설치된 폴(pole)의 버킷 통과구역 사이에 버킷이 통과하도록 선회합니다. 그리고 C(A)지점의 구덩이를 메운 다음 평탄작업을 마친 후, 버킷을 완전히 펼친 상태로 지면에 내려놓고 작업을 끝내시오.
  ㉡ 굴착작업 횟수는 4회 이상 (단, 굴착작업 시간이 초과될 경우 실격)

수험자 유의사항

① 음주상태 측정은 시험 시작 전에 실시하며, 음주상태이거나 음주 측정을 거부하는 경우 실기시험에 응시할 수 없습니다. (도로교통법에서 정한 혈중 알코올 농도 0.03% 이상 적용)
② 항목별 배점은 코스운전(25점), 굴착작업(75점)입니다.
③ 시험감독위원의 지시에 따라 시험장소에 출입 및 장비운전을 하여야 합니다.
④ 휴대폰 및 시계류(손목시계, 스톱워치 등)는 시험시작 전 시험감독위원에게 제출합니다.
⑤ 규정된 작업복장의 착용여부는 채점사항에 포함됩니다. (복장 : 수험자 지참공구 목록 참고)
⑥ 안전벨트 및 안전레버 체결, 각종레버 및 rpm 조절 등의 조작 상태는 채점사항에 포함됩니다.
⑦ 코스운전 후 굴착작업을 합니다.(단, 시험장 사정에 따라 순서가 바뀔 수 있습니다.)
⑧ 굴착 작업 시 버킷 가로폭의 중심 위치는 앞쪽 터치라인(ⓑ선)을 기준으로 하여 안쪽으로 30cm 들어온 지점에서 굴착합니다.
⑨ 굴착 및 덤프 작업 시 구분동작이 아닌 연결동작으로 작업합니다.
⑩ 굴착 시 흙량은 버킷의 평적 이상으로 합니다.

⑪ 장비운전 중 이상 소음이 발생되거나 위험사항이 발생되면 즉시 운전을 중지하고, 시험위원에게 보고하여야 합니다.
⑫ 굴착지역의 흙이 기준면과 부합하지 않다고 판단될 경우 시험위원에게 흙량의 보정을 요구할 수 있습니다.(단, 굴착지역의 기준면은 지면에서 하향 50cm)
⑬ 장비 조작 및 운전 중 안전수칙을 준수하여 안전사고가 발생되지 않도록 유의합니다.
⑭ 과제 시작과 종료
  – 코스 : 앞바퀴 기준으로 출발선(및 종료선)을 통과하는 시점으로 시작(및 종료) 됩니다.
  – 작업 : 수험자가 준비된 상태에서 시험감독위원의 호각신호에 의해 시작하고, 작업을 완료하여 버킷을 완전히 펼쳐 지면에 내려놓았을 때 종료 됩니다. (단, 과제 시작 전, 수험자가 운행 준비를 완료한 후 시험감독위원에게 의사표현을 하고, 이를 확인한 시험감독위원이 호각신호를 주었을 때 과제를 시작합니다.)

불합격 처리

① **기권** : 수험자 본인이 수험 도중 시험에 대한 포기 의사를 표기하는 경우
② **실격**
  ㉠ 시험시간을 초과하거나 시험 전 과정(코스, 작업)을 응시하지 않은 경우
  ㉡ 운전조작이 극히 미숙하여 안전사고 발생 및 장비손상이 우려되는 경우
  ㉢ 요구사항 및 도면대로 코스를 운전하지 않은 경우
  ㉣ 코스운전, 굴착작업 중 어느 한 과정 전체가 0점일 경우
  ㉤ 출발신호 후 1분 내에 장비의 앞바퀴가 출발선을 통과하지 못하는 경우
  ㉥ 주차브레이크를 해제하지 않고 앞바퀴가 출발선을 통과하는 경우
  ㉦ 코스 중간지점의 정지선 내에 일시정지하지 않은 경우
  ㉧ 뒷바퀴가 도착선을 통과하지 않고 후진 주행하여 돌아가는 경우
  ㉨ 주행 중 코스 라인을 터치하는 경우 (단, 출발선(및 종료선)·정지선·도착선·주차구역선·주차선은 제외)
  ㉩ 수험자의 조작미숙으로 엔진이 1회 정지된 경우
  ㉪ 버킷, 암, 붐 등이 폴(pole), 줄을 건드리거나 오버스윙제한선을 넘어가는 경우
  ㉫ 굴착, 덤프, 평탄 작업 시 버킷 일부가 굴착구역선 및 가상굴착제한선을 초과하여 작업한 경우
  ㉬ 선회 시 버킷 일부가 가상통과제한선을 건드리거나, B지점의 버킷통과구역 사이를 통과하지 않은 경우
  ㉭ 굴착작업 회수가 4회 미만인 경우, 평탄작업을 하지 않고 작업을 종료하는 경우

구성 및 특징

CRAFTSMAN EXCAVATING MACHINE OPERATOR

핵심 정복! 단원별 핵심요약

단원별로 놓치지 말아야 할 핵심 개념들을 간단명료하게 요약하여 짧은 시간에 이해, 암기, 복습이 가능하도록 하였으며, 시험대비의 시작뿐만 아니라 끝까지 활용할 수 있습니다.

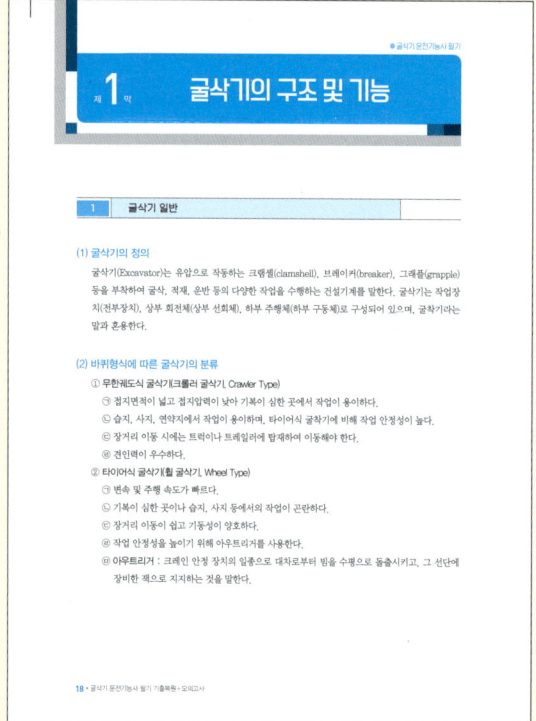

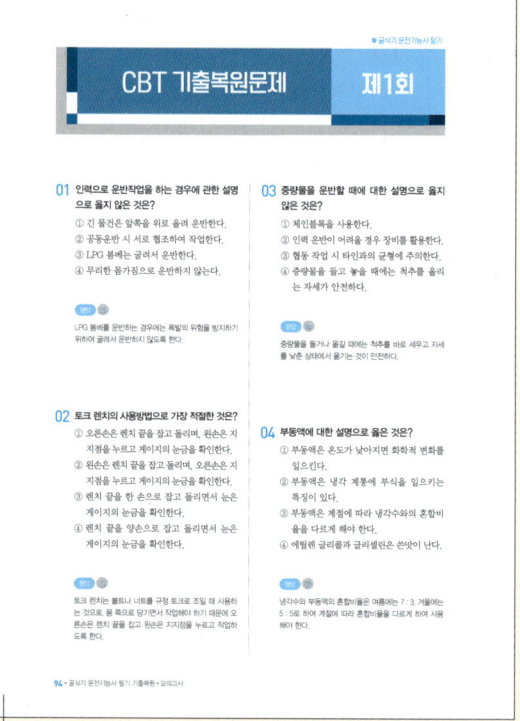

유형 파악! CBT 기출복원문제

기존의 출제된 기출문제를 복원한 CBT 기출복원문제와 섬세한 해설을 함께 확인하며 필기시험의 유형을 제대로 파악할 수 있도록 총 5회분을 수록하였습니다.

필기는 실전이다! 실전모의고사

실제 CBT 필기시험과 유사한 형태의 실전모의고사를 통해 실제로 시험을 마주하더라도 문제없이 시험에 응시할 수 있도록 총 5회분을 수록하였습니다.

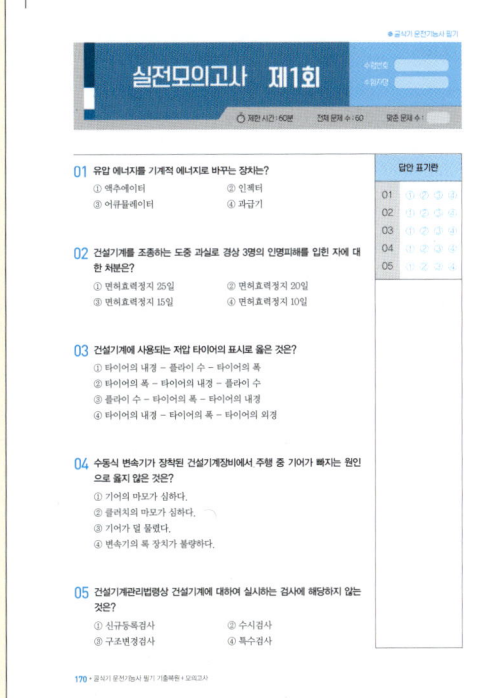

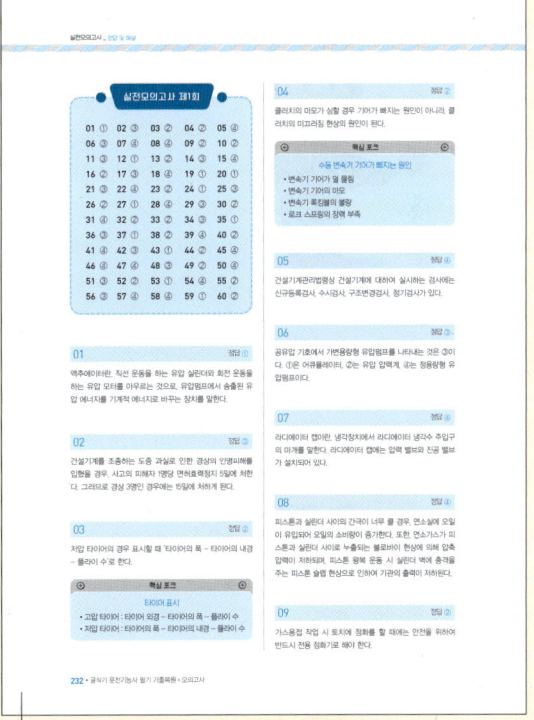

개념 쏙쏙! 핵심 포크

단원별 핵심요약 이외에도 CBT 기출복원문제와 실전모의고사 문제의 바탕이 되는 핵심 개념을 골라 이해를 돕기 위한 설명을 덧붙인 '핵심 포크'로 더욱 섬세한 해설을 확인할 수 있습니다.

목 차

CRAFTSMAN EXCAVATING MACHINE OPERATOR

제1장

단원별 핵심요약

제1막 굴착기의 구조 및 기능 …………………… 18
제2막 장비구조 ………………………………………… 26
제3막 굴착기 주행 및 작업 ………………………… 63
제4막 점검 및 안전관리 ……………………………… 67
제5막 건설기계관리법 및 도로교통법 …………… 80

제2장

CBT 기출복원문제

CBT 기출복원문제 제1회 ……………………………… 94
CBT 기출복원문제 제2회 ……………………………… 109
CBT 기출복원문제 제3회 ……………………………… 124
CBT 기출복원문제 제4회 ……………………………… 139
CBT 기출복원문제 제5회 ……………………………… 154

제3장

실전모의고사

실전모의고사 제1회	170
실전모의고사 제2회	182
실전모의고사 제3회	194
실전모의고사 제4회	206
실전모의고사 제5회	218

제4장

실전모의고사 정답 및 해설

실전모의고사 제1회	232
실전모의고사 제2회	238
실전모의고사 제3회	244
실전모의고사 제4회	250
실전모의고사 제5회	256

교통안전표시

주의표지

101	+자형교차로
102	T자형교차로
103	Y자형교차로
104	ㅏ자형교차로
105	ㅓ자형교차로
106	우선도로
107	우합류도로
108	좌합류도로
109	회전형교차로
110	철길건널목
111	우로굽은도로
112	좌로굽은도로
113	우좌로이중굽은도로
114	좌우로이중굽은도로
115	2방향통행
116	오르막경사
117	내리막경사
118	도로폭이좁아짐
119	우측차로없어짐
120	좌측차로없어짐
121	우측방통행
122	양측방통행
123	중앙분리대시작
124	중앙분리대끝남
125	신호기
126	미끄러운도로
127	강변도로
128	노면고르지못함
129	과속방지턱
130	낙석도로
131	횡단보도
132	어린이보호
133	자전거
134	도로공사중
135	비행기
136	횡풍
137	터널
138	교량
139	야생동물보호
140	위험

규제표지

201	통행금지
202	자동차통행금지
203	화물자동차통행금지
204	승합자동차통행금지
205	이륜자동차및원동기장치자전거통행금지
206	자동차·이륜자동차및원동기장치자전거통행금지
207	경운기·트랙터및손수레통행금지
208	자전거통행금지
209	진입금지
210	직진금지
211	우회전금지
212	좌회전금지
213	유턴금지
214	앞지르기금지
215	정차·주차금지
216	주차금지
217	차중량제한
218	차높이제한
219	차폭제한
220	차간거리확보
221	최고속도제한
222	최저속도제한
223	서행
224	일시정지
225	양보
226	보행자보행금지
227	위험물적재차량통행금지

지시표지

301	자동차전용도로
302	자전거전용도로
303	자전거및보행자겸용도로
304	회전교차로
305	직진
306	우회전
307	좌회전
308	직진 및 우회전
309	직진 및 좌회전
310	좌우회전
311	유턴
312	양측방통행
313	우측면통행
314	좌측면통행
315	진행방향별통행구분
316	우회로
317	자전거및보행자통행구분
318	자전거전용차로
319	주차장
320	자전거주차장
321	보행자전용도로
322	횡단보도
323	노인보호
324	어린이보호
324-2	장애인보호
325	자전거횡단도
326	일방통행
327	일방통행
328	일방통행
329	비보호좌회전
330	버스전용차로
331	다인승차량전용차로
332	통행우선
333	자전거나란히통행허용

보조표지

401	거리
402	거리
403	구역
404	일자
405	시간
406	시간
407	신호등화상태
408	전방우선도로
409	안전속도
410	기상상태
411	노면상태
412	교통규제
413	통행규제
414	차량한정
415	통행주의
416	표지설명
417	구간시작
418	구간내
419	구간끝
420	우방향
421	좌방향
422	전방
423	중량
424	노폭
425	거리
427	해제
428	견인지역
429	어린이보호구역

표지판 종류

(속도제한표시, 승용차에 한함, 견인지역, 주의, 규제, 보조 표시)

제1장

단원별 핵심요약

CRAFTSMAN
EXCAVATING
MACHINE
OPERATOR

제1막	굴착기의 구조 및 기능
제2막	장비구조
제3막	굴착기 주행 및 작업
제4막	점검 및 안전관리
제5막	건설기계관리법 및 도로교통법

제 1 막 굴착기의 구조 및 기능

1. 굴착기 일반

(1) 굴착기의 정의
굴착기는 유압으로 작동하는 크램셀(clamshell), 브레이커(breaker), 그래플(grapple) 등을 부착하여 굴착, 적재, 운반 등의 다양한 작업을 수행하는 건설기계를 말한다. 굴착기는 작업장치(전부장치), 상부 회전체(상부 선회체), 하부 주행체(하부 구동체)로 구성되어 있으며, 굴삭기라는 말과 혼용한다.

(2) 바퀴형식에 따른 굴착기의 분류
① 무한궤도식 굴착기(크롤러 굴착기, Crawler Type)
  ㉠ 접지면적이 넓고 접지압력이 낮아 기복이 심한 곳에서 작업이 용이하다.
  ㉡ 습지, 사지, 연약지에서 작업이 용이하며, 타이어식 굴착기에 비해 작업 안정성이 높다.
  ㉢ 장거리 이동 시에는 트럭이나 트레일러에 탑재하여 이동해야 한다.
  ㉣ 견인력이 우수하다.
② 타이어식 굴착기(휠 굴착기, Wheel Type)
  ㉠ 변속 및 주행 속도가 빠르다.
  ㉡ 기복이 심한 곳이나 습지, 사지 등에서의 작업이 곤란하다.
  ㉢ 장거리 이동이 쉽고 기동성이 양호하다.
  ㉣ 작업 안정성을 높이기 위해 아웃트리거를 사용한다.
  ㉤ 아웃트리거 : 크레인 안정 장치의 일종으로 대차로부터 빔을 수평으로 돌출시키고, 그 선단에 장비한 잭으로 지지하는 것을 말한다.

2	작업장치(전부장치)

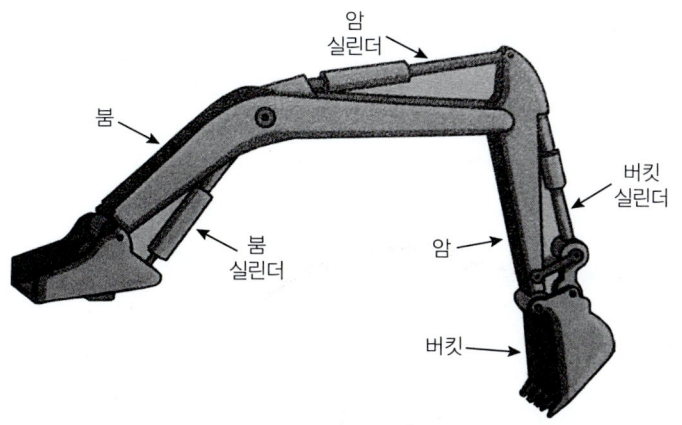

(1) 붐(boom)

상부 회전체에 풋 핀(foot pin)에 의해 1개 또는 2개의 유압실린더와 함께 설치되어 있고, 유압실린더에 의해 상하운동을 한다.

(2) 암(arm)

붐과 버킷 사이에 설치된 부분을 말하며, 붐과 암의 각도가 80~110°일 때 굴착력이 가장 크다. 암 레버의 조작 시 일시적으로 멈췄다 다시 움직이는 것은 펌프의 토출량이 부족하기 때문이다.

(3) 버킷(bucket)

직접 작업을 하는 부분으로, 굴착력을 높이기 위해 투스(tooth)를 사용한다. 투스는 1/3 정도 마모되었을 때 교환해준다.

(4) 버킷의 종류

① **백호(back hoe)** : 일반적인 굴착기의 버킷을 말하며, 굴착 방향이 조종사 쪽으로 끌어당기는 방향이다. 굴착기가 위치한 지면보다 낮은 곳의 땅을 파는 데에 적합하다.

② **셔블(shovel)** : 버킷의 굴착 방향이 백호와 반대인 것으로, 굴착기가 위치한 지면보다 높은 곳의 땅을 파는 데에 적합하다. 백호 버킷을 뒤집어 사용하기도 한다.

③ **크램셸(clamshell)** : 모래, 자갈 등의 작업 및 곡물 하역 작업에 사용한다.

④ **이젝터(ejector)** : 점토 등의 굴착 작업 시 버킷 내부의 토사를 떼어낸다.

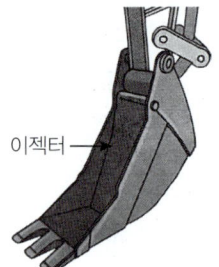

⑤ **브레이커(breaker)** : 암석이나 콘크리트 파쇄, 말뚝 박기 등에 사용되는 유압식 왕복 해머를 말한다.

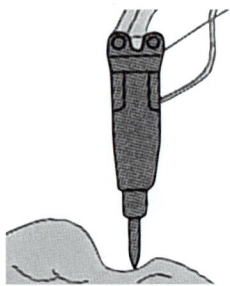

⑥ 어스 오거 : 기둥을 박기 위해 구멍을 파거나 스크루를 돌려 전주를 박을 때 사용하는 장치를 말한다.

⑦ 파일 드라이버 : 건축, 토목의 기초 공사를 할 때 박는 말뚝인 파일(pile)을 박거나 뺄 때 사용하는 장치를 말한다.

⑧ 우드 그래플(wood grapple) : 집게로 원목 등을 집어 운반, 하역 작업을 하는 장치를 말한다.

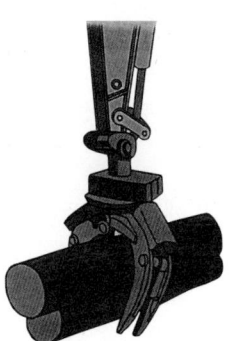

⑨ 컴팩터(compactor) : 지반 다짐이 필요할 때 사용하는 장치를 말한다.

3 상부 회전체(상부 선회체)

(1) 선회장치

① **선회모터(스윙모터)** : 일반적으로 피스톤식 유압모터를 사용하며, 펌프로부터 공급받은 유압에 의하여 선회 감속 기어를 회전시킨다.

② **선회 감속 기어** : 선회 감속 기어는 선 기어, 링 기어, 유성 기어, 유성 기어 캐리어로 구성되어 있다. 선회 감속 기어가 선회 피니언 기어를 회전시키면 그 회전에 의하여 선회 링 기어를 회전시켜 굴착기가 선회하게 된다.

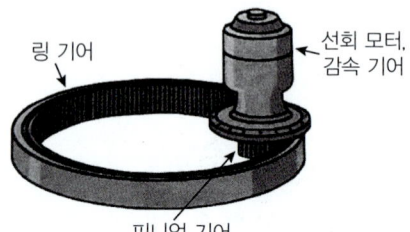

③ **회전 고정 장치** : 굴착기가 트레일러로 운반될 때 상부 회전체와 하부 주행체를 고정시켜준다. 굴착기가 트레일러에서 하차하기 전에는 고정 장치를 반드시 풀고 하차한다.

④ **굴착기 선회(스윙)가 불량할 때** : 굴착기 선회가 원활하지 않을 때에는 릴리프 밸브의 설정 압력 부족, 선회모터 내부 손상 등 유압 밸브 및 모터의 이상, 컨트롤 밸브의 스풀 불량이 원인이다.

(2) 센터 조인트(center joint)

① 굴착기의 상부 회전체 중심부에 설치되어 유압펌프에서 공급되는 작동유를 하부 주행체로 공급해주는 부품을 말한다. 스위블 조인트, 터닝 조인트라고도 한다.

② 압력 상태에서도 선회가 가능한 관이음이며, 상부 회전체가 회전하더라도 호스, 파이프 등의 오일 관로가 꼬이지 않고 오일을 하부 주행체로 원활하게 공급한다.

③ 굴착 작업 시 발생하는 하중 및 유압 변동에 견딜 수 있는 구조여야 한다.

(3) 카운터 웨이트

① 상부 회전체의 가장 뒷부분에 설치되는 평형추를 말하며, 밸런스 웨이트라고도 한다.

② 굴착기의 버킷으로 중량물을 운반할 때 굴착기의 뒷부분이 들리는 것을 방지하며, 굴착 작업 시 굴착기가 앞으로 넘어지는 것을 방지한다.

4 하부 주행체(하부 구동체)

(1) 타이어식
① 타이어식 하부 주행체는 유압모터(주행모터), 드라이브 라인, 변속기, 종감속 장치 및 차동장치, 차축(액슬축), 주행감속 기어, 블레이드(배토판)으로 구성되어 있다.
② 블레이드(배토판) : 토사를 굴착하고 밀면서 운반하기 위한 강철제의 판을 말한다.

(2) 무한궤도식

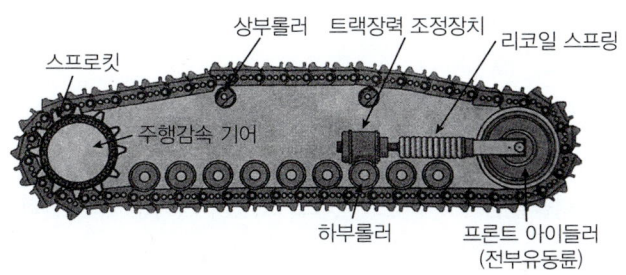

① 프론트 아이들러(front idler, 전부유동륜)
 ㉠ 좌우 트랙프레임 앞부분에 설치되어 트랙 앞부분의 공간을 확보하며, 트랙의 장력을 조정하면서 트랙의 진행방향을 유도한다.
 ㉡ 아이들러는 스스로 구동하는 것이 아니라 트랙이 회전할 때 함께 회전하며, 리코일 스프링으로 지지되어 있다.
 ㉢ 트랙의 장력을 조정하며 주행 중 지면으로부터 받는 충격을 완화하기 위하여 아이들러가 트랙 프레임 위를 전후로 움직이는 구조로 되어 있다.
② 리코일 스프링(Recoil spring)
 ㉠ 굴착기 주행 시 프론트 아이들러에서 오는 충격을 완화하여 하부 주행체의 파손을 방지하고, 트랙이 원활하게 회전하도록 해준다.
 ㉡ 서징 현상(surging, 진동)을 방지하기 위하여 이중 스프링식으로 되어 있다.
③ 스프로킷(Sprocket)
 ㉠ 주행모터에 장착되어 주행감속 기어의 동력을 트랙으로 전달하는 역할을 한다.
 ㉡ 트랙의 장력이 과대하거나 이완되어 있으면 스프로킷의 마모가 심해진다.

④ 주행모터
　㉠ 센터 조인트로부터 유압을 받아 회전하여 주행감속 기어, 스프로킷, 트랙 등을 회전시켜 굴착기의 주행 및 조향의 기능을 한다.
　㉡ 트랙에 각각 1개씩, 총 2개가 설치되어 있다.

⑤ 상부롤러(Carrier roller, 캐리어롤러)
　㉠ 트랙의 회전 위치를 바르게 유지하는 역할을 한다.
　㉡ 롤러의 바깥 방향에 흙이나 먼지의 침입을 방지하기 위한 더스트 실(dust seal)이 설치되어 있다.
　㉢ 스프로킷과 프론트 아이들러 사이에 있는 트랙을 지지하여 처지는 것을 방지한다.
　㉣ 트랙프레임에 1~2개 정도 설치된다.
　㉤ 주로 싱글플랜지형을 사용한다.

⑥ 하부롤러(Track roller, 트랙롤러)
　㉠ 굴착기 전체의 무게를 지지한다.
　㉡ 트랙프레임에 3~7개 정도 설치되어 있다.
　㉢ 싱글플랜지형과 더블플랜지형이 있으며, 스프로킷과 가까운 쪽의 롤러는 싱글플랜지형을 사용한다.
　㉣ 플로팅 실(floating seal)을 사용하여 윤활제의 누설과 흙 등의 침입을 방지한다.

⑦ 트랙(Track)
　㉠ 구성 : 트랙 슈, 링크, 부싱, 핀, 슈 볼트, 더스트 실 등
　㉡ 트랙 슈(shoe) : 트랙의 가장 바깥면을 구성하는 트랙의 신발에 해당하는 것으로, 링크에 볼트와 너트로 고정되고 링크 사이에는 부싱과 핀을 끼워서 고정한다.
　㉢ 트랙 슈의 종류
　　• 단일 돌기 슈 : 일렬의 돌기를 가지며 큰 견인력을 얻을 수 있다.
　　• 이중/3중 돌기 슈 : 높이가 같은 2열/3열의 돌기를 가지며, 차체의 회전 성능이 좋다.
　　• 스노 슈 : 구멍이 뚫려 있어 눈 등이 잘 빠져나올 수 있으며, 돌기에 단이 있어 가로 방향의 미끄럼을 방지한다.
　　• 암반용 슈 : 슈의 강도를 높이고 돌기 양쪽에 리브를 가져 가로 방향의 미끄럼을 방지한다. 암반 현장의 작업에 알맞다.
　　• 평활 슈 : 슈를 편평하게 만들어 도로의 노면 파괴를 방지한다.
　　• 습지용 슈 : 슈의 단면을 삼각형이나 원호형으로 만들고, 슈의 너비를 넓게하여 접지면적을 크게 하여 습지나 연약한 지반의 작업에 적합하다.
　　• 고무 슈 : 진동이나 소음 없이 노면을 보호하고 도로를 주행하기 위하여 일반 슈에 볼트로 부착하여 사용한다.

- 반이중 돌기 슈 : 높이가 다른 2열의 돌기를 가지며, 높은 견인력과 회전력을 갖추고 있어 굴착 및 적재작업에 적합하다.

 ㉣ **트랙의 장력 조정** : 스프로킷의 마모 방지, 트랙의 이탈방지, 구성품의 수명연장을 위하여 트랙의 장력을 조정한다. 장력 조정은 트랙 어저스터(Track adjuster)로 하며, 그 방식에는 너트식(기계식)과 그리스 주입식이 있다.
- 너트식 : 조정나사를 돌려 장력을 조정한다.
- 그리스 주입식 : 트랙프레임의 장력 조정 실린더에 그리스를 주입하여 조정한다.
- 트랙의 장력은 25~40mm로 조정한다.

 ㉤ **트랙이 이탈하는 원인**
- 트랙의 장력이 너무 커서 유격이 너무 큰 경우
- 리코일 스프링의 장력이 부족한 경우
- 경사지에서 작업하는 경우
- 상부롤러가 파손된 경우
- 트랙의 정렬이 불량한 경우
- 프론트 아이들러와 스프로킷의 중심이 맞지 않는 경우
- 고속 주행 중 급선회한 경우

⑧ **균형 스프링(Equalizer spring)**

 ㉠ 강판을 겹친 판 스프링으로, 양쪽 끝은 트랙프레임에 얹혀 있으며 트랙프레임에 작용하는 하중이 균일하도록 하는 역할을 한다.

 ㉡ 스프링형, 빔형, 평형이 있다.

제2막 장비구조

1. 전·후진 주행장치

(1) 타이어식 동력전달장치

① **주요 구성** : 클러치, 변속기, 차동장치, 종감속 장치, 구동축 및 구동 바퀴 등
② **동력 전달 순서** : 피스톤 → 커넥팅 로드 → 크랭크축 → 클러치
③ **클러치**
  ㉠ 클러치의 필요성
   • 기관 시동 시 기관을 무부하 상태로 만든다.
   • 변속기의 기어 변속을 위해 일시적으로 동력을 차단하거나 연결한다.
  ㉡ 클러치의 구비조건
   • 기관과 변속기 사이에 연결과 분리가 용이해야 한다.
   • 구조가 간단하고 정비가 용이해야 한다.
   • 고장과 진동 및 소음이 적고 수명이 길어야 한다.
   • 동력 차단이 신속히 이루어져야 하고, 충격 완화를 위하여 동력 전달이 서서히 이루어져야 한다.
   • 과열되지 않아야 함
   • 회전 관성이 작고, 회전 부분의 평형이 좋아야 한다.
  ㉢ 클러치의 종류 : 마찰 클러치, 유체 클러치, 전자 클러치
④ **마찰 클러치와 유체 클러치**
  ㉠ 마찰 클러치의 구조
   • 클러치판(클러치 라이닝)
    - 기관의 플라이휠과 압력판 사이에 설치되며, 기관의 동력을 변속기 입력축을 통하여 변속기에 회전력을 전달시킬 수 있는 마찰판을 말한다.
    - 구성 : 쿠션 스프링, 토션 스프링(비틀림 코일 스프링), 허브, 페이싱(라이닝)
    - 쿠션 스프링 : 클러치판이 플라이휠에 동력을 전달하거나 차단할 때에 충격을 흡수하여 클러치판의 변형을 방지한다.

- 토션 스프링 : 클러치판이 회전하는 플라이휠에 접속할 때 충격을 흡수한다.
- 허브 : 변속기 입력축이 접속하는 부분을 말한다.
- 페이싱 : 클러치판에 부착하여 마찰력을 증가시키는 역할을 한다.
• 압력판 : 클러치 스프링의 장력으로 클러치판을 플라이휠에 압착시키는 역할을 하며, 기관의 플라이휠과 항상 같이 회전한다.
• 릴리스 베어링 : 릴리스 포크에 장착되어 클러치 페달을 작동시키면 릴리스 레버에 접속하여 동력을 차단하는 역할을 한다. 릴리스 베어링 세척 시 솔벤트 등의 세척제로 닦아서는 안 된다.
• 릴리스 레버 : 압력판과 접속되어 있으며, 릴리스 베어링에 의해 한쪽 끝 부분이 눌리면 반대쪽은 클러치판을 누르고 있는 압력판을 분리시키는 레버를 말한다.
• 클러치 스프링 : 클러치 커버와 압력판 사이에 설치되어 압력판에 압력을 가하는 스프링을 말한다.

ⓒ 유체 클러치
• 오일을 사용하여 기관의 회전력을 전달하는 것으로 주로 자동 변속기에 사용된다.
• 구성 : 펌프 임펠러, 터빈, 가이드링

ⓒ 클러치의 고장 원인
• 클러치 면의 마멸
• 클러치 압력판의 스프링 손상
• 릴리스 레버의 조정 불량

ⓔ 클러치가 미끄러지는 원인
• 클러치 스프링의 장력 부족
• 클러치판 혹은 압력판의 마멸
• 클러치 페달의 자유간극 과소
• 클러치판의 오일이 부착

ⓜ 클러치 페달에 자유간극(유격)을 주는 이유
• 클러치의 미끄러짐 방지
• 클러치의 차단을 도와 변속 시 물림에 용이
• 클러치 페이싱의 마멸 감소

⑤ 토크 컨버터
㉠ 기관의 동력으로 유체 에너지를 발생시키고 이를 다시 회전력으로 전환시키는 장치를 말한다.
㉡ 구성
• 펌프 임펠러 : 기관의 크랭크축에 연결되어 기관의 구동력에 의해 회전하면서 유체 에너지를 발생시킨다.

- 터빈 : 펌프 임펠러의 유체 에너지에 의해 회전하여 변속기 입력축 스플라인에 회전력을 전달한다.
- 스테이터 : 펌프 임펠러와 터빈 사이에 위치하여 오일의 흐름 방향을 바꾸어 회전력을 증대시키는 역할을 한다.

ⓒ 토크 컨버터의 동력전달 효율(토크 변환율)은 2~3:1이다.
ⓓ 스테이터가 있다는 점에서 유체 클러치와 구조상으로 다르다.
ⓔ 토크 컨버터 오일의 구비조건
- 점도가 낮아야 한다.
- 쉽게 연소되지 않기 위해 착화점이 높아야 한다.
- 쉽게 끓지 않기 위해 비등점(끓는점)이 높아야 하며, 쉽게 얼지 않기 위해 빙점(어는점)이 낮아야 한다.
- 고무나 금속을 변질시키지 않아야 한다.
- 화학변화를 잘 일으키지 않아야 한다.

⑥ 변속기

㉠ 변속기의 필요성
- 시동 시 장비를 무부하 상태로 만든다.
- 장비의 후진 시 필요하다.
- 기관의 회전력을 증대시킨다.
- 주행 시 주행 저항에 따라 기관 회전 속도에 대한 구동 바퀴의 회전 속도를 알맞게 변경한다.

㉡ 변속기의 구비조건
- 소형 및 경량으로 취급이 용이해야 한다.
- 고장이 적고 소음 및 진동이 없으며, 점검과 정비가 용이해야 한다.
- 강도와 내구성 및 신뢰성이 우수하고 수명이 길어야 한다.
- 변속 조작이 용이하고 신속, 정확하게 이루어져야 한다.
- 회전 속도와 회전력의 변환이 빠르고 연속적으로 이루어져야 한다.
- 동력전달의 효율이 우수하고 경제적·능률적이어야 한다.

㉢ 수동 변속기(기어식 변속기)
- 수동 변속기의 종류 : 섭동물림식 변속기, 상시물림식 변속기, 동기물림식 변속기
- 수동 변속기 이상소음의 원인
  - 변속 기어의 백래시(기어 톱니 사이의 틈) 과다
  - 변속기의 오일 부족
  - 변속기 베어링의 마모

- 굴착기 주행 중 수동 변속기 기어가 빠지는 원인
  - 변속기 기어가 덜 물림
  - 변속기 기어의 마모
  - 변속기 록킹볼의 불량
  - 로크 스프링의 장력 부족
- 록킹볼 : 기어가 중립 또는 물림 위치에서 쉽게 빠지지 않도록 하는 장치
- 로크 스프링 : 록킹볼을 밀어 주는 코일 스프링의 일종
- 인터록 : 기어의 이중 물림을 방지하는 장치

ⓔ 자동 변속기(유성 기어식 변속기)
- 구성 : 전·후진 클러치, 밸브 보디, 유성 기어
- 유성 기어 장치의 주요 구성 : 선 기어, 링 기어, 유성 기어, 유성 기어 캐리어
- 자동 변속기의 특징
  - 주행 시 운전자가 기어 변속을 하지 않아도 자동으로 변속이 된다.
  - 저속에서 구동력이 크다.
  - 자동 변속기 오일의 충격 완화 작용으로 기관에 전달되는 충격이 적어 기관의 수명이 길어진다.
  - 기어 변속 중 기관이 정지되지 않아 보다 안전하게 운전할 수 있다.

⑦ 드라이브 라인
㉠ 클러치의 동력을 변속기에 전달하거나 변속기에서 나오는 동력을 뒷차축에 전달하는 축을 말한다.
㉡ 구성
- 추진축(프로펠러 샤프트) : 변속기의 동력을 구동축에 전달하는 축을 말한다. 균형이 맞지 않으면 차체 진동의 원인이 된다.
- 자재 이음(유니버셜 조인트) : 각도 변화에 대응하기 위한 이음을 말하며, 추진축 앞뒤에 설치된다.
  - 변속 조인트 : 어느 각도를 이루어 교차할 때 구동축과 피동축의 각 속도가 변화하는 형식이며, 설치 각도는 30° 이하로 해야 한다.
  - 등속 조인트 : 전륜구동차의 앞차축으로 사용되는 조인트로, 구동축과 일직선상이 아닌 피동축 사이에 설치되어 회전각 속도의 변화 없이 동력을 전달하는 자재 이음이다.
- 슬립 이음 : 변속기의 중심과 뒷차축의 중심 길이가 변하는 것을 신축시켜 추진축 길이의 변동을 흡수하는 것을 말한다.

⑧ 종감속 장치 및 차동장치
  ㉠ 종감속 장치
    • 종감속 기어
      – 기관의 동력을 변속기에 의해 변속한 후 구동력을 증가시키기 위해 최종적으로 감속시키는 기어를 말한다.
      – 추진축에서 받은 동력을 직각의 각도로 바꾸어 뒷바퀴에 전달하고, 기관의 출력 혹은 바퀴의 무게, 지름 등에 따라 적절한 감속비로 감속하여 회전력을 높이는 역할을 한다.
    • 종감속비 : 종감속비는 링기어 잇수를 구동기어 잇수로 나눈 값이다.
      – 종감속비는 나누어서 떨어지지 않는 값으로 한다.
      – 종감속비가 크면 고속 성능이 저하된다.
      – 종감속비가 크면 가속 성능과 등판능력이 향상된다.
    • 종감속 장치의 종류 : 하이포이드 기어, 스파이럴 베벨 기어, 웜과 웜 휠, 스퍼 베벨 기어
    • 종감속 장치에서 열이 발생하는 원인
      – 오일 오염
      – 종감속 기어의 접촉 상태 불량
      – 윤활유의 부족
  ㉡ **차동장치** : 선회 시 좌우 구동바퀴의 회전 속도를 다르게 하여 선회를 원활하게 해주는 장치를 말한다.
    • 선회 시 바깥쪽 바퀴의 회전 속도를 증대시키고, 안쪽 바퀴의 회전 속도는 감소시킨다.
    • 구성 : 차동 기어 케이스, 차동 피니언 기어, 차동 사이드 기어 등
    • 차동장치의 동력전달 순서 : 구동 피니언 기어 → 링 기어 → 차동 기어 케이스 → 차동 피니언 기어 → 차동 사이드 기어 → 차축
⑨ 타이어와 휠
  ㉠ **휠의 구성** : 휠 디스크, 휠 허브, 타이어 림
  ㉡ **타이어의 구조**
    • 카커스(Carcass) : 타이어의 골격을 이루는 부분으로, 고무로 피복된 코드를 여러 겹으로 겹친 층에 해당한다.
    • 비드 : 타이어 림과 접촉하는 부분이다.
    • 트레드(Tread) : 노면과 직접적으로 접촉되어 마모에 견디고 견인력을 증대시키며 미끄럼 방지 및 열 발산의 효과가 있다.
    • 브레이커 : 트레드와 카커스 사이에 내열성 고무로 몇 겹의 코드 층을 감싼 구조를 말한다.

ⓒ 타이어 표시
- 고압 타이어 : 타이어 외경 – 타이어의 폭 – 플라이 수
- 저압 타이어 : 타이어의 폭 – 타이어의 내경 – 플라이 수

ⓔ 트레드 패턴의 역할
- 타이어 마찰력의 증가로 미끄러짐을 방지한다.
- 타이어 내부의 열을 발산한다.
- 조향성, 구동력, 견인력, 안정성 등의 성능을 향상시킨다.
- 타이어의 배수 성능을 향상시킨다.
- 트레드 부분에 생긴 손상 등의 확대를 방지한다.

ⓜ 튜브리스(Tubeless) 타이어의 특징
- 고속 주행 시 발열이 적다.
- 튜브가 없기 때문에 방열이 좋고 수리가 간편하다.
- 펑크가 발생하더라도 급격한 공기 누설이 없어 안정성이 좋다.

(2) 무한궤도식 동력전달장치

① 기계식 동력전달장치

ⓐ 구성
- 메인 클러치(플라이휠 클러치) : 기관의 동력을 변속기로 전달 및 차단시키는 장치를 말하며, 유체식 클러치 중 주로 토크 변환기가 사용된다.
- 변속기 : 클러치로부터 동력을 받아 속도 조절과 후진을 가능하게 한다.
- 조향 클러치(스티어링 클러치) : 좌우 트랙 중 한쪽의 동력을 끊으면 그 방향으로 돌게 되는 조향 방법을 적용하고 있다.
- 자재 이음 : 클러치의 동력을 변속기에 전달하며, 지면으로부터 오는 충격을 완화하고 변화되는 각도에 따라 적절하게 동력을 전달한다.
- 피니언 기어와 베벨 기어 : 변속기 출력축에 연결된 피니언 기어와 조향축에 연결된 베벨 기어의 조합으로 수직 동력을 수평 동력으로 변환하고 2.8:1의 비로 감속한다.
- 종감속 기어(최종 구동 장치) : 기관의 회전 속도를 최종적으로 감속시켜 구동 스프로킷에 전달하는 장치를 말한다. 동력전달순서에서 최종적으로 구동력을 증가시킨다.

ⓑ **동력전달순서** : 기관 → 주 클러치/토크 컨버터 → 자재 이음 → 변속기 → 피니언 기어 → 베벨 기어 → 조향 클러치 → 종감속 기어 → 구동바퀴 → 트랙

② 유압식 동력전달장치
  ㉠ 구성
    • 주행모터
      - 스프로킷, 트랙 등을 회전시켜 굴착기를 주행시키는 유압모터를 말하며, 무한궤도식 건설기계의 주행 동력을 담당한다.
      - 유압식 무한궤도 굴착기의 조향을 담당한다.

피벗턴(완회전)	한쪽 주행 레버만 밀거나 당겨서 한쪽 방향의 트랙만 전·후진시키는 것으로 회전한다.
스핀턴(급회전)	좌우측 주행 레버의 한쪽은 앞으로 밀고 다른 쪽은 동시에 당기면 굴착기가 급회전하며 움직인다.

    • 제동장치
      - 주행모터의 제동 방식은 '네거티브' 방식으로, 멈추어 있는 상태가 기본이며 주행할 때 제동이 풀리는 방식이다.
      - 제동은 '주차 제동' 한 가지만을 사용한다.

  ㉡ 동력전달순서

구분 \ 순서	1	2	3	4	5	6
주행 시	기관	유압펌프	컨트롤 밸브	센터 조인트	주행모터	트랙
굴착 작업 시	기관	유압펌프	컨트롤 밸브	유압실린더		작업장치
선회 작업 시	기관	유압펌프	컨트롤 밸브	선회모터	피니언 기어	링 기어

③ 트랙의 장력
  ㉠ 규정 값보다 큰 경우(장력의 이완)
    • 트랙이 이탈하기 쉽다.
    • 트랙 핀, 부싱 등 트랙 부품의 마모가 촉진된다.
    • 스프로킷, 프론트 아이들러의 마모가 촉진된다.
  ㉡ 규정 값보다 작은 경우(장력의 과다)
    • 암석지에서 작업 시 트랙이 절단될 가능성이 높다.
    • 트랙 부품의 마모가 촉진된다.

④ 무한궤도식 건설기계의 주행 불량 원인
  • 스프로킷의 손상
  • 유압펌프의 토출량 부족
  • 한쪽 주행모터의 제동 불량

(3) 조향장치

① **조향장치의 조향 원리** : 조향장치의 원리는 애커먼 장토식을 사용한다.

② **조향장치의 구비조건**
- ㉠ 수명이 길고 취급 및 정비가 간편해야 한다.
- ㉡ 조작하기가 쉽고 최소 회전반경이 적어야 한다.
- ㉢ 고속으로 선회 시 조향 핸들(휠)이 안정되어야 한다.
- ㉣ 조향 휠의 회전과 바퀴 회전수의 차이가 크지 않아야 한다.
- ㉤ 주행 중 노면의 충격으로부터 영향을 받지 않아야 한다.

③ **조향장치의 구성**
- ㉠ 조향 핸들 : 휠이라고도 하며, 차량의 크기에 따라 핸들의 지름이 다르고 조향을 쉽게 하기 위하여 유격을 준다.
- ㉡ 조향 축 : 핸들의 조작력을 조향 기어에 전달하는 축으로서, 조향 축의 윗부분에는 조향 휠이 결합되어 있고 아랫부분에는 조향 기어가 결합되어 있다.
- ㉢ 조향 기어
  - 핸들의 회전을 감속하고, 동시에 운동 방향을 바꾸어 링크 기구에 전달하는 장치를 말한다.
  - 조향 기어의 구성 : 웜 기어, 섹터 기어, 조정 스크루
  - 조향 기어의 종류 : 볼 너트식, 랙 피니언식, 웜 섹터식, 서큘러볼식 등
  - 조향 기어가 마모되면 백래시가 커지고, 백래시가 커지면 핸들의 유격이 커진다.
- ㉣ 조향 링키지
  - 피트먼 암 : 조향 기어의 섹터축에 고정되어 조향 핸들의 움직임을 드래그 링크나 릴레이 로드에 전달하는 역할을 한다.
  - 드래그 링크 : 피트먼 암과 너클 암을 연결하는 로드로, 양쪽 끝이 볼 이음으로 되어 있다. 볼 내부에는 스프링이 들어 있어 섭동부의 마모를 줄이고 노면의 충격을 흡수한다.
  - 타이로드 및 타이로드 엔드 : 타이로드는 양쪽 끝부분에 타이로드 엔드가 있어 토인(Toe In) 교정을 위해 길이를 조절할 수 있다.
- ㉤ 조향 핸들의 유격이 커지는 원인
  - 조향 기어 및 조향 링키지의 조정 불량
  - 앞바퀴 베어링의 마모 과대
  - 타이로드 엔드 볼 조인트의 마모
  - 조향바퀴 베어링의 마모
  - 피트먼 암의 헐거움

④ 동력식 조향장치

　㉠ 동력식 조향장치의 장점
- 설계 및 제작 시 조향 기어비를 조작력에 관계없이 선정할 수 있다.
- 굴곡 노면에서의 충격을 흡수하여 조향 핸들에 전달되는 것을 방지한다.
- 작은 조작력으로 조향 조작이 가능하다.
- 조향 핸들의 시미(Shimmy) 현상을 줄일 수 있다.
- 시미 현상 : 자동차의 진행 중 일정 속도에 이르면 핸들에 진동이 생기는 것으로, 일반적으로 자동차의 조향장치 전체의 진동 현상을 말한다.

　㉡ 유압식 조향장치의 핸들 조작이 무거운 원인
- 조향 펌프의 오일 부족
- 낮은 유압
- 유압 계통 내부에 공기 유입
- 너무 낮은 타이어 공기압력

⑤ 앞바퀴 정렬

　㉠ 앞바퀴 정렬의 역할
- 작은 힘으로 조향 핸들의 조작을 쉽게 할 수 있다.
- 방향 안정성을 준다.
- 직진성과 조향 복원력을 향상시킬 수 있다.
- 타이어 마모를 최소한으로 한다.

　㉡ 토인(Toe In) : 좌우 앞바퀴의 간격이 뒤보다 앞이 2~6mm 정도 좁은 것을 말한다.
- 타이어의 마멸을 방지한다.
- 앞바퀴를 주행 중에 평행하게 회전시킨다.
- 직진성을 좋게 하고 조향을 가볍도록 한다.
- 토인 측정은 반드시 직진 상태에서 측정해야 한다.
- 토인 조정이 잘못되었을 경우 타이어가 편마모된다.

　㉢ 캠버(Camber) : 앞바퀴를 자동차의 앞에서 보면 윗부분이 바깥쪽보다 약간 벌어져 상부가 하부보다 넓게 되어 있는데, 이때 바퀴의 중심선과 노면에 대한 수직선이 이루는 각도를 말하는 것이다.
- 타이어의 이상 마멸을 방지한다.
- 앞차축의 휨을 줄인다.
- 토(Toe)와 관련이 있다.
- 조향 핸들의 조작을 가볍게 한다.

② 캐스터(Caster) : 앞바퀴를 자동차의 옆에서 보았을 때 노면에 대한 수직선에 대하여 조향축이 앞으로 또는 뒤로 기울어져 설치되어 있는 것을 말한다.
- 조향 핸들의 복원력을 향상시킨다.
- 주행 시 방향성을 증대시킨다.

⑩ 킹핀 경사각 : 앞바퀴를 자동차의 앞에서 볼 때 킹핀의 중심이 수직선에 대하여 6~9° 정도 경사각을 이루고 있는 것을 말한다.
- 핸들의 조작력을 경감시킨다.
- 핸들의 복원력을 증대시킨다.
- 주행 및 제동 시 충격을 감소시킨다.

(4) 제동장치

① 제동장치의 구비조건
  ㉠ 마찰력이 좋아야 한다.
  ㉡ 신뢰성과 내구성이 뛰어나야 한다.
  ㉢ 작동이 확실하고 제동 효과가 우수해야 한다.
  ㉣ 점검 및 정비가 용이해야 한다.

② 페이드(fade) 현상 : 브레이크의 빈번한 사용으로 브레이크 드럼과 라이닝 사이에 과한 마찰열이 발생하여 마찰력이 떨어져 브레이크의 성능이 떨어지는 현상을 말한다. 브레이크에 페이드 현상이 일어났을 때는 작동을 멈추고 마찰열이 식도록 해야 한다.

③ 베이퍼 록(Vapor lock)
  ㉠ 페이드 현상처럼 긴 내리막길 등에서 브레이크의 지나친 사용으로 인한 마찰열 때문에 브레이크 오일이 끓어 브레이크 회로 내부에 기포가 형성되면서 브레이크의 성능이 떨어지는 현상을 말한다.
  ㉡ 베이퍼 록의 발생 원인
    - 오일 변질로 인한 비등점 저하
    - 브레이크 드럼과 라이닝의 좁은 간극
    - 불량 오일 사용이나 오일의 지나친 수분함유
    - 긴 내리막길에서 과도한 브레이크 사용

④ 유압식 브레이크
　㉠ 유압식 브레이크의 구성
　　• 마스터 실린더 : 브레이크의 페달을 밟아 필요한 유압을 발생하는 부분으로, 크게 피스톤, 실린더 보디, 오일 공급 탱크로 분류된다.
　　• 브레이크 페달 : 지렛대의 원리를 통해 밟는 힘의 3~6배 정도의 힘을 마스터 실린더에 가한다.
　　• 휠 실린더 : 마스터 실린더에서 전달 받은 유압으로 브레이크 드럼의 회전을 제어한다.
　　• 파이프 라인 : 파이프 라인에는 잔압을 두기 위하여 체크 밸브를 둔다. 파이프 파인에 잔압이 없으면 브레이크 페달을 다시 밟았을 때 오일이 휠 실린더까지 도달하는 시간이 걸리기 때문이다.
　㉡ 유압식 브레이크의 종류
　　• 드럼식 : 바퀴와 함께 회전하는 브레이크 드럼 내부에 라이닝을 붙인 브레이크 슈를 압착하여 제동력을 얻는 방식이다.
　　• 디스크식 : 바퀴에 부착된 디스크에 브레이크 패드로 유압을 가하여 디스크와의 마찰을 통해 제동하는 방식이다.

⑤ 배력식 브레이크
　㉠ 크기가 큰 차량에 따른 제동력의 부족 문제를 해결하기 위하여 유압식 제동장치에 보조장치인 제동 배력장치를 설치하여 큰 제동력을 확보한다.
　㉡ 배력장치의 분류
　　• 진공식 배력장치 : 분리형과 일체형이 있으며, 고장 때문에 진공에 의한 브레이크가 듣지 않아도 유압에 의한 브레이크는 약간 듣는다.
　　• 공기식 배력장치
　㉢ 하이드로 백 : 마스터 실린더와 브레이크 페달 사이에 설치되며 진공식 배력장치를 병용하고 있어 가볍게 밟아도 브레이크가 잘 듣는다는 장점이 있다.

⑥ 공기식 브레이크 : 압축공기의 압력을 이용하여 브레이크 슈를 드럼에 압착시켜 제동하는 장치로 대형 트럭, 버스나 트레일러, 건설기계 등에 사용한다.
　㉠ 구조가 간단하다.
　㉡ 큰 제동력을 얻을 수 있어 대형이나 고속 차량에 적합하다.
　㉢ 페달은 공기의 유량을 조절하는 밸브만 개폐시키기 때문에 답력이 적게 든다.
　㉣ 공기 누설 시에도 압축 공기가 발생하기 때문에 위험성이 적다.

2 유압 일반

(1) 유압 기초
① 유압의 단위
  ㉠ **압력** : 유체 내에서 단위면적당 작용하는 힘(kg/cm^2)
  ㉡ **비중량** : 단위 체적당 무게(kg/m^3)
  ㉢ **유량** : 단위 시간에 이동하는 유체의 체적
  ㉣ **압력의 단위** : 건설기계에 사용되는 작동유 압력을 나타내는 단위는 kgf/cm^{2}이다. 그 외의 압력 단위로는 Pa, psi, kPa, mmHg, bar, atm 등이 있다.
② **파스칼의 원리** : 유압장치와 제동장치는 모두 파스칼의 원리에 따라 작동한다.
  ㉠ 유체의 압력은 면에 대하여 직각으로 작용한다.
  ㉡ 각 점의 압력은 모든 방향으로 같다.
  ㉢ 밀폐된 용기 내의 액체 일부에 가해진 압력은 유체 각 부분에 동시에 같은 크기로 전달된다.
③ 유압장치
  ㉠ 유압장치의 구성
   • 유압 발생부 : 유압펌프
   • 유압 제어부 : 각종 제어 밸브
   • 유압 구동부 : 유압실린더, 유압모터 등
  ㉡ 유압장치의 장점
   • 동력전달을 원활하게 할 수 있다.
   • 힘의 전달 및 증폭이 용이하다.
   • 작은 동력원으로 큰 힘을 낼 수 있다.
   • 전기적 조작과 조합이 간단하고 원격 조작이 가능하다.
   • 힘의 전달 및 증폭이 용이하다.
   • 운동방향의 변환 및 속도제어가 용이하다.
   • 무단변속이 가능하며 정확한 위치제어가 가능하다.
   • 윤활성과 내마모성, 방청이 좋다.
   • 과부화에 대한 안전장치가 간단하고 정확하다.
  ㉢ 유압장치의 단점
   • 오일에 가연성이 있기 때문에 화재 위험이 있다.
   • 오일의 온도에 따라 점도가 변하여 기계의 속도도 변한다.

- 오일의 온도에 영향을 받아 정밀한 속도조절 및 제어가 곤란하다.
- 오일을 사용하기 때문에 환경이 오염될 수 있다.
- 회로 구성과 유지 관리가 어렵다.
- 내부에 공기가 혼입하기 쉽고 누설 우려가 있다.
- 고압 사용으로 인한 위험성이 있으며, 이물질에 민감하다.

(2) 유압기기

① **유압펌프** : 기관의 플라이휠에 의해 구동되며, 기관에 의해 발생한 기계적 에너지를 유압 에너지(유체 에너지)로 변환한다.

  ㉠ **특징**
  - 오일 탱크의 오일을 흡입하여 오일 압력을 형성하고 각종 제어 밸브를 거쳐 액추에이터(작동장치)로 보낸다.
  - 작업 중 부하가 크게 걸려도 토출량의 변화가 적고, 유압 토출 시 맥동이 적은 성능이 요구된다.
  - 토출량 : 펌프가 단위 시간당 토출하는 유체(오일)의 체적을 말한다.

  ㉡ **유압펌프의 종류**
  - 회전 펌프
    - 기어 펌프 : 외접식 기어 펌프, 내접식 기어 펌프, 트로코이드 펌프
    - 베인 펌프 : 정토출형 베인 펌프, 가변 토출형 베인 펌프
    - 나사 펌프
  - 플런저 펌프(피스톤 펌프)

  ㉢ **유압펌프의 비교**

구분	기어 펌프	베인 펌프	플런저 펌프
구조	간단함	간단함	복잡함
최고 압력(kgf/cm^2)	약 210	약 175	약 350
토출량의 변화	정용량형	가변용량 가능	가변용량 가능
소음	중간	적음	큼
자체 흡입 능력	좋음	보통	나쁨
수명	보통	보통	긴 수명

② **기어 펌프**

  ㉠ **종류** : 외접식, 내접식, 트로코이드식 등

ⓒ 특징
- 구조가 간단하고 고장이 적으며, 소형·경량이다.
- 가혹한 조건에 적합하다.
- 정용량형 펌프이다.
- 흡입 능력이 가장 크다.
- 소음이 비교적 크다.
- 유압 작동유의 오염에 비교적 강하다.
- 폐입 현상이 발생하기 쉽다.
- 폐입 현상 : 토출된 유량 일부가 입구 쪽으로 돌아와 토출량 감소, 축동력 증가 등의 원인을 유발하는 현상

ⓒ 트로코이드 펌프
- 특수 치형 기어 펌프이다.
- 로터리 펌프라고도 하며, 2개의 로터를 조립한 형식이다.
- 내부는 내·외측 로터로 외부는 하우징으로 구성되어 있다.
- 내부 로터가 회전하면 외부 로터도 동시에 회전한다.

③ 베인 펌프

㉠ 하우징 내부에서 회전하는 로터에 날개(베인)을 설치하여 하우징 벽을 날개가 지나가면서 체적 변화에 따라 오일을 보낸다.

㉡ 구성 : 베인, 캠 링(Cam Ring), 로터

㉢ 특징
- 토크(Torque)가 안정되어 소음이 적다.
- 맥동이 적다.
- 보수가 용이하다.
- 싱글형과 더블형이 있다.
- 구조가 간단하고 성능이 좋다.
- 소형·경량이며 수명이 길다.

④ 플런저 펌프 : 실린더 내부에 여러 개의 피스톤을 왕복 운동시켜 유체를 흡입 및 송출하는 펌프이다.

㉠ 특징
- 높은 압력에 잘 견딘다.
- 가변용량이 가능하다.
- 토출량의 변화 범위가 크다.
- 유압펌프 중에서 가장 고압이며 고효율이다.

- 피스톤은 왕복운동, 축은 회전 또는 왕복운동을 한다.
- 최고 토출압력, 평균효율이 가장 높아 고압 대출력에 사용된다.

ⓒ 단점
- 오일 오염에 매우 민감하다.
- 흡입 능력이 가장 낮다.
- 베어링에 부하가 크다.
- 구조가 복잡하며 비용이 비싸다.

⑤ 유압펌프 점검

㉠ 소음 발생 원인
- 오일의 양 부족
- 오일 내부에 공기 유입
- 너무 높은 오일 점도
- 필터의 너무 높은 여과입도수(Mesh)
- 스트레이너의 막힘으로 너무 작아진 흡입용량
- 펌프 흡입관 접합부로부터의 공기 유입
- 펌프 축의 너무 큰 편심 오차
- 펌프의 너무 빠른 회전 속도
- 캐비테이션 현상 발생
- 캐비테이션 : 작동유 내부에 용해 공기가 기포로 발생하여 유압장치 내에 국부적으로 높은 압력과 소음 및 진동이 발생하는 현상을 말한다.

ⓒ 펌프가 오일을 토출하지 않는 원인
- 오일 탱크의 유면이 낮음
- 흡입관으로 공기가 유입됨
- 오일이 부족함

⑥ 유압제어 밸브 : 유압펌프에서 발생한 유압을 유압실린더와 유압모터가 일을 하는 목적에 알맞도록 오일의 압력, 방향, 속도를 제어하는 밸브이다.

㉠ 유압의 제어 방법
- 압력제어 밸브 : 일의 크기 제어
- 방향제어 밸브 : 일의 방향 제어
- 유량제어 밸브 : 일의 속도 제어

ⓒ 압력제어 밸브

릴리프 밸브	• 펌프의 토출측에 위치하여 회로 전체의 압력을 제어 • 유압이 규정치보다 높아질 때 작동하여 계통을 보호 • 유압회로의 최고 압력을 제한하는 밸브로 유압을 설정압력으로 일정하게 유지
리듀싱 밸브	• 유압회로에서 입구 압력을 감압하여 유압실린더 출구 설정 압력으로 유지하는 밸브 • 유량이나 1차측의 압력과 관계없이 분기회로에서 2차측 압력을 설정값까지 감압하여 사용하는 제어 밸브
무부하 밸브	• 회로 내의 압력이 설정값에 도달하면 펌프의 전 유량을 탱크로 방출하여 펌프에 부하가 걸리지 않게 함으로써 동력을 절약할 수 있는 밸브 • 유압장치에서 두 개의 펌프를 사용하는 데에 있어 펌프의 전체 송출량을 필요로 하지 않을 경우, 동력의 절감과 유온 상승을 방지하는 밸브
시퀀스 밸브	두 개 이상의 분기 회로에서 유압회로의 압력에 의하여 유압 액추에이터의 작동 순서를 제어
카운터 밸런스 밸브	실린더가 중력으로 인하여 제어 속도 이상으로 낙하하는 것을 방지

ⓒ 방향제어 밸브

체크 밸브	오일의 역류를 방지하며, 회로 내부의 잔류 압력을 유지
스풀 밸브	하나의 밸브 보디에 여러 개의 홈이 파인 밸브로, 축 방향으로 이동하여 오일의 흐름을 변환
셔틀 밸브	두 개 이상의 입구와 한 개의 출구가 설치되어 있으며, 출구가 최고 압력의 입구를 선택하는 기능을 가진 밸브. 저압측은 통제하고 고압측만 통과시킴

ⓔ 유량제어 밸브

스로틀 밸브	작동유가 통과하는 관로를 줄여 오일의 양을 조절하는 밸브
감속 밸브 (디셀러레이션 밸브)	기계장치에 의하여 스풀을 작동시켜 유로를 서서히 개폐시키고, 작동체의 발진, 정지, 감속 변환 등을 충격 없이 행하는 밸브
압력 보상 유량제어 밸브	부하의 변동이 있어도 스로틀 전후의 압력차를 일정하게 유지하여 항상 일정한 유량을 보내도록 하는 밸브
온도·압력 보상 유량제어 밸브	점도가 변하면 일정량의 작동유를 흘릴 수 없어 점도 변화의 영향을 적게 받을 수 있도록 한 밸브
분류 밸브	2가지 이상의 유로에 분류시킬 때 각 관로압력에 관계없이 일정한 비율로 유량을 분할해서 흐르게 하는 밸브
니들 밸브	내경이 작은 파이프에서 미세한 유량을 조정하는 밸브

⑦ **액추에이터** : 유압펌프를 통하여 송출된 에너지를 직선운동이나 회전운동을 통하여 기계적 일을 하는 기기로, 유압실린더와 유압모터가 있다. 압력 에너지를 기계적 에너지로 바꾸는 일을 한다.

⑧ 유압모터

㉠ 종류

종류	특징
기어형 모터	• 구조가 간단하고 가격이 저렴하다. • 일반적으로 평기어를 사용하지만 헬리컬 기어도 사용한다. • 정방향의 회전이나 역방향의 회전이 자유롭다. • 전효율은 70% 이하로 좋지 않은 편이다. • 유압유에 이물질이 혼입되어도 고장 발생이 적다.
베인형 모터	• 정용량형 모터로 캠 링에 날개가 밀착되도록 하여 작동되며, 내구성이 높다. • 출력 토크가 일정하며 역전 및 무단 변속기로서 가혹한 조건에도 사용한다.
플런저형 모터	• 구조가 복잡하고 대형이며 가격이 비싸다. • 펌프의 최고 토출 압력과 평균 효율이 가장 높아 고압 대출력에 사용하는 유압모터이다. • 유지관리에 주의를 요한다. • 레이디얼형과 액시얼형이 있다.

㉡ 유압모터의 장점
- 소형 경량으로서 큰 출력을 낼 수 있다.
- 작동이 신속, 정확하다.
- 비교적 넓은 범위의 무단변속이 용이하다.
- 전동 모터에 비하여 급속정지가 쉽다.
- 변속, 역전의 제어가 용이하다.
- 속도나 방향의 제어가 용이하다.

㉢ 유압모터의 단점
- 오일을 사용하여 인화하기 쉽다.
- 작동유의 점도 변화에 의하여 유압모터 사용에 제약이 있다.
- 작동유가 누출되면 작업 성능에 지장이 있다.
- 작동유에 먼지나 공기가 침입하지 않도록 특히 보수에 주의해야 한다.

⑨ 유압실린더

㉠ 구성 : 피스톤, 피스톤 로드, 실린더, 실(Seal), 쿠션 기구(충격 흡수 장치)

㉡ 종류

종류	특징
단동식	• 유압펌프에서 피스톤의 한쪽에만 유압이 공급되어 작동하고, 복귀는 자체 중량 또는 외부 힘에 의하여 이루어진다. • 피스톤형, 플런저형, 램형이 있다.
복동식	• 피스톤 양쪽에 유압유를 교대로 공급하여 양방향의 운동을 유압으로 작동시키는 형식이다. • 편로드형과 양로드형이 있다.

다단식	유압실린더 내부에 또 하나의 다른 실린더를 내장하거나 하나의 실린더에 몇 개의 피스톤을 삽입하는 방식으로 실린더 길이에 비해 긴 행정이 필요로 할 때 사용한다.

ⓒ 유압실린더의 작동이 느리거나 불규칙한 원인
- 피스톤 링의 마모
- 너무 낮은 유압유 점도
- 회로 내부에 공기 혼입
- 너무 낮은 유압

(3) 부속기기

① 오일 탱크

㉠ 구성
- 유면계 : 오일의 적정량 측정
- 스트레이너 : 흡입구에 설치되어 필터보다 큰 입자의 불순물 혼입 방지
- 드레인 플러그 : 오일 탱크 내의 오일을 전부 배출시킬 때 사용하는 마개
- 배플(칸막이) : 오일 내부의 기포 분리 및 제거

㉡ 구비조건
- 오일에 이물질이 혼입되지 않도록 밀폐되어야 한다.
- 흡입관과 복귀관 사이에 격판이 설치되어 있어야 한다.
- 적당한 크기의 주유구 및 스트레이너를 설치한다.
- 유면은 적정 범위에서 'F'에 가깝게 유지해야 한다.
- 발생한 열을 발산할 수 있어야 한다.
- 배출 밸브(드레인) 및 유면계를 설치한다.

② 축압기(어큐뮬레이터)

㉠ 유압유의 압력 에너지를 일시 저장하여 비상용 혹은 보조 유압원으로 사용된다. 또한 서지 압력 및 맥동을 흡수한다.

㉡ 종류
- 스프링식
- 공기압축식
  - 피스톤형 : 실린더 내부에 피스톤을 삽입하여 질소 가스와 유압유를 격리시켜 놓은 것을 말한다.
  - 블래더형(고무 주머니형) : 압력용기 상부에 블래더(고무 주머니)를 설치하여 기체실과 유체실을 구분한 것을 말한다. 블래더 내부에는 질소 가스가 채워져 있다.

- **다이어프램형** : 압력 용기 사이에 격판이 고정되어 있어 기체실과 유체실을 구분한 것이다. 기체실에 질소 가스가 채워져 있다.

③ **필터(여과기)** : 유압장치 내부의 이물질을 제거하는 장치로, 탱크용과 관로용으로 구분한다.
  ㉠ **탱크용** : 흡입 스트레이너, 흡입 여과기
  ㉡ **관로용** : 흡입관 필터, 복귀관 필터, 압력관 필터

④ **오일 실(Oil Seal)** : 기기의 오일 누출을 방지하는 장치이다.
  ㉠ 유압 계통을 수리할 때마다 오일 실은 항상 교환해주어야 한다.
  ㉡ 유압 작동부에서 오일의 누출이 있을 때 가장 먼저 점검해야 하는 부분이다.

(4) 유압유

① **유압유의 역할**
  ㉠ 유압 계통의 윤활작용 및 냉각작용을 한다.
  ㉡ 유압 계통의 부식을 방지한다.
  ㉢ 필요한 요소 사이를 밀봉하는 역할을 한다.
  ㉣ 압력 에너지를 이송하여 장치에 동력을 전달한다.

② **유압유의 구비조건**
  ㉠ 발화점이 높아야 한다.
  ㉡ 적당한 유동성과 적당한 점도를 가져야 한다.
  ㉢ 강인한 유막을 형성해야 한다.
  ㉣ 밀도가 작고 비중이 적당해야 한다.
  ㉤ 열팽창계수가 작아야 한다.
  ㉥ 온도에 의한 점도 변화가 적어야 한다.
  ㉦ 산화 안정성, 윤활성, 방청·방식성이 좋아야 한다.
  ㉧ 압력에 대해 비압축성이어야 한다.

③ **유압유의 점도**
  ㉠ **점도** : 점도란, 점성을 나타내는 정도를 말하며, 점도는 온도와 반비례한다.
  ㉡ **점도 지수** : 온도에 따른 점도 변화의 정도를 나타내는 것으로, 점도 지수가 크다는 것은 곧 온도 변화에 따른 점도 변화가 적다는 것을 의미한다.

④ 유압유의 적정 온도
  ㉠ 유압 작동유의 정상 온도 : 40~60℃
  ㉡ 유압유의 과열 원인
    • 유압유의 부족
    • 적당하지 않은 오일의 점도
    • 유압유의 노화
    • 펌프의 효율 불량
    • 릴리프 밸브가 닫힌 상태로 고장
    • 오일 냉각기의 고장이나 불량
    • 고속 및 과부하로의 연속 작업
  ㉢ 유압유 과열 시 나타날 수 있는 현상
    • 기계적인 마모 발생
    • 열화 촉진
    • 점도 저하에 의한 누유
    • 온도 변화에 의한 유압기기의 열 변형
    • 펌프 효율의 저하
    • 밸브류의 기능 저하
    • 작동 불량 현상 발생
    • 유압유의 산화 작용 촉진

공유압 기호 모음

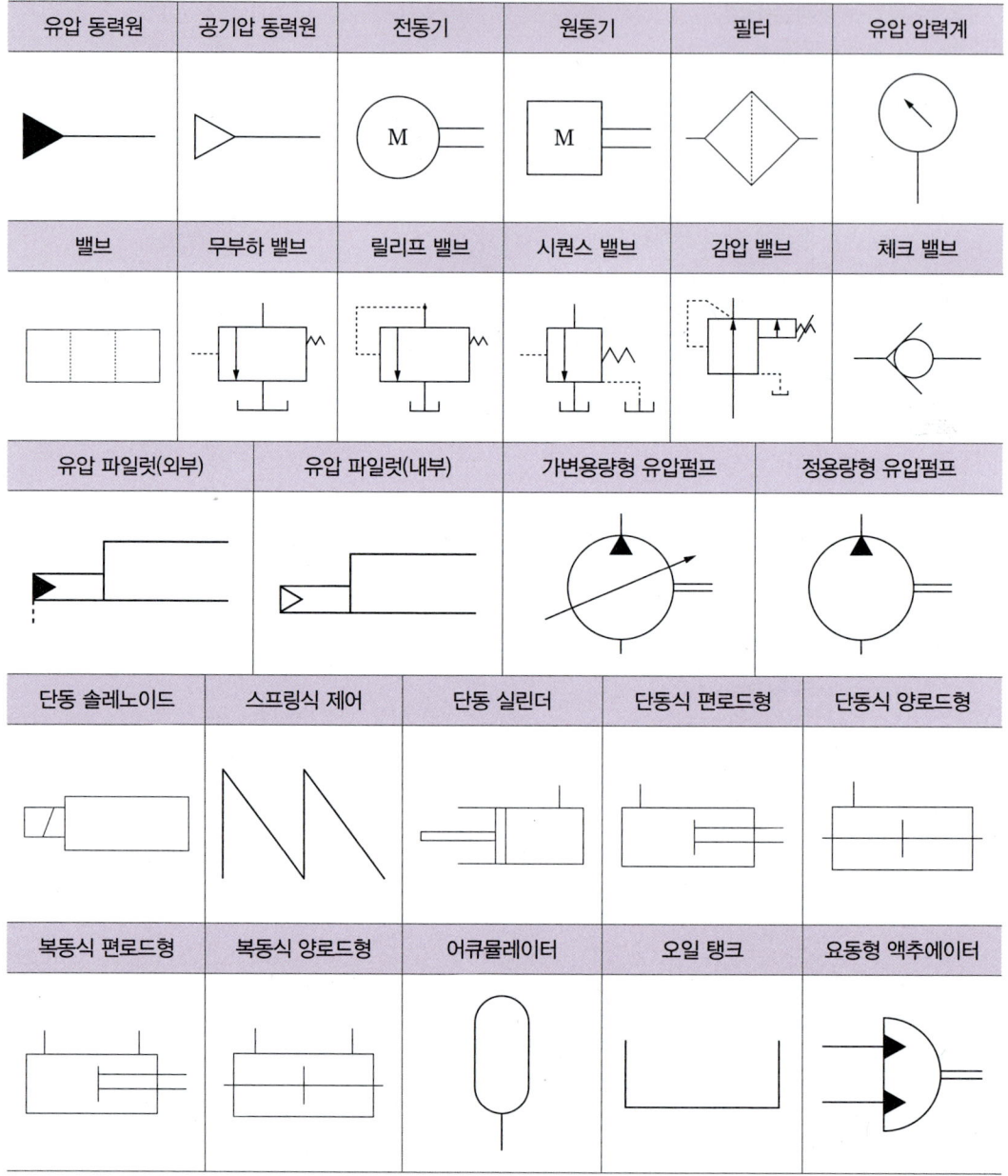

3. 엔진 구조

(1) 기관

① 기관의 정의 : 기관(엔진)은 열에너지를 기계적 에너지로 변환하는 장치를 말하며, 기관에서 열효율이 높다는 것은 일정한 연료로 큰 출력을 얻는 것을 말한다.

② 디젤기관

㉠ 특성
- 경유를 연료로 사용한다.
- 전기 점화가 아니라, 압축열에 의한 압축 착화를 한다.
- 가솔린 기관에서 사용하는 점화장치가 없다.
- 압축비가 가솔린 기관보다 높다.

㉡ 디젤기관의 장단점

장점	단점
• 연료소비율이 좋다. • 열효율이 높다. • 인화점이 높은 경유를 사용하여 취급이 용이하다. • 화재의 위험이 적다.	• 마력당 무게가 무겁다. • 기관 각 부분의 구조가 튼튼해야 하므로 제작비가 비싸다. • 진동이 크다. • 소음이 크다.

③ 4행정 사이클 기관

㉠ 4행정 사이클 기관의 행정 순서
- 1 사이클 : 흡입 → 압축 → 폭발 → 배기
- 1 사이클당 크랭크축은 2회전, 캠축은 1회전한다.

㉡ 각 행정의 밸브 개폐 상태

구분	흡입	압축	폭발	배기
흡입 밸브	열림	닫힘	닫힘	닫힘
배기 밸브	닫힘	닫힘	닫힘	열림

④ 실린더

㉠ 실린더는 실린더 블록에 원통형으로 설치되어 있고, 피스톤이 왕복운동을 할 때에 기밀을 유지해야 하기 때문에 고온 고압 시 변형이 적어야 한다. 기관에서 피스톤의 행정을 말할 때는 상사점과 하사점의 길이를 뜻한다.

ⓛ **실린더 라이너** : 실린더가 피스톤과의 마찰로 마모되는 것을 방지하기 위해 실린더 내부에 끼운 금속통을 말하며, 건식 라이너와 습식 라이너로 구분한다.
- 건식 라이너 : 라이너가 냉각수에 접촉하지 않고 직접 실린더 블록을 거쳐 냉각하는 방식이다.
- 습식 라이너 : 라이너의 바깥 둘레가 워터재킷으로 되어 냉각수와 직접 접촉하는 방식이다.

ⓒ **실린더 헤드 개스킷** : 실린더 블록과 실린더 헤드 사이에 설치되어 연소실의 기밀을 유지하고, 냉각수 통로와 엔진오일 통로로부터 냉각수와 엔진오일이 누설되는 것을 방지한다.

⑤ **크랭크축과 플라이휠**
ⓐ **크랭크축** : 실린더 블록에 지지되어 캠축을 구동시키며, 피스톤의 직선운동을 회전운동으로 변환하는 역할을 한다.
- 구성 : 크랭크 암(Crank arm), 크랭크 핀(Crank pin), 저널(Journal)
- 기관의 폭발 순서

구분	폭발 순서
4기통 기관	• 1-3-4-2 • 1-2-4-3
6기통 기관	• 우수식 : 1-5-3-6-2-4 • 좌수식 : 1-4-2-6-3-5

ⓛ **플라이휠**
- 기관의 회전 관성력을 원활한 회전으로 바꾸어 주는 역할을 한다.
- 구성 : 마찰면, 링 기어

ⓒ **기관 베어링** : 회전 부분의 마찰을 감소시키기 위해 사용되는 부품을 말한다. 베어링은 하중 부담 능력이 좋아야 하며, 내피로성 · 내마멸성 · 내식성이 있어야 한다.

(2) 윤활장치

① **윤활장치의 역할** : 기관에는 마찰 부분과 회전 베어링이 많기 때문에 마모를 막는 장치가 필요한데 이것을 윤활장치라고 하며, 윤활제로서 엔진오일을 사용한다.

② **윤활유의 구비조건**
ⓐ 강인한 유막을 형성해야 한다.
ⓛ 산화에 대한 저항이 커야 한다.
ⓒ 응고점이 낮고 열전도가 양호해야 한다.
ⓔ 인화점 및 발화점이 높아야 한다.
ⓜ 온도에 의한 점도 변화가 없어야 한다.

ⓑ 카본 생성이 적어야 한다.

ⓢ 비중과 점도가 적당해야 한다.

③ 윤활유의 작용

구분	작용
마찰 감소 및 마멸 방지	기관의 마찰부와 섭동부에 유막을 형성하여 마찰을 방지하고 마모를 감소시킨다.
냉각	기관 각 부분의 운동과 마찰로 인하여 발생한 열을 흡수하여 방열 작용을 한다.
세척	기관 내부를 순환하며 먼지, 오물 등을 흡수하고 필터로 보내는 작용을 한다.
밀봉(기밀)	피스톤과 실린더 사이에 유막을 형성하여 가스 누설을 방지한다.
방청	기관의 금속 부분이 산화되거나 부식되는 것을 방지한다.
충격 완화 및 소음 방지	기관 운동부에서 발생하는 충격을 흡수하며 소음을 방지한다.
응력 분산	기관의 국부적인 압력을 분산시킨다.

④ 윤활유의 종류

㉠ 액체 : 지방유, 광유, 혼성유(광유+지방유)

㉡ 고체
- 고체 자체(흑연, PbO 등)
- 반고체와 혼합한 것(그리스+고체 윤활제)
- 액체와 혼합한 것(광유+고체 윤활제)

㉢ 반고체(그리스) : 건설기계의 작업장치 작동부에 주유

㉣ 점도에 의한 분류(SAE)

계절	겨울	봄·가을	여름
SAE 번호	10~20	30	40~50

(3) 디젤기관 연료장치

① 연소실

㉠ 직접 분사식 : 실린더 헤드와 피스톤 헤드로 구성된 단일 연소실 내부에 직접 연료를 분사하는 방식으로 흡기 가열식 예열장치를 사용한다. 보조 연소실이 없기 때문에 예열 플러그가 없다.
- 장점
  - 연소실의 구조와 실린더 헤드의 구조가 간단하다.

- 열효율이 높고, 냉각에 의한 열손실이 적다.
- 연료소비율이 낮다.
- 단점
  - 노크가 일어나기 쉽다.
  - 분사 압력이 높아 분사 펌프 및 노즐 등의 수명이 짧다.
  - 분사 노즐의 상태와 연료의 질에 민감하다.
  - 연료 계통의 연료 누출의 염려가 크다.
- ⓒ 예연소실식 : 주연소실 이외에 피스톤과 실린더 헤드 사이에 별도의 부실을 갖춘 것을 말한다. 시동보조장치인 예열 플러그가 필요하며, 예연소실은 주연소실보다 작다.
  - 장점
    - 연료 성질 변화에 둔하고 선택 범위가 넓다.
    - 착화지연이 짧아 노크가 적다.
    - 분사 압력이 낮아 연료장치의 고장이 적다.
  - 단점
    - 연료소비율이 비교적 많고 구조가 복잡하다.
    - 연소실 표면이 크기 때문에 냉각 손실이 많다.

② 디젤 연료의 성질
  - ⓐ 디젤 연료의 특성
    - 착화성 : 연료와 공기가 혼합하고 어느 정도 압력을 주면 열이 발생하여 스스로 점화되는 성질을 말한다.
    - 인화성 : 자력으로 발화하는 것이 아니라 다른 발화인자가 있어야 하는 성질을 말하며, 경유는 가솔린에 비하여 인화성은 떨어지지만 착화성이 좋다.
    - 세탄가 : 디젤 연료의 착화성을 나타내는 척도를 말하며, 가솔린의 폭발성을 나타내는 척도는 옥탄가이다.
  - ⓑ 디젤 연료의 구비조건
    - 연소 후 카본 생성이 적어야 한다.
    - 불순물과 유황 성분이 없어야 한다.
    - 착화성이 좋고, 인화점이 높아야 한다.

③ 디젤 노킹 : 착화 지연 기간 중 분사된 다량의 연료가 일시적으로 이상 연소가 되어 급격한 압력 상승이나 부조 현상이 되는 상태를 말한다.
  - ⓐ 노킹 발생 원인
    - 과랭되어 있는 기관

- 노즐의 불량한 분무 상태
- 착화기간 중 과도한 연료 분사량
- 과도한 착화지연 시간
- 연료의 너무 낮은 세탄가
- 연료의 낮은 분사 압력

ⓒ 디젤 노킹이 기관에 미치는 영향
- 기관에 손상이 발생할 수 있다.
- 기관의 출력과 흡기 효율이 저하된다.
- 연소실의 온도가 상승하며, 기관이 과열된다.

ⓒ 노킹 현상을 방지하는 방법
- 착화지연 시간을 짧게 한다.
- 연소실 내부에 공기 와류가 일어나도록 한다.
- 착화성이 좋은 연료를 사용한다.
- 압축비를 높여 실린더 내의 압력과 온도를 상승시킨다.
- 착화 기간 중에 연료 분사량을 적게 한다.

④ 엔진 부조 현상 : 연료의 흐름이 원활하지 않아 엔진 회전수(RPM)가 일정하지 않고, 엔진에서 진동이 일어나는 증상을 말한다.

㉠ 엔진 부조 현상의 원인
- 연료의 압송 불량
- 연료 라인에 공기 혼입
- 분사량 및 분사 시기 조정 불량
- 거버너의 작용 불량
- 거버너 : 기관의 최고 회전을 제어하고 기관에 무리가 가는 것을 방지함과 동시에 저속 시의 회전을 안정시키기 위한 장치

㉡ 작업 중 엔진 부조 현상이 일어나다 시동이 꺼지는 원인
- 분사 노즐이 막힘
- 연료 필터가 막힘
- 오일 탱크 내부에 물이나 오물의 과다
- 연료 연결 파이프의 손상으로 인한 누설
- 연료 공급 펌프의 고장

(4) 흡배기 장치 및 시동보조장치

① 배출가스

　㉠ 배기가스 : 기관 내부에서 연소된 가스가 배기관을 통해 외부로 배출되는 가스를 말한다.
- 무해 가스 : 이산화탄소, 질소, 수증기
- 유해 가스 : 일산화탄소, 질소산화물, 탄화수소 등
- 질소산화물의 발생원인은 높은 연소 온도이다.

　㉡ 블로바이(Blow by) 가스 : 피스톤과 실린더의 간격이 클 때 실린더와 피스톤 사이의 틈새를 지나 크랭크 케이스를 통하여 대기로 방출되는 가스를 말하며, 기관의 출력 저하 및 오일 희석의 원인이 된다. 블로바이 가스를 방치할 경우 오일에 슬러지가 형성이 되는데, 이를 방지하기 위해 크랭크 케이스를 환기시켜야 한다.

② 연소 상태에 따른 배출가스의 색

　㉠ 정상 연소일 때 : 무색

　㉡ 윤활유 연소일 때 : 회백색

　㉢ 에어클리너가 막히거나 농후한 혼합비일 때 : 검은색

　㉣ 희박한 혼합비일 때 : 볏짚색

③ 에어클리너(공기청정기) : 실린더로 공기를 흡입할 때 먼지 등의 불순물을 여과하여 피스톤 등의 마모를 방지하며 흡기 계통에서 발생하는 흡기 소음을 없애는 장치를 말한다. 건식 에어클리너와 습식 에어클리너로 구분한다.

　㉠ 건식 에어클리너 : 여과망으로 여과지 또는 여과포를 사용하며, 에어클리너 세척 시 압축공기로 안에서 밖으로 불어낸다.

　㉡ 습식 에어클리너 : 케이스 하단에 오일이 들어 있어 공기가 오일에 접촉하여 먼지나 오물이 여과된다.

　㉢ 에어클리너가 막힌 경우
- 실린더 벽과 피스톤 링, 피스톤 및 흡배기 밸브 등의 마멸과 윤활 부분의 마멸을 촉진시킨다.
- 연소가 나빠진다.
- 출력이 감소한다.
- 배기색은 흑색이 된다.

④ 과급기 : 실린더 내부에 공기를 압축·공급하는 공기 펌프를 말한다.

　㉠ 과급기 일반
- 과급기 설치 시 무게가 10~15% 무거워지지만, 출력은 35~45% 증대된다.
- 흡기관과 배기관 사이에 설치된다.
- 배기가스의 압력에 의하여 작동된다.

- 4행정 사이클 디젤기관에는 주로 원심식 과급기를 사용한다.
- 고지대에서도 출력의 감소가 적은 편이다.
  - ⓒ 디퓨저(Diffuser) : 과급기의 케이스 내부에 설치되어 공기의 속도 에너지를 압력 에너지로 변환하는 장치이다.
  - ⓒ 블로어(Blower) : 과급기에 설치되어 실린더에 공기를 불어넣는 송풍기를 말한다.
- ⑤ 시동보조장치
  - ㉠ 감압장치(De-comp) : 디젤기관을 시동할 때 흡기 밸브나 배기 밸브를 강제적으로 개방하여 실린더 내부 압력을 감압시켜 기관의 회전이 원활하게 이루어지도록 하는 장치이다.
  - ㉡ 예열장치 : 기통 내부 공기를 가열시켜 기온이 낮은 겨울에 시동을 쉽게 하기 위한 장치를 말한다.
    - 흡기 가열식 : 흡입 통로인 다기관에서 흡입공기를 가열하여 흡입시키는 방식이다.
    - 예열 플러그식 : 실린더 헤드에 있는 예연소실에 부착된 예열 플러그가 공기를 직접 예열하는 방식으로, 실드형과 코일형으로 구분한다.
    - 히트 레인지 : 직접 분사식 디젤기관의 흡기 다기관에 설치되는 것으로, 예연소실식의 예열 플러그의 역할을 하는 장치이다.

(5) 냉각장치

① 냉각 방식에 따른 분류
  - ㉠ 공랭식 냉각장치
    - 자연 통풍식 : 냉각 팬이 없고 주행 중에 받는 공기로 냉각하는 방식으로, 오토바이에 사용된다.
    - 강제 통풍식 : 냉각 팬과 시라우드를 설치하여 강제로 냉각시키는 방식으로 자동차 및 건설기계 등에 사용된다.
  - ㉡ 수랭식 냉각장치 : 냉각수를 사용하여 기관을 냉각시키는 방식이다.
    - 자연 순환식 : 물의 대류 작용을 이용한 순환 방식이다.
    - 강제 순환식 : 물펌프를 이용하여 강제로 순환시키는 방식이다.
    - 압력 순환식 : 냉각수를 가압하여 비등점을 높여 순환하는 방식이다.
    - 밀봉 압력식 : 냉각수 팽창의 크기와 유사한 저장 탱크를 설치하는 방식이다.
② 라디에이터(Radiator) : 실린더 헤드 및 실린더 블록에서 가열된 냉각수가 라디에이터로 들어와 수관을 통하여 흐르는 동안 자동차의 주행 속도와 냉각 팬에 의하여 유입되는 대기와의 열 교환이 냉각 핀에서 이루어져 냉각된다.
  - ㉠ 구성 : 코어, 냉각 핀, 냉각수 주입구

ⓒ 구비조건
- 단위면적당 방열량이 커야 한다.
- 가볍고 작아야 하며, 강도가 커야 한다.
- 공기 흐름에 대한 저항이 적어야 한다.
- 냉각수 흐름에 대한 저항이 적어야 한다.

ⓒ 라디에이터 코어 : 냉각수를 냉각시키는 부분으로, 냉각수를 통과시키는 튜브와 냉각 효과를 크게 하기 위해 튜브와 튜브 사이에 설치되는 냉각 핀으로 구성된다. 막힌 비율이 20% 이상이 되면 교환한다.

ⓔ 라디에이터의 냉각수 온도
- 실린더 헤드를 통해 가열된 물이 라디에이터 상부로 들어와 수관을 통해 하부로 내려가며 열을 발산한다. 그러므로 냉각수 온도는 5~10℃ 정도 윗부분이 더 높다.
- 냉각수의 온도 측정 방식 : 온도 측정 유닛을 실린더 헤드의 워터재킷부에 끼워 측정한다. 실린더 헤드 워터재킷부의 냉각수 온도는 75~95℃이다.

④ 라디에이터 압력식 캡 : 냉각수 주입구의 마개를 말하며 압력 밸브와 진공 밸브가 설치되어 있다.
ⓐ 압력 밸브 : 물의 비등점을 올려 물이 쉽게 과열(오버히트)되는 것을 방지한다.
ⓑ 진공 밸브 : 과랭 시 라디에이터 내부 압력이 떨어져 진공이 발생하면 코어의 파손을 초래하기 때문에 진공 밸브가 열리며 보조 탱크의 냉각수를 유입시킴으로써 진공을 해소한다.

4 전기장치

(1) 전기 일반

① 전기의 기초
ⓐ 전류
- 전류의 단위 : A(암페어)
- 전류의 표기 : 1A = 1,000mA
- 전류의 3대 작용 : 발열, 화학, 자기
ⓑ 전압 : 도체에 전류가 흐르는 압력을 전압(V)이라 하며, 1V는 1Ω의 저항을 갖는 도체의 1A의 전류가 흐르는 것을 뜻한다.
ⓒ 저항 : 도체에 대하여 전기의 흐름은 곧 전자의 움직임을 뜻하는데, 이때 전자의 움직임을 방해하는 요소를 저항이라고 한다.

ⓔ 전기 관련 단위
- A : 전류
- V : 전압
- W : 전력
- Ω : 저항

② 플레밍의 법칙

㉠ 플레밍의 왼손 법칙
- 도선이 받는 힘의 방향을 결정하는 규칙으로, 모터(전동기)의 작동 원리에 해당하는 법칙이다.
- 왼손의 검지를 자기장의 방향, 중지를 전류의 방향으로 했을 경우 엄지가 가리키는 방향이 도선이 받는 힘의 방향이 되는 것이다.

㉡ 플레밍의 오른손 법칙
- 유도 기전력 또는 유도 전류의 방향을 결정하는 규칙으로, 발전기의 작동 원리에 해당하는 법칙이다.
- 오른손의 엄지를 도선의 운동 방향, 검지를 자기장의 방향으로 했을 때 중지가 가리키는 방향이 유도 기전력 또는 유도 전류의 방향이 되는 것이다.

③ 다이오드와 트랜지스터

㉠ 반도체 : 반도체는 양도체와 절연체의 중간 범위에 드는 것으로 (+)성질을 띠는 P형 반도체와 (−)성질을 띠는 N형 반도체가 있다.

㉡ 다이오드 : P 타입과 N 타입의 반도체를 맞대어 결합한 것으로, 포토 다이오드, 제너 다이오드, 발광 다이오드 등이 있다.
- 다이오드의 장단점

장점	단점
• 내부 전력 손실이 적다. • 소형이며 가볍다. • 예열 시간이 필요하지 않고 바로 작동한다.	고온, 고전압에 약하다.

㉢ 트랜지스터 : 트랜지스터는 PN 접합에 또 다른 P형 또는 N형 반도체를 추가적으로 결합한 것으로 PNP형과 NPN형으로 구분한다.
- 트랜지스터의 특징
  - 수명이 길다.
  - 소형이며 경량이다.
  - 내부 전압의 강하가 적다.
- 트랜지스터의 회로 작용 : 증폭 작용, 스위칭 작용

(2) 축전지

① 축전지의 구성
- ㉠ 케이스 : 극판과 전해액을 수용하는 용기를 말한다.
- ㉡ 극판 : 축전지의 양극판에는 과산화납을 쓰며, 음극판에는 해면상납을 쓴다.
- ㉢ 격리판과 유리매트 : 축전지의 극판 사이에서 단락을 방지하는 역할을 한다.
- ㉣ 벤트플러그 : 축전지의 전해액과 증류수 보충을 위한 구멍 마개로, 중앙부의 구멍으로 축전지 내부에서 발생하는 산소가스가 배출된다.
- ㉤ 터미널 : 축전지의 연결 단자를 말한다.
- ㉥ 셀 커넥터 : 축전지 내부의 각각의 셀(단전지)을 직렬로 접속하기 위한 부분을 말한다.

② 축전지 터미널의 식별법
- ㉠ 극으로 구분 : [+], [−] 표시로 구분한다.
- ㉡ 굵기로 구분 : 터미널이 굵거나(+) 가는 것(−)으로 구분한다.
- ㉢ 색깔로 구분 : 적색(+)과 흑색(−)으로 구분한다.
- ㉣ 문자로 구분 : P(+)와 N(−)으로 구분한다.

③ 축전지 전해액
- ㉠ 전해액의 비중
  - 완전충전 상태 : 20℃에서 전해액의 비중이 1.280
  - 반충전 상태 : 20℃에서 전해액의 비중이 1.186 이하
- ㉡ 전해액의 비중과 온도와의 관계
  - 온도가 올라가면 비중은 내려간다.
  - 온도가 내려가면 비중은 올라간다.
- ㉢ 전해액 제조 시 황산과 증류수의 혼합방법
  - 반드시 황산을 증류수에 부어야 한다. 증류수에 황산을 붓는 건 위험하다.
  - 용기는 질그릇이나 플라스틱 그릇을 사용한다.
  - 20℃일 때 비중이 1.280이 되도록 측정하면서 작업한다.
  - 납산 축전지의 전해액은 묽은 황산을 사용한다.
  - 축전기 전해액이 자연 감소되었을 때는 증류수를 보충한다.

④ 납산 축전지의 전압
- ㉠ 12V 납산 축전지의 셀
  - 셀 1개의 전압 : 2~2.2V
  - 12V 납산 축전지는 6개의 셀이 직렬연결로 되어 있다.

- ⓒ 12V 납산 축전지의 방전 종지 전압
    - 방전 종지 전압 : 전지의 방전을 중지하는 전압을 말한다.
    - 셀 1개의 방전 종지 전압 : 1.75V
    - 12V 축전지는 셀이 6개 → 1.75×6=10.5V
- ⑤ 축전지의 연결
    - ㉠ 직렬연결
        - 직렬연결 시 전압은 2배가 되며, 용량은 1개일 때와 동일하다.
        - 2개 이상의 축전지를 직렬연결할 때에는 서로 다른 극과 연결한다.
    - ㉡ 병렬연결
        - 병렬연결 시 전압은 1개일 때와 동일하며, 용량은 2배가 된다.
        - 2개 이상의 축전지를 병렬연결할 때에는 서로 같은 극과 연결한다.
- ⑥ 축전지의 자기방전
    - ㉠ 축전지 자기방전의 원인
        - 극판 작용물질이 탈락하여 축전지 내부에 퇴적되면서 방전
        - 전해액 내부에 포함된 불순물에 의하여 방전
        - 양극판의 작용물질 입자가 축전지 내부에서 단락으로 인하여 방전
        - 음극판의 작용물질이 황산과의 화학작용으로 인하여 황산납이 되어 방전
    - ㉡ 축전지의 자기방전량
        - 전해액의 비중이 높을수록 자기방전량이 크다.
        - 전해액의 온도가 높을수록 자기방전량이 크다.
        - 날짜가 경과함에 따라 자기방전량이 많아진다.
        - 축전지의 방전이 거듭되면 전압이 낮아지고 전해액의 비중도 낮아진다.
        - 충전 후 시간 경과에 따라 자기방전량의 비율은 점점 낮아진다.
- ⑦ 축전지 충전법
    - ㉠ 충전법의 종류
        - 정전류 충전법 : 일정한 전류로 충전하는 방법으로, 일반적인 충전방법을 말한다.
        - 정전압 충전법 : 일정한 전압으로 충전하는 방법으로, 초기에 많은 전류가 충전되어 충전기의 수명이 짧아진다.
        - 단별전류 충전법 : 충전 초기에 큰 전류로 충전하고, 시간이 경과함에 따라 전류를 2~3단계 낮추어 충전하는 방식을 말한다.
    - ㉡ 축전지 충전 시 주의사항
        - 충전 시 가스가 발생하기 때문에 화기에 주의해야 한다.

- 충전 시 전해액의 온도를 45℃ 이하로 유지해야 한다.
- 가스가 발생하기 때문에 통풍이 잘 되는 곳에서 충전해야 한다.
- 과충전과 급속 충전을 피해야 한다.
- 충전 시 벤트플러그를 모두 열어야 한다.
- 축전지의 단락으로 불꽃이 발생하지 않아야 한다.

ⓒ 납산 축전지 충전 시 발생하는 가스
- (+)극에서는 산소 가스가 발생하고, (-)극에서는 수소 가스가 발생한다.
- (-)극에서 발생하는 수소 가스는 가연성 가스이기 때문에 화기를 가까이하거나 드라이버 등으로 스파크를 일으키면 폭발의 위험성이 있어 주의해야 한다.

(3) 시동장치

① 시동 전동기(기동 전동기)

㉠ 전동기의 종류

구분	특징
직권식 전동기	• 기동 회전력이 크며, 부하 증가 시 회전 속도가 낮아진다. • 회전 속도가 일정하지 않다.
분권식 전동기	• 회전 속도가 일정하다. • 회전력이 약하다.
복권식 전동기	• 시동 시에는 직권식과 같은 큰 회전력을 얻고, 시동 후에는 분권식과 같은 일정한 회전 속도를 가진다. • 와이퍼 모터 등에서 주로 사용한다.

㉡ 시동 전동기의 필요성
- 내연기관은 1회의 폭발을 얻어야 기관을 시동시킬 수 있는데, 이때 외력의 힘에 의하여 크랭크축을 회전시켜 시동시킨다. 이것을 시동장치가 담당한다.
- 현재 사용되는 건설기계에서는 축전지를 전원으로 하는 직류 직권 전동기가 사용된다.
- 전동기가 따르는 원리는 플레밍의 왼손 법칙이다.

② 전동기의 구성

㉠ 전기자(Amature, 아마추어)
- 전기자 철심 : 전기자의 권선을 감는 철심을 말한다.
- 전기자 코일 : 브러시와 정류자를 통하여 전기자 전류가 흐르는 부분이다. 전기자 코일을 시험하는 데에는 그로울러 시험기를 사용한다.
- 정류자 : 시동 전동기의 전기자 코일에 항상 일정한 방향으로 전류가 흐르도록 하기 위하여 설치하는 것으로 기름, 먼지 등이 묻어 있으면 회전력이 적어진다.

ⓒ 계자 코일과 계자 철심
- 계자 코일은 계자 철심에 감겨져 전류가 흐르면 자력을 일으키는 코일을 말한다.
- 일반적으로 기관의 시동에 적합한 직류 직권식을 사용한다.

ⓒ 브러시
- 축전지의 전기를 정류자에 전달하는 것을 말한다.
- 시동 전동기의 브러시는 본래 길이에서 1/3 정도 마모되면 교체한다.

ⓔ 전자 스위치(솔레노이드 스위치) : 축전지에서 시동 전동기까지 흐르는 전류를 단속하는 스위치 기능과 피니언을 링 기어에 물려주는 역할을 한다.

③ 시동 전동기의 동력전달장치 : 시동 전동기가 회전하면서 발생한 토크를 기관의 플라이휠로 전달하는 장치를 말한다.
ⓐ 구성 : 클러치와 피니언 기어, 시프트 레버, 오버러닝 클러치 등으로 구성되어 있다.
ⓑ 시동 전동기의 구동 피니언이 플라이휠의 링 기어에 물리는 방식이다.
ⓒ 전기자 섭동식, 피니언 섭동식, 벤딕스식이 있다.
ⓓ 오버러닝 클러치(Over Running Clutch) : 기관이 시동된 이후 피니언이 링 기어에 물려 있어도 기관의 회전력이 시동 전동기로 전달되지 않도록 하기 위해 설치하는 클러치를 말한다.

(4) 충전장치

① 충전장치 일반
ⓐ 축전지에 충전전류를 공급한다.
ⓑ 발전기와 레귤레이터 등으로 구성된다.
ⓒ 운행 중 여러 가지 전기장치에 전력을 공급한다.
ⓓ 발전기는 기관과 항상 같이 회전하며 발전한다.
ⓔ 발전기는 플레밍의 오른손 법칙을 따른다.

② 직류 발전기
ⓐ 직류 발전기의 작동 방식 : 전기자를 크랭크축 풀리와 팬 벨트로 회전시키면 코일 안에 교류의 기전력이 생긴다. 이 교류를 정류자와 브러시에 의해 직류로 만들어 끌어낸다. 작동 방식은 계자 코일과 전기자 코일의 연결에 따라 직권식, 분권식, 복권식으로 구분한다.
ⓑ 직류 발전기의 구조
- 전기자 : 전류가 발생하는 부분으로, 전기자 철심, 전기자 코일, 정류자, 전기자축 등으로 구성된다.
- 계자 철심과 계자 코일 : 계자 철심에 계자 코일이 감겨져 있는 것으로, 계자 코일에 전류가 흐르면 철심이 전자석이 되어 자속을 발생하게 된다.
- 정류자와 브러시 : 전기자에서 발생한 교류를 정류하여 직류로 변환시켜 준다.

③ 교류 발전기
  ㉠ 교류 발전기의 작동 방식 : 회전 계자형의 3상 교류 발전기에 정류용 실리콘 다이오드를 조립하여 직류 출력을 얻는다. 교류 발전기는 직류 발전기에 비해 가볍고, 고속 내구성이 우수하며, 저속에서도 충전 성능이 좋으므로 대부분의 차량에서 사용된다. 건설기계의 충전장치도 3상 교류 발전기를 주로 사용한다.
  ㉡ 교류 발전기의 구조
    • 스테이터 : 직류 발전기의 전기자에 해당하는 것으로, 전류(기전력)가 발생하는 부분이다. 교류 발전기는 직류 발전기와는 다르게 전기자 역할을 하는 스테이터가 발전기 외부에 고정되며, 계자 역할을 하는 로터가 내부에서 회전한다.
    • 로터 : 팬 벨트에 의하여 기관 동력으로 회전하며 브러시를 통해 들어온 전류에 의해 전자석이 된다. 직류 발전기의 계자 철심과 계자 코일의 역할을 하는 부분이다.
    • 슬립 링과 브러시 : 브러시는 스프링 장력으로 슬립 링에 접촉하여 축전기의 전류를 로터 코일에 공급한다.
    • 다이오드(정류기) : 스테이터 코일에서 발생된 교류 전기를 정류하여 직류로 변환시키는 역할을 한다. 또한, 축전지로부터 발전기로 전류가 역류하는 것을 방지한다.
    • 히트싱크 : 다이오드가 교류 전기를 직류로 정류할 때 발생하는 열을 냉각시키기 위한 장치를 말한다.
  ㉢ 교류 발전기의 특징
    • 가동이 안정되어 브러시의 수명이 길다.
    • 브러시에는 계자 전류만 흐르므로 불꽃 발생이 없고 점검 및 정비가 쉽다.
    • 역류가 없어 컷아웃 릴레이가 필요 없으며, 저속일 때에도 충전이 가능하다.
    • 다이오드를 사용하기 때문에 정류 특성이 좋다.
    • 소형, 경량이고 속도 변화에 따른 적응 범위가 넓은 편이다.
    • 브러시에 의한 마찰음이 없으며, 정류자 소손에 의한 고장이 적다.
④ 레귤레이터(Regulator, 조정기)
  ㉠ 직류 발전기 레귤레이터
    • 컷아웃 릴레이 : 축전지로부터 전류의 역류를 방지하는 역할을 한다.
    • 전압 조정기 : 발전기의 발생 전압을 일정하게 제어하는 역할을 한다.
    • 전류 제한기 : 발전기의 출력 전류가 규정 이상의 전류가 되는 것을 방지한다.
  ㉡ 교류 발전기 레귤레이터
    • 컷아웃 릴레이와 전류 제한기가 필요 없고, 전압 조정기만 필요하다.
    • 전압 조정기의 종류에는 카본파일식, 접점식, 트랜지스터식이 있다.

(5) 등화장치 및 냉방장치

① 빛의 단위

㉠ 광도 : 어떤 방향의 빛의 세기를 광도라고 하며, 단위는 칸델라(Candela)이다. 표기는 cd로 한다.

㉡ 조도 : 어떤 면이 받는 빛의 세기를 나타내는 값으로, 단위와 표기로는 럭스(lx)나 포토(ph)를 쓴다.

㉢ 광속 : 광원에서 나와 어떤 공간에 비춰지는 빛의 양을 나타내는 값으로, 단위는 루멘(lm)이다.

② 전조등 : 전조등의 램프 유닛은 전구, 반사경, 렌즈 등으로 구성되며, 전조등은 복선식으로 되어 있으며 퓨즈와는 직렬로 연결되어 있다.

㉠ 세미 실드빔형
- 렌즈와 반사경은 일체이며, 전구만 따로 교체할 수 있다.
- 현재 널리 사용되는 할로겐 램프는 세미 실드빔형이다.
- 반사경에 습기, 먼지 등이 들어가 조명 효율을 떨어뜨릴 수 있다.

㉡ 실드빔형 : 전조등 필라멘트가 끊어졌을 때 렌즈나 반사경에 이상이 없더라도 전조등 전체를 교체해야 하는 형식이다.
- 반사경과 필라멘트가 일체형이다.
- 대기 조건에 따라 반사경이 흐려지지 않는다.
- 사용에 따른 광도의 변화가 적다.
- 내부는 진공 상태이며, 아르곤이나 질소 가스 등 불활성 가스를 채운다.
- 일체형이기 때문에 필라멘트 교체 시 램프 전체를 교체해야 한다.

③ 계기판 경고등

㉠ 충전 경고등
- 작업 도중 충전 경고등에 빨간불이 점등되면 충전이 잘 되지 않음을 나타낸다.
- 충전 경고등 점등 시 충전 계통을 점검해야 한다.
- 충전 경고등의 점검은 기관의 가동 전과 가동 중에 실시한다.

㉡ 오일 경고등
- 작업 도중 계기판의 오일 경고등이 점등되었을 경우 즉시 시동을 끄고 오일 계통을 점검한다.
- 운전 중 엔진오일 경고등이 점등되는 원인
  - 윤활 계통이 막힘
  - 오일 필터가 막힘
  - 드레인 플러그가 열림

㉢ 전류계
- 발전기에서 축전지로 충전하고 있는 경우 전류계 지침은 정상에서 (+) 방향을 지시한다.

- 정상적인 충전이 되고 있지 않은 경우 전류계 지침은 정상에서 (-) 방향을 지시한다. 정상적인 충전이 되지 않는 원인은 다음과 같다.
  - 배선에서 누전이 되고 있음
  - 전조등 스위치가 점등 위치에 있음
  - 시동 스위치가 기관 예열장치를 동작시키고 있음
- 기관이 회전해도 전류계가 작동하지 않는 원인 : 전류계의 불량, 스테이터 코일의 단선, 레귤레이터의 고장

④ **냉방장치**

㉠ 기존의 냉매 물질이었던 R-12는 오존층 파괴와 지구온난화의 원인으로 판명되어 규제 대상이 되었다.

㉡ 현재 R-12의 대체 물질로서 냉매로 사용되고 있는 것은 HFC-134a이다.

제3막 굴착기 주행 및 작업

1 굴착기 주행

(1) 굴착기 주행 전 확인 사항
① 급출발 및 급제동을 하지 않는다.
② 작업 반경 내에 보행자 및 작업자 동선, 주변 장애물을 확인하여 안전사고 및 시설물 파손을 예방한다.
③ 타이어식 굴착기의 경우 이동을 위한 주변 교통

(2) 굴착기 운반로 선정 시 고려사항
① 경사가 급하거나 급커브가 많은 도로에서는 기관이나 제동 소음이 커지기 때문에 이런 도로는 가급적 피하도록 한다.
② 좁은 도로 출입 시 들어오는 도로와 나가는 도로를 구별하여 선정한다.
③ 보행자가 많거나 학교, 병원 등이 있는 도로, 차도와 보도의 구별이 없는 도로는 가급적 피하도록 한다.
④ 소음 피해를 완화하기 위하여 포장도로나 폭이 넓은 도로를 선정한다.

(3) 도로 교통 관련 주의사항
① **주행 속도**
 ㉠ 소음방지 관점에서 주행 속도는 40km/h 이하로 하는 것이 좋다.
 ㉡ 타이어식 굴착기는 자체중량이 크기 때문에 항상 전복 위험이 있다.
② **차선 및 진로 변경**
 ㉠ 진로 변경 시 30m 이상 지점에서부터 신호를 하여야 한다.
 ㉡ 안전거리를 확보해야 한다.
 ㉢ 법정 제한속도를 준수해야 하며, 최고속도를 초과하거나 최저에 미달하는 속도로 주행해서는 안 된다.

③ 신호 및 지시 준수
  ㉠ 신호기, 안전표지가 표시하는 신호 및 교통정리를 하는 경찰공무원 등의 신호 및 지시를 준수해야 한다.
  ㉡ 신호기의 신호와 경찰공무원의 신호 및 지시가 다를 경우 경찰공무원의 신호 및 지시를 우선한다.
④ 건설기계의 도로 통행 제한
  ㉠ 차량 폭 2.5, 높이 4.0m, 길이 16.7m의 기준 중 어느 하나라도 초과하는 차량
  ㉡ 축중량 10t 초과 또는 총중량 40t 초과 차량
  ㉢ 단, 도로관리청의 허가를 받은 경우 도로의 통행이 가능하다.

(4) 굴착기 주행 중 주의사항

① 급발진, 급가속, 급브레이크는 피하도록 한다.
② 주행 시 버킷의 높이는 30~50cm가 적절하다.
③ 기관을 필요 이상으로 공회전시키지 않는다.
④ 주행 중 작업장치의 레버를 조작하지 않는다.
⑤ 주행 도중에 승·하차를 하거나 운전자 이외의 사람을 승차시키고 주행하지 않는다.
⑥ 가능한 한 평탄한 지면을 택하며, 연약한 지반은 피하도록 한다.
⑦ 주행 도중 경고 부저가 울리면서 경고등이 켜진 경우 즉시 정차하여 장비의 이상 유무를 점검한다.
⑧ 주행 도중 이상 소음이나 냄새 등의 이상이 확인된 경우 즉시 정차하고 점검하도록 한다.

2 굴착기 작업

(1) 굴착기 작업의 기본 순서

> 굴착 → 붐 상승 → 선회 → 적재 → 선회 → 굴착

① **굴착** : 버킷으로 흙을 퍼 담는 작업을 말한다.
② **붐 상승** : 지면의 버킷을 위로 올리기 위하여 붐을 상승시키는 것을 말한다.
③ **선회(스윙)** : 상부 회전체를 굴착 위치나 적재 위치로 선회하는 동작을 말한다.
④ **적재** : 적재 장소나 덤프트럭에 흙을 쏟아내는 작업을 말한다.

(2) 굴착기 작업 시 주의사항

① 버킷에 사람을 탑승시키지 않는다.
② 굴착 도중에 주행하지 않는다.
③ 경사지의 경우 10° 이상 경사진 장소에서는 작업하지 않도록 한다.
④ 작업 반경 내에 전선 위치, 공사 현장의 구조물, 연약한 지반 등을 파악한다.
⑤ 작업 시 실린더 행정 끝에서 여유를 약간 남기도록 운전한다.
⑥ 땅을 깊이 팔 때에는 붐의 호스나 버킷 실린더의 호스가 지면에 닿지 않도록 한다.

(3) 깎기 작업(절토)

① 개념 : 굴착기를 이용하여 흙이나 암반 구간 등을 깎는 작업을 말한다.
② 깎기의 종류
　㉠ 일반적인 깎기 : 굴착기가 위치한 지면보다 높은 곳을 깎는 작업
　㉡ 부지사면 깎기 : 부지의 경사면을 깎는 작업
　㉢ 암반 구간 깎기 : 풍암 및 자갈층 등을 깎는 작업
③ 굴착면 기울기 및 높이의 기준
　㉠ 점토질을 포함하지 않은 사질의 지반은 굴착면 기울기를 1:1.5(높이:가로) 이상으로 하며, 높이는 5m 미만으로 깎아야 한다.
　㉡ 발파 등에 의하여 붕괴하기 쉬운 상태의 지반이나 매립하거나 반출시켜야 할 지반의 굴착면 기울기는 1:1 이하로 하고 높이는 2m 미만으로 깎아야 한다.
④ 지반 붕괴 요인

외적 요인	내적 요인
• 깎기 및 성토 높이의 증가 • 지표수 및 지하수의 침투에 의한 토사 중량의 증가 • 토사 및 암석 혼합층의 두께 • 지진, 차량, 구조물의 하중 작용 • 공사에 의한 진동과 반복 하중의 증가 • 법면의 경사 및 기울기의 증가 • 법면 : 절토나 성토로 만들어진 경사면	• 절토 사면의 토질 및 암질 • 토석의 강도 저하 • 성토 사면의 토질 구성 및 분포

⑤ 깎기 작업
　㉠ 작업 현장의 지형 및 지반 특성 파악
　　• 토질 상태를 살펴 배수 상태, 지하수 및 용수의 상태 확인한다.
　　• 사면과 법면의 경사도, 기울기 등을 고려하여 붕괴 재해를 예측한다.
　　• 주변에서 미리 깎기 작업을 한 경사면을 확인한다.

ⓛ **벌개제근** : 지표에 있는 나무뿌리, 초목 등을 미리 제거하는 작업
- 흙을 쌓는 높이가 1.5m 이상인 구간에 놓인 수목이나 그루터기는 잔존 높이가 지표면에서 15cm 이하가 되도록 자른다.
- 흙을 쌓는 높이가 1.5m 미만인 구간에 놓인 수목이나 그루터기 및 뿌리 등은 지표면을 기준으로 20cm 깊이까지 제거한다.
- 벌개제근 작업이 완료되면 감독자로부터 확인을 받은 후에 깎기 작업을 실시하며, 땅 깎기 구간에 있는 그루터기는 작업 중에 제거해도 된다.
- 흙 쌓기 구간에서 유해 물질이나 오염원 또는 유기질을 다량 함유하고 있는 토양은 감독자의 지시에 따라 제거한 후 확인을 받는다.
- 보존이나 이식하도록 정해진 수목이나 식물은 작업 중에 손상을 입지 않도록 한다.
- 소각이 안 되거나 부패하기 쉬운 물질은 지정된 장소에 처분한다.

ⓒ **작업로와 배수로 및 침사지 확보**
- 굴착기의 주행로는 충분한 폭에 노면 다짐을 한 후 배수로를 확보한다.
- 물길을 내는 굴착 작업은 물의 흐름 방향을 바라보며 작업한다.
- 경사가 있는 곳에서의 굴착 작업 시 산 쪽으로 배수로를 만들어 둔다.

제4막 점검 및 안전관리

1 굴착기의 점검

(1) 일일점검

장비사용 설명서에 따라 실시한다.

구분	내용
작업 전 점검	• 연료, 엔진오일, 유압유와 냉각수의 양 • 팬 벨트의 장력 점검, 타이어의 외관 상태 • 공기청정기의 엘리먼트 청소 • 굴착기 외관과 각 부분의 누유 및 누수 점검 • 축전지 점검 등
작업 중 점검	• 작업 도중 발생하는 이상 소음 • 이상한 냄새나 배기가스의 색 등
작업 후 점검	• 굴착기 외관의 변형이나 균열 점검 • 각 부분의 누유 및 누수 점검 • 연료 보충 등

(2) 작업 전 점검

① **각 부분의 오일 점검** : 윤활 계통 및 유압 계통 점검, 굴착기 주요 부분의 그리스 주유 및 점검

② **벨트 및 냉각수 점검** : 팬 벨트의 장력 점검, 냉각수의 양과 냉각 계통 점검

③ **타이어 및 트랙 점검** : 타이어의 공기압 및 마모 상태 점검, 트랙의 장력과 부품 상태 및 마모 상태 점검

④ **전기장치 점검** : 배터리 충전 상태 및 전해액의 양 점검, 등화장치 점검

(3) 시동 전·후 점검

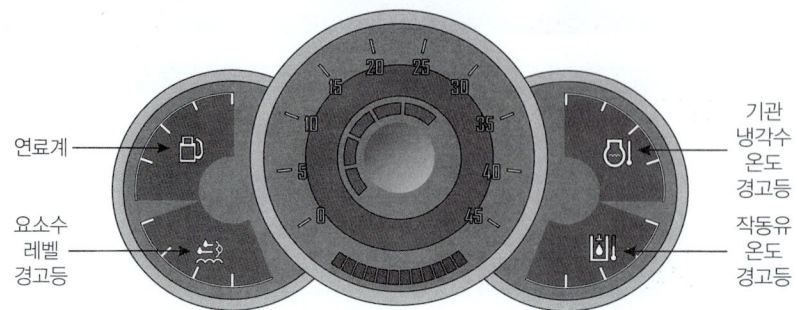

① 계기판 점검 : 기관 냉각수 온도계 및 작동유 온도계, 연료계 점검, 엔진 회전수 및 트립미터 표시 확인
② 기관 시동
　㉠ 기관 예열 : 적정한 예열 시간은 보통 10~20분 정도의 공회전 시간으로 한다.
　㉡ 기관의 시동 : 30초 이상 연속해서 기관을 크랭킹하지 않아야 하며, 재시동 전에 약 2분 동안 시동 전동기가 냉각되도록 한다.
　㉢ 기관 시동 후 점검 : 누유 및 누수 점검, 작동유 탱크의 레벨 게이지 점검, 냉각수 온도계 및 작동유 온도계 점검, 기관의 배기음 및 배기색 점검, 이상 소음 및 이상 진동 점검 등

(4) 작업 중 점검

① 장비의 이상 소음을 통하여 장비의 이상 유무 확인
② 장비에서 발생하는 냄새를 통하여 장비의 이상 유무 확인
　㉠ 배터리 단자의 접촉 불량으로 인한 타는 냄새
　㉡ 타이어의 과다 마모 및 마찰에 의한 타는 냄새
　㉢ 유압유 부족으로 인한 유압펌프 과열에 의한 유압유 타는 냄새
　㉣ 냉각수 부족과 팬 벨트 등의 손상으로 인한 기관 과열 시 오일 연소 냄새 확인
　㉤ 공사 도중 가스 배관 등을 파손하여 발생하는 가스 냄새 등
③ 계기판을 통한 장비의 정상 작동 여부 확인
④ 육안으로 냉각수, 엔진오일, 유압유의 누수·누유 여부 확인

(5) 작업 후 점검

① 안전주차
　㉠ 평탄하고 안전하다고 판단되는 곳에 주차한다.
　㉡ 연약한 지반은 장비의 중량으로 인하여 지반이 무너져 장비에 손상을 입힐 수 있으므로 잘 확인하여 주차한다.

ⓒ 경사진 곳에서는 전복이나 미끄러짐 등의 사고 위험이 있기 때문에 주차하지 않도록 한다.

② 연료량 점검

　㉠ 연료의 보충은 지정된 안전한 장소에서 하도록 하며, 옥내보다는 옥외에서 하는 것이 안전하다.

　㉡ 연료를 완전히 소진시키거나 연료 레벨이 너무 낮게 내려가지 않도록 한다.

　㉢ 동절기에는 결로현상을 방지하기 위하여 매일 작업이 끝난 후 연료를 보충한다.

③ 장비 점검

　㉠ 에어클리너 상태 점검

　㉡ 필터와 오일의 점검 및 교체

　㉢ 오일 및 냉각수의 유출 점검

　㉣ 타이어식 굴착기의 타이어 공기압 및 타이어 휠의 너트 조임 상태 등 점검

　㉤ 무한궤도식 굴착기의 트랙 장력 점검

　㉥ 각 연결 부위에 그리스 주입

　㉦ 유압라인의 체결부 고정 상태 점검

(6) 장비의 점검 주기

주간 정비 (매 50시간마다)	• 오일 점검 • 팬 벨트의 장력 점검 및 조정 • 배터리의 전해액 수준 점검 • 연료 탱크의 침전물 배출 • 프레임 연결부 등에 그리스 주유
분기별 정비 (매 500시간마다)	• 오일 필터류 교체 • 브레이크 디스크의 마모 점검 • 계기판의 램프 점검 • 등화장치 점검 • 라디에이터 점검 • 각 작동부의 오일 점검 및 교체
반년 정비 (매 1000시간마다)	• 발전기 및 기동 전동기 점검 • 냉각 계통 내부 세척 • 어큐뮬레이터의 압력 점검 • 작동유 흡입 필터 교체 • 기관 밸브 조정 • 연료분사 노즐 점검
연간 정비 (매 2000시간마다)	• 작동유 탱크의 오일 교체 • 차동장치의 오일 교체 • 유압오일 교체 • 냉각수 교체

2. 안전관리

(1) 산업안전

① **산업안전의 3요소**
　㉠ **기술적 요소** : 설계상의 결함, 장비의 불량, 안전시설의 미설치 등과 관련
　㉡ **교육적 요소** : 안전교육의 미실시, 작업자의 작업태도 및 작업방법 불량 등과 관련
　㉢ **관리적 요소** : 안전관리 조직의 미편성, 적성을 고려하지 않은 작업 배치, 작업 환경의 불량 등과 관련

② **산업재해** : 작업자(근로자)가 업무에 관련한 건설물·가스·증기·분진 등에 의하거나 작업 또는 그 밖의 업무로 인하여 부상을 당하거나 사망하는 경우, 질병에 걸리는 경우를 말한다.

③ **산업재해의 원인**

직접적인 원인	• 불안전한 행동 : 작업자의 작업태도 불안전, 위험장소 출입, 작업자의 실수 등 • 불안정한 상태 : 안전장치의 결여, 불안전한 조명, 기계의 결함 등
간접적인 원인	• 안전교육의 미실시, 잘못된 작업 관리 • 작업자의 가정환경 또는 사회적 불만 등
불가항력의 원인	• 천재지변 • 인간이나 기계의 한계로 인한 불가항력 등

④ **산업재해의 예방**
　㉠ **재해예방의 4원칙** : 손실 우연의 원칙, 예방 가능의 원칙, 원인 계기의 원칙, 대책 선정의 원칙
　㉡ **재해의 복합 발생 요인** : 환경, 사람, 시설의 결함

⑤ **산업재해의 분류**
　㉠ **산업재해의 통계적 분류**
　　• 사망 : 업무로 인하여 목숨을 잃게 되는 경우를 말한다.
　　• 중경상 : 부상으로 인하여 8일 이상의 노동 상실을 가져온 상해 정도를 말한다.
　　• 경상해 : 부상으로 1일 이상 7일 이하의 노동 상실을 가져온 상해 정도를 말한다.
　　• 무상해 사고 : 응급처치 이하의 상처로 작업에 종사하면서 치료를 받는 상해 정도를 말한다.
　㉡ **국제노동기구(ILO)에 따른 근로불능 상해의 종류**

사망	사고의 결과로 인하여 생명을 잃는 것을 말한다.
영구 전노동 불능	사고의 결과로 신체장애등급 1~3등급에 해당하며 노동 기능을 완전히 잃게 되는 부상을 말한다.
영구 일부노동 불능	신체장애등급 4~14등급에 해당하며 신체의 일부가 노동 기능을 상실한 부상을 말한다.

일시 전노동 불능	의사의 진단에 따라 일정 기간 동안 노동에 종사할 수 없는 상해를 말한다.
일시 부분노동 불능	의사의 진단에 따라 일정 기간 노동에 종사할 수 없지만 휴무 상태가 아닌 상해를 말한다.
응급조치 상해	1일 미만의 치료를 받고 정상 작업에 임할 수 있는 정도의 상해를 말한다.

⑥ 재해발생 시 조치 순서 : 운전 정지 → 피해자 구조 → 응급처치 → 2차 재해 방지

⑦ 작업상 안전수칙

 ㉠ 정전 시 스위치를 반드시 끊어야 한다.
 ㉡ 기관에서 배출되는 유해가스에 대비한 통풍장치를 설치한다.
 ㉢ 병 속의 약품을 냄새로 알아보고자 할 때에는 손바람을 이용한다.
 ㉣ 벨트 등의 회전 부위에 주의하며, 안전을 위하여 덮개를 씌우도록 한다.
 ㉤ 전기장치는 접지를 하며, 이동식 전기기구는 방호장치를 한다.
 ㉥ 주요 장비 등은 조작자를 지정하여 아무나 조작하지 않도록 한다.
 ㉦ 추락 위험이 있는 작업 시에는 안전띠 등을 사용하도록 한다.

⑧ 작업복

 ㉠ 작업복의 구비조건
  • 작업자의 신체에 알맞고 동작이 편해야 한다.
  • 주머니가 적고 팔이나 발이 노출되지 않는 것이 좋다.
  • 옷소매 폭이 너무 넓지 않고 소매의 폭을 조일 수 있는 것이 좋다.
  • 배터리 전해액처럼 강한 산성이나 알칼리 등의 액체를 취급할 때에는 고무 재질의 작업복이 좋다.
  • 화기를 사용하는 작업 시 방염성, 불연성을 갖춘 작업복을 착용해야 한다.

 ㉡ 작업복 착용 시 유의사항
  • 항상 깨끗한 상태로 착용해야 한다.
  • 수건이나 손수건을 허리나 목에 걸고 작업하지 않도록 한다.
  • 작업복에 모래나 쇳가루 등이 묻었을 때에는 압축공기가 아니라 솔 등을 이용하여 털어낸다.
  • 물체의 추락 우려가 있는 작업장에서는 반드시 작업모를 착용한다.
  • 기름이 묻은 작업복은 착용하지 않는다.
  • 상의의 옷자락이 밖으로 나오지 않게 착용한다.

⑨ 안전 보호구

 ㉠ 안전 보호구의 종류 : 보안경, 안전벨트, 공기 마스크, 차광용 안경, 절연용 보호구, 안전모 등
 ㉡ 안전 보호구의 구비조건
  • 작업자의 행동에 방해되지 않아야 한다.

- 재료의 품질이 우수해야 한다.
- 사용 목적에 적합해야 한다.
- 작업자에게 잘 맞는지 확인해야 한다.
- 착용이 용이하고 사용자에게 편리해야 한다.
- 보호구 검정에 합격하고 보호 성능이 보장되어야 한다.

ⓒ 보안경의 착용
- 보안경 착용 목적
    - 유해 약물로부터 작업자의 눈을 보호하기 위함이다.
    - 유해 광선으로부터 작업자의 눈을 보호하기 위함이다.
    - 칩의 비산(飛散)으로부터 작업자의 눈을 보호하기 위함이다.
- 보안경을 착용해야 하는 작업
    - 그라인더 작업
    - 건설기계 장비 하부에서의 점검 및 정비 작업
    - 철분이나 모래 등이 날리는 작업
    - 전기용접 및 가스용접 작업

⑩ 수공구

㉠ 수공구 안전수칙
- 결함이 없는 안전한 공구를 사용해야 한다.
- 사용 전 공구의 충분한 사용법을 숙지해야 한다.
- 공구는 기계나 재료 등의 위에 올려놓지 말아야 한다.
- 사용 시 무리한 힘이나 충격을 가하지 말아야 한다.
- 손이나 공구에 묻은 물이나 기름 등을 닦아내야 한다.
- 끝이 날카로운 공구 등을 주머니에 넣고 작업하지 말아야 한다.
- 공구는 본래 목적 이외의 용도로 사용하지 말아야 한다.
- 작업과 규격에 맞는 공구를 선택하여 사용해야 한다.

㉡ 스패너 및 렌치
- 렌치의 종류
    - 옵셋 렌치(복스 렌치) : 둥근 테 모양의 렌치로, 여러 방향에서의 사용이 가능하며, 볼트 및 너트 주위를 완전히 감싸게 되어 사용 중에 미끄러지지 않는다.

- 소켓 렌치 : 치수가 다른 볼트나 너트에 맞는 소켓에 따라 교체하여 사용할 수 있는 렌치로, 큰 힘으로 조일 때 사용한다.

- 오픈엔드 렌치(스패너) : 볼트나 너트에 맞추는 구경이 한쪽만 있는 편구 스패너와 양쪽에 있는 양구 스패너가 있으며, 입(Jaw)이 변형된 것은 사용하지 않는다.

- 파이프 렌치 : 파이프처럼 둥근 물체도 돌릴 수 있도록 구경에 잇날을 붙이고, 구경을 손잡이 방향으로 조절할 수 있는 렌치를 말한다. 사용 시 한쪽 방향으로만 힘을 가하여 사용한다.

- 스패너 및 렌치 작업 시 주의사항
  - 자루에 파이프를 이어서 사용하면 안 된다.
  - 해머 대신에 사용하거나 해머로 두드리면 안 된다.
  - 작업 시 몸의 균형을 잡도록 한다.
  - 지렛대용으로 사용하지 않는다.
  - 손잡이에 묻은 기름이나 물은 미끄러지지 않게 잘 닦아서 사용한다.

ⓒ 해머 작업 시 주의사항
- 장갑을 낀 채 해머를 사용하지 않는다.
- 처음에는 작게 휘두르며 점차 크게 휘두르도록 한다.
- 열처리된 재료는 해머로 타격하지 않는다.
- 녹이 있는 재료에 해머 작업 시 보안경을 착용한다.
- 난타하기 전에는 반드시 주변을 먼저 확인한다.
- 해머는 작업에 알맞은 것을 사용한다.

ⓔ 드라이버 작업 시 주의사항
- 드라이버의 날 끝이 나사홈의 너비에 맞는 것을 사용한다.
- 정 대용으로 사용하지 않는다.
- 자루가 쪼개졌거나 허술한 드라이버는 사용하지 않는다.
- 드라이버에 충격이나 압력을 가하지 않는다.
- 전기 작업 시 절연된 손잡이를 사용한다.

- 일자 드라이버의 날 끝은 수평이어야 한다.
- 이가 빠지거나 날이 변형된 것은 사용하지 않는다.

ⓓ 연삭기 작업 시 주의사항
- 숫돌의 측면을 사용하지 않는다.
- 숫돌바퀴가 안전하게 끼워졌는지 확인한다.
- 보안경과 방진 마스크를 착용한 뒤에 작업한다.
- 숫돌바퀴에 손상이나 균열이 있는지 확인한다.
- 작업 전에 숫돌 덮개를 설치하고 작업하며 이를 제거하고 작업하지 않는다.

ⓑ 드릴 작업 시 주의사항
- 장갑을 낀 채 드릴을 사용하지 않는다.
- 구멍을 거의 뚫었을 때가 가공물이 회전하기 가장 쉽기 때문에 주의해야 한다.
- 가공물이 작더라도 손으로 고정하고 작업하지 않는다.
- 드릴이 가공물을 관통하였는지 손으로 확인해서는 안 된다.
- 드릴이 회전하고 있을 때에는 절대 칩을 제거하지 않는다.

ⓢ 줄 작업 시 주의사항
- 줄을 망치 대용으로 사용하지 않는다.
- 줄 작업을 마치고 쇳가루를 입으로 불지 않는다.

⑪ 가스용접 안전

㉠ 산소-아세틸렌 용기 및 도관의 색

구분	산소	아세틸렌
용기색	녹색	황색
도관(호스)색	녹색	적색

㉡ 가스 용기의 취급
- 산소 봄베는 40℃ 이하의 온도에서 보관하고, 운반 시 충격에 주의한다.
- 용기는 반드시 세워서 보관한다.
- 봄베 입구나 몸통에 녹이 슬지 않게 하려고 오일이나 그리스를 바르면 폭발할 수 있다.
- 전도, 전락을 방지하기 위한 조치를 해야 한다.

㉢ 가스용접 작업 시 주의사항
- 토치에 점화할 때에는 반드시 전용 점화기로 한다.
- 화재 사고에 대비하기 위해 소화기를 구비한다.

- 산소 봄베나 아세틸렌 봄베 가까이에서 불꽃 조정을 하지 않는다.
- 산소 및 아세틸렌 가스의 누설 시험에는 비눗물을 사용한다.

⑫ 화재의 종류

㉠ A급 화재 : 물질이 연소된 후 재를 남기는 일반적인 화재를 말한다.
- A급 화재에는 산 또는 알칼리 소화기가 적합하다.
- 일반적으로 종이나 목재 등의 화재 시 포말 소화기를 사용한다.

㉡ B급 화재 : 휘발유 등의 유류에 의한 화재로 연소 후에 재가 거의 없다.
- 유류화재에는 분말 소화기, 탄산가스 소화기가 적합하다.
- 유류화재 진압 시 물을 뿌리면 더 위험하다.
- 소화기 이외에 화재 진압 시 모래나 흙을 사용할 수 있다.

㉢ C급 화재 : 전기에 의한 화재를 말한다.
- 전기화재 진압 시 이산화탄소 소화기가 적합하다.
- 포말 소화기는 전기화재에 적합하지 않다.

㉣ D급 화재 : 금속나트륨이나 금속칼륨 등에 의한 금속화재를 말한다.
- 물이나 공기 중의 산소와 반응하여 폭발성 가스를 생성하기 때문에 화재 진압 시 절대 물을 사용해서는 안 된다.
- 화재 진압 시 마른 모래나 흑연, 장석 등을 뿌리는 것이 적절하다.

(2) 전기공사 안전

① 가공 전선로

㉠ 가공 전선로 작업 시 주의사항
- 지표에서부터 고압선까지의 거리를 측정하고자 할 때에는 관할 산전사업소에 협조하여 측정한다.
- 고압 충전 전선로에 근접 작업 시 최소 이격거리는 1.2m이다.
- 버킷(디퍼)을 고압선으로부터 10m 이상 떨어져 작업한다.
- 바람이 강할수록, 철탑 또는 전주에서 멀어질수록 전선은 많이 흔들린다.

㉡ 애자 : 전선을 철탑에 기계적으로 고정시키며 전기적으로 절연하기 위해 사용하는 것을 말한다.
- 전압이 높을수록 애자의 사용 개수가 많아진다.
- 전압에 따른 애자의 수
  - 22.9kV : 2~3개
  - 66kV : 4~5개
  - 154kV : 9~11개

ⓒ 건설기계와 전선로와의 이격거리
- 전선이 굵을수록 멀어져야 한다.
- 전압이 높을수록 멀어져야 한다.
- 애자의 수가 많을수록 멀어져야 한다.

② 지중 전선로
ㄱ 지중 전선로 부근 작업 시 주의사항
- '고압선 위험' 표지시트 바로 아래에 전력케이블이 묻혀 있다.
- 굴착작업 중 지하에 매설된 전력케이블이 손상되었을 때에는 한국전력 사업소에 연락하여 한전 직원이 조치하도록 한다.
- 굴착작업 중 매설된 전기설비의 접지선이 손상되거나 단선되었을 경우 시설관리자에게 연락 후 지시를 따른다.
- 전력케이블은 차도에서 지표면 아래 약 1.2~1.5m 깊이에 매설되어 있다.
- 차도 이외의 기타 장소에는 60cm 이상 깊이로 매설한다.

ㄴ 표지시트
- 전력케이블이 매설됨을 표시하는 표지시트는 차도에서 지표면 아래 30cm 깊이에 설치되어 있다.
- 굴착 작업 도중 전력케이블의 표지시트가 나왔을 경우 즉시 작업을 중지하고 해당 시설의 관련 기관에 연락한다.

③ 송전선 및 배전선
ㄱ 송전선로
- 한국전력 송전선로의 전압은 주로 154kV, 345kV 등을 사용한다.
- 154kV 송전철탑 부근 굴착작업 시 주의사항
  - 철탑에서 떨어진 위치라도 접지선이 노출되어 단선되었을 경우 시설 관리자에게 연락한다.
  - 건설기계 장비가 선로에 직접 접촉하지 않고 근접만 하더라도 사고가 발생할 수 있다.
- 154kV 송전선로에 대한 안전거리는 160cm 이상이다.

ㄴ 배전선로
- 우리나라의 배전전압은 거의 22.9kV의 배전선을 사용한다.
- 22.9kV 배전선로에 근접하여 작업 시 주의사항
  - 해당 시설 관리자의 입회하에 안전조치된 상태에서 작업한다.
  - 임의로 작업하지 않고 안전관리자의 지시를 따른다.
  - 전력선이 활선인지 확인 후 안전조치된 상태에서 작업한다.

(3) 도시가스공사 안전

① 도시가스공사 일반

㉠ 배관의 구분
- 본관 : 도시가스 제조사업소의 부지 경계에서 정압기까지 이르는 배관을 말한다.
- 공급관 : 정압기에서 가스사용자가 구분하여 소유하거나 점유하는 건축물 외벽에 설치하는 계량기 전단 밸브까지에 이르는 배관을 말한다.
- 내관 : 가스사용자가 소유하거나 점유하고 있는 토지의 경계에서 연소기까지 이르는 배관을 말한다.

㉡ 액화천연가스(LNG)의 특징
- 주성분은 메탄이며, 공기보다 가볍기 때문에 가스 누출 시 위로 올라간다.
- 기체 상태로 도시가스 배관을 통해 가정에 공급된다.
- 무색, 무취이지만 부취제를 첨가한다.

㉢ LP 가스의 특징
- 주성분은 프로판과 부탄이며, 공기보다 무거워 가스 누출 시 바닥에 체류하기 쉽다.
- 액체 상태일 때 피부에 닿으면 동사 우려가 있다.
- 무색, 무취이지만 부취제를 첨가한다.

② 도시가스의 압력

㉠ 도시가스 압력 구분
- 고압 : 1MPa 이상
- 중압 : 0.1MPa 이상 1MPa 미만
- 저압 : 0.1MPa 미만

㉡ 도시가스 배관의 압력 표시 색상
- 도시가스 지상배관 : 황색
- 도시가스 매설배관 : 배관, 보호판, 보호포 등의 색상은 저압이 황색, 중압 이상이 적색이다.

③ 도시가스 배관의 매설

㉠ 가스배관의 지하매설 깊이
- 폭 8m 이상 도로에서는 1.2m 이상
- 폭 4m 이상 8m 미만인 도로에서는 1m 이상
- 공동주택 등의 부지 내에서는 0.6m 이상

㉡ 가스배관의 도로 매설 시 유의사항
- 자동차 등의 하중의 영향이 적은 장소에 매설해야 한다.

- 시가지의 도로 아래에 매설하는 경우 노면으로부터 배관 외면까지의 깊이를 1.5m 이상으로 해야 한다.
- 시가지 이외의 지역에 매설 시 1.2m 이상으로 한다.

④ **도시가스 배관의 표지**

㉠ **보호판**
- 배관 직상부에서 30cm 상단에 매설되어 있다.
- 4mm 이상의 두께인 철판으로 코팅되어 있다.
- 장비에 의한 배관 손상을 방지하기 위해 보호판을 설치한다.
- 가스공급의 압력이 중압 이상인 배관 상부에 사용한다.

㉡ **보호포**
- 최고 사용압력이 저압인 배관 : 배관 정상부로부터 60cm 이상 떨어진 위치에 설치한다.
- 최고 사용압력이 중압 이상인 배관 : 보호판 상부로부터 30cm 이상 떨어진 위치에 설치한다.
- 공동주택 등 부지 내에 설치하는 배관 : 배관의 정상부로부터 40cm 이상 떨어진 위치에 설치한다.
- 보호포는 두께가 0.2mm 이상이며, 폴리에틸렌 수지 등의 잘 끊어지지 않는 재질로 되어 있다.

㉢ **라인마크**
- 도시가스라고 표기되어 있으며 화살표가 표시되어 있다.
- 분기점에 T형 화살표가 표시되어 있으며, 직선구간에는 배관 길이 50m마다 1개 이상 설치되어 있다.
- 직경이 9cm 정도인 원형으로 된 동합금이나 황동주물로 되어 있다.
- 도시가스 배관 주위를 굴착 후 되메우기를 할 시 지하에 매몰되어서는 안 된다.
- 주요 분기점과 구부러진 지점 및 그 주위 50m 이내에 설치되어 있다.

㉣ **가스배관 표지판**
- 가로 치수는 200mm, 세로 치수는 150mm 이상의 직사각형이며, 설치간격은 500m마다 1개 이상이다.
- 황색 바탕에 검정색 글씨로 도시가스 배관임을 알리고 연락처 등을 표시한다.

㉤ **보호관** : 도시가스 배관을 보호하는 보호관을 말하며, 지하구조물이 설치된 지역에서 지면으로부터 0.3m 지점에 도시가스 배관을 보호하기 위한 보호관을 설치해야 한다.

⑤ **도시가스 시설 부근 작업 시 주의사항**

㉠ 가스 배관과의 수평 거리가 30cm 이내인 위치에서는 항타기를 금지한다.
㉡ 가스 배관과의 수평 거리가 2m 이내인 위치에서 항타기를 하고자 할 때에는 도시가스 사업자의 입회하에 시험굴착을 해야 한다.

ⓒ 부득이한 경우를 제외하고는 항타기는 가스 배관과의 수평 거리를 최소한 2m 이상 이격하여 설치해야 한다.
ⓔ 가스 배관 좌우 1m 이내에서는 건설기계 장비 작업을 금하고 인력으로 작업한다.
ⓜ 굴착공사 전에 가스 배관의 배설 유무를 해당 도시가스 사업자를 통해 반드시 조회해야 한다.
ⓗ 가스 배관 주위에 매설물을 부설하고자 할 때에는 최소한 가스 배관과 30cm 이상 이격하여 설치한다.
ⓢ 굴착공사자는 도시가스 배관의 손상 방지를 위해 굴착공사 예정지역 위치에 흰색 페인트로 표시한다.
ⓞ 굴착공사 전 위치 표시용 페인트와 표지판 및 황색 깃발 등을 준비해야 한다.

제5막 건설기계관리법 및 도로교통법

1. 건설기계관리법

(1) 건설기계의 등록

① 건설기계의 등록 신청
- 건설기계 소유자의 주소지 또는 건설기계의 사용 본거지를 관할하는 특별시장·광역시장 또는 시·도지사에게 신청한다.
- 건설기계 취득일로부터 2월 이내에 등록신청을 해야 한다.

② 건설기계의 등록 신청 시 제출서류
- ㉠ 건설기계의 출처를 증명하는 서류
  - 국내 제작 건설기계 : 건설기계 제작증
  - 수입한 건설기계 : 수입면장 기타 수입사실을 증명하는 서류
  - 관청으로부터 매수한 건설기계 : 매수증서
- ㉡ 건설기계의 소유자 증명서류
- ㉢ 건설기계 제원표
- ㉣ 보험 또는 공제 가입 증명서류

③ 등록사항의 변경
- ㉠ 건설기계 등록사항 중 변경사항이 있는 경우, 소유자 또는 점유자는 변경이 있은 날부터 30일 이내에 대통령령으로 정하는 바에 따라 시·도지사에게 신고해야 한다.
- ㉡ 변경신고 시 제출서류
  - 건설기계 등록사항 변경신고서
  - 변경내용을 증명하는 서류
  - 건설기계 등록증
  - 건설기계 검사증

④ 등록이전신고
　㉠ 등록한 주소지 또는 사용본거지가 변경된 경우, 변경이 있은 날부터 30일 이내에 새로운 등록지를 관할하는 시·도지사에게 신고해야 한다.
　㉡ 등록이전 신고 시 제출서류
　　• 건설기계 등록이전신고서
　　• 소유자의 주소 또는 건설기계의 사용본거지의 변경사실을 증명하는 서류
　　• 건설기계 등록증
　　• 건설기계 검사증

⑤ **등록의 말소** : 시·도지사는 등록된 건설기계가 다음의 어느 하나에 해당하는 경우에는 그 소유자의 신청이나 시·도지사의 직권으로 등록을 말소할 수 있다.
　㉠ 거짓된 방법이나 그 밖의 부정한 방법으로 등록을 한 경우
　㉡ 건설기계가 천재지변 또는 이에 준하는 사고 등으로 사용할 수 없게 되거나 멸실된 경우
　㉢ 건설기계의 차대가 등록 시의 차대와 다른 경우
　㉣ 건설기계가 법 규정에 따른 건설기계 안전기준에 적합하지 않게 된 경우
　㉤ 정기검사 유효기간이 만료된 날부터 3월 이내에 시·도지사의 최고를 받고 지정된 기한까지 정기검사를 받지 않은 경우
　㉥ 건설기계를 수출하는 경우
　㉦ 건설기계를 도난당한 경우
　㉧ 건설기계를 폐기한 경우
　㉨ 구조적인 제작결함 등으로 건설기계를 제작·판매자에게 반품한 경우
　㉩ 건설기계를 교육·연구목적으로 사용하는 경우

⑥ 등록번호표
　㉠ 등록된 건설기계에는 국토교통부령으로 정하는 바에 따라 등록번호표를 부착 및 봉인하고, 등록번호를 새겨야 한다.
　㉡ 건설기계 소유자는 등록번호표 또는 그 봉인이 떨어지거나 알아보기 어렵게 된 경우에는 시·도지사에게 등록번호표의 부착 및 봉인을 신청해야 한다.
　㉢ 등록번호표를 부착 및 봉인하지 않은 건설기계를 운행해서는 안 된다.
　㉣ 시·도지사로부터 등록번호표 제작통지를 받은 건설기계 소유자는 3일 이내에 등록번호표 제작을 신청해야 한다.
　㉤ 등록번호표 제작자는 시·도지사의 지정을 받아야 하며, 등록번호표 제작자는 등록번호표 제작 등의 신청을 받은 때에는 7일 이내에 등록번호표 제작 등을 해야 한다.

ⓑ 등록번호표의 재질 및 표시방법

구분	색	등록번호
자가용	녹색 판에 흰색 문자	1001~4999
영업용	주황색 판에 흰색 문자	5001~8999
관용	흰색 판에 검은색 문자	9001~9999

- 등록번호표의 재질은 철판 또는 알루미늄 판이 사용된다.
- 등록번호표는 압형으로 제작한다.
- 외곽선은 1.5mm 튀어나와야 한다.
- 등록관청 · 용도 · 기종 및 등록번호를 표시한다.

(2) 건설기계의 검사

① **검사의 종류** : 신규등록검사, 정기검사, 구조변경검사, 수시검사
② **정기검사** : 건설기계로서 3년의 범위에서 국토교통부령으로 정하는 검사유효기간이 끝난 후에 계속하여 운행하려는 경우에 실시하는 검사를 말한다.

㉠ 정기검사의 신청
- 검사 유효기간의 만료일 전후로 각각 30일 이내에 신청한다.
- 건설기계 검사증 사본과 보험가입을 증명하는 서류를 시 · 도지사에게 제출해야 한다.
- 검사신청을 받은 시 · 도지사 또는 검사대행자는 신청을 받은 날부터 5일 이내에 검사일시와 검사장소를 지정하여 신청인에게 통지하여야 한다.

㉡ 건설기계의 정기검사 유효기간

유효기간	기종	구분	비고
6개월	타워크레인	–	
1년	굴착기	타이어식	–
	기중기, 천공기, 아스팔트살포기, 항타항발기	–	–
	덤프트럭, 콘크리트 믹서 트럭, 콘크리트 펌프	–	20년을 초과한 연식이면 6개월
2년	로더	타이어식	20년을 초과한 연식이면 1년
	지게차	1톤 이상	
	모터그레이더	–	
1~3년	특수건설기계		–
3년	그 밖의 건설기계		20년을 초과한 연식이면 1년

ⓒ 정기검사의 연기
- 정기검사 연기 신청 : 건설기계의 소유자는 천재지변, 건설기계의 도난, 사고발생, 압류, 1월 이상에 걸친 정비 그 밖의 부득이한 이유로 검사신청기간 내에 검사를 신청할 수 없는 경우에 정기검사를 연기할 수 있다.
  - 연기 신청은 시·도지사 또는 검사 대행자에게 하며, 검사 유효기간 만료일까지 신청서를 제출해야 한다.
  - 검사를 연기하는 경우 그 기간을 6월 이내로 한다.
- 건설기계 검사를 연장 받을 수 있는 기간
  - 압류된 건설기계인 경우 : 압류 기간 이내
  - 해외임대를 위하여 일시 반출된 경우 : 반출기간 이내
  - 건설기계 대여업을 휴지하는 경우 : 휴지기간 이내
  - 타워크레인 또는 천공기가 해체된 경우 : 해체되어 있는 기간 이내
- 연기 신청의 결과
  - 검사 연기 신청을 받은 시·도지사 또는 검사대행자는 그 신청일로부터 5일 이내에 검사 연기 여부를 결정하여 신청인에게 통지하여야 한다.
  - 불허통지를 받은 자는 검사 신청기간 만료일부터 10일 이내에 검사신청을 해야 한다.

ⓔ 정기검사의 최고 : 시·도지사는 정기검사를 받지 않은 건설기계 소유자에게 정기검사의 유효기간이 끝난 날부터 3개월 이내에 국토교통부령으로 정하는 바에 따라 10일 이내의 기한을 정하여 정기검사를 받을 것을 최고해야 한다.

③ 구조변경검사 : 구조변경검사는 건설기계의 주요 구조를 변경하거나 개조한 경우 실시하는 검사를 말하며, 구조변경검사는 주요 구조를 변경 또는 개조한 날부터 20일 이내에 신청해야 한다.

④ 수시검사
㉠ 성능 불량이나 잦은 사고 발생으로 인한 건설기계의 안정성 등을 점검하기 위해 수시로 실시하는 검사 또는 건설기계 소유자의 신청을 받아 실시하는 검사를 말한다.
㉡ 시·도지사는 안정성 등을 점검하기 위하여 수시검사를 명령할 수 있으며, 수시검사를 받아야 할 날로부터 10일 이전에 건설기계 소유자에게 명령서를 교부하여야 한다.

⑤ 출장검사를 받을 수 있는 경우
㉠ 건설기계가 도서 지역에 있는 경우
㉡ 차체 중량이 40톤을 초과하는 경우
㉢ 축중이 10톤을 초과하는 경우
㉣ 너비가 2.5m를 초과하는 경우
㉤ 최고속도가 시간당 35km 미만인 경우

(3) 건설기계 사업

① **건설기계 사업의 종류** : 건설기계 대여업, 건설기계 정비업, 건설기계 매매업, 건설기계 폐기업
② **건설기계 정비업의 종류** : 종합건설기계 정비업, 부분건설기계 정비업, 전문건설기계 정비업

(4) 조종사 면허

① **조종사 면허 결격사유**
　㉠ 18세 미만인 사람
　㉡ 정신질환자 또는 뇌전증 환자
　㉢ 앞을 보지 못하는 사람, 듣지 못하는 사람, 그 밖에 국토교통부령으로 정하는 장애인
　㉣ 마약·대마·향정신성의약품 또는 알코올 중독자
　㉤ 건설기계조종사면허가 취소된 날부터 1년이 지나지 않았거나 건설기계조종사면허의 효력정지 처분기간 중에 있는 사람

② **조종사 면허의 적성검사 기준**
　㉠ 55데시벨(보청기 사용자의 경우 40데시벨)의 소리를 들을 수 있고, 언어분별력이 80퍼센트 이상일 것
　㉡ 시각은 150° 이상일 것
　㉢ 정신질환자 또는 뇌전증 환자가 아닐 것
　㉣ 두 눈을 동시에 뜨고 잰 시력(교정시력 포함)이 0.7 이상이고 두 눈의 시력이 각각 0.3 이상일 것
　㉤ 마약·대마·향정신성의약품 또는 알코올 중독자가 아닐 것

③ **적성검사의 종류**
　㉠ **정기적성검사** : 10년마다(65세 이상인 경우 5년)
　㉡ **수시적성검사** : 안전한 조종에 장애가 되는 후천적 신체장애 등의 법률이 정한 사유가 발생했을 시에

④ **조종사 면허의 취소 및 정지 처분**
　㉠ 건설기계 조종 중 고의 또는 과실로 중대 사고를 일으킨 경우

위반사항	기준	처분
인명피해	고의로 인명피해를 입힌 경우(사망, 중상, 경상 등)	취소
	기타 인명 피해를 입힌 경우	사망 1명마다 면허효력정지 45일
		중상 1명마다 면허효력정지 15일
		경상 1명마다 면허효력정지 5일

재산피해	피해금액 50만 원마다	면허효력정지 1일(90일을 넘지 못함)
건설기계 조종 중 고의 또는 과실로 가스공급시설의 손괴 또는 기능에 장애를 입혀 가스 공급을 방해한 때		면허효력정지 180일

ⓒ 조종사 면허가 취소되는 경우
- 거짓이나 기타 부정한 방법으로 건설기계조종사 면허를 받은 경우
- 조종사 면허 결격사유 중 정신미약자 및 조종에 심각한 장애인, 마약이나 알코올 중독자 등에 해당되었을 경우
- 술에 취한 상태에서 건설기계를 조종하다가 사고로 사람을 죽게 하거나 다치게 한 경우
- 술에 만취한 상태(혈중 알코올 농도 0.08% 이상)에서 건설기계를 조종한 경우
- 2회 이상 술에 취한 상태에서 건설기계를 조종하여 면허효력정지를 받은 사실이 있는 사람이 다시 술에 취한 상태에서 건설기계를 조종한 경우
- 약물(마약·대마·향정신성의약품 등)을 투여한 상태에서 건설기계를 조종한 경우
- 건설기계조종사 면허의 효력정지기간 중 건설기계를 조종한 경우
- 면허증을 타인에게 대여한 경우
- '국가기술자격법'에 따른 해당 분야의 기술자격이 취소되거나 정지된 경우

(5) 벌칙

① 1년 이하의 징역 또는 1천만 원 이하의 벌금에 처하는 경우
- ㉠ 거짓이나 그 밖의 부정한 방법으로 등록을 한 자
- ㉡ 등록번호를 지워 없애거나 그 식별을 곤란하게 한 자
- ㉢ 구조변경검사 또는 수시검사를 받지 않은 자
- ㉣ 정비명령을 이행하지 않은 자
- ㉤ 형식승인, 형식변경승인 또는 확인검사를 받지 않고 건설기계의 제작 등을 한 자
- ㉥ 사후관리에 관한 명령을 이행하지 않은 자
- ㉦ 정비명령을 이행하지 않은 자
- ㉧ 매매용 건설기계를 운행하거나 사용한 자
- ㉨ 건설기계조종사 면허를 받지 않고 건설기계를 조종한 자
- ㉩ 건설기계조종사 면허를 거짓이나 그 밖의 부정한 방법으로 받은 자
- ㉪ 술에 취하거나 마약 등 약물을 투여한 상태에서 건설기계를 조종한 자와 그러한 자가 건설기계를 조종하는 것을 알고도 말리지 않거나 건설기계를 조종하도록 지시한 고용주
- ㉫ 건설기계조종사 면허가 취소되거나 건설기계조종사 면허의 효력정지처분을 받은 후에도 건설기계를 계속하여 조종한 자

ⓔ 건설기계를 도로나 타인의 토지에 버려둔 자

ⓕ 내구연한을 초과한 건설기계 또는 건설기계 장치 및 부품을 운행하거나 사용한 자 및 이를 알고도 말리지 않거나 운행 또는 사용을 지시한 고용주

② 2년 이하의 징역 또는 2천만 원 이하의 벌금

㉠ 등록되지 않은 건설기계를 사용하거나 운행한 자

㉡ 등록이 말소된 건설기계를 사용하거나 운행한 자

㉢ 시·도지사의 지정을 받지 않고 등록번호표를 제작하거나 등록번호를 새긴 자

㉣ 법규를 위반하여 건설기계의 주요구조 및 주요장치를 변경 또는 개조한 자

㉤ 등록을 하지 않고 건설기계 사업을 하거나 거짓으로 등록을 한 자

㉥ 등록이 취소되거나 사업의 전부 또는 일부가 정지된 건설기계 사업자로서 계속하여 건설기계 사업을 한 자

③ 과태료

㉠ 100만 원 이하의 과태료
- 등록번호를 부착 또는 봉인하지 않거나 등록번호를 새기지 않은 자
- 등록번호를 부착 또는 봉인하지 않은 건설기계를 운행한 자

㉡ 50만 원 이하의 과태료
- 건설기계 등록사항 중 변경사항을 신고를 하지 않거나 거짓으로 신고한 자
- 등록말소사유에 따른 등록 말소를 신청하지 않은 자
- 등록번호표의 반납사유에 따른 등록번호표를 반납하지 않은 자
- 공영주기장의 설치를 위반하여 건설기계를 세워 둔 자
- 임시번호표를 부착해야 하는 대상이나 그러지 않고 운행한 자

2 도로교통법

(1) 차로의 통행

① 차로의 설치

㉠ 차로를 설치할 때에는 중앙선을 표시한다.

㉡ 차로의 너비는 3m 이상으로 하여야 하며, 부득이한 경우 275cm 이상으로 할 수 있다.

㉢ 도로의 양쪽에는 보행자 통행의 안전을 위하여 길가장자리 구역을 설치해야 한다.

㉣ 횡단보도, 교차로 및 철길건널목 부분에는 차로를 설치하지 못한다.

② 도로별 통행차 기준

도로		차로 구분	통행 가능 차종
고속도로 외의 도로		왼쪽 차로	승용자동차 및 경형·소형·중형 승합자동차
		오른쪽 차로	건설기계·특수·대형승합·화물·이륜자동차 및 원동기장치자전거
고속도로	편도 2차로	1차로	• 앞지르기를 하려는 모든 자동차 • 도로상황이 시속 80km 미만으로 통행할 수밖에 없는 경우에는 주행 가능
		2차로	건설기계를 포함한 모든 자동차
	편도 3차로 이상	1차로	• 앞지르기를 하려는 승용·경형·소형·중형 승합자동차 • 도로 상황이 시속 80km 미만으로 통행할 수밖에 없는 경우에는 주행 가능
		왼쪽 차로	승용자동차 및 경형·소형·중형 승합자동차
		오른쪽 차로	건설기계 및 대형승합, 화물, 특수자동차

③ 차로별 통행구분에 따른 위반사항

㉠ 갑자기 차로를 변경하여 옆 차선에 끼어드는 행위

㉡ 두 개의 차로를 걸쳐서 운행하는 행위

㉢ 여러 차로를 연속적으로 가로지르는 행위

(2) 차마의 통행

① 도로 중앙이나 좌측부분을 통행할 수 있는 경우

㉠ 도로가 일방통행인 경우

㉡ 도로 우측 부분의 폭이 6m가 되지 않는 도로에서 다른 차를 앞지르려는 경우

㉢ 도로 우측 부분의 폭이 차마의 통행에 충분하지 않은 경우

㉣ 도로의 파손, 도로공사나 그 밖의 장애 등으로 도로의 우측 부분을 통행할 수 없는 경우

② 동일방향의 주행 차량과의 안전운전 방법

㉠ 뒤차의 속도보다 느린 속도로 진행하고자 할 때에는 진로를 양보한다.

㉡ 앞차가 급정지할 때를 대비하여 뒤차는 충돌을 피할 만한 안전거리를 유지한다.

㉢ 부득이한 경우를 제외하고는 앞차는 급정지, 급감속을 해서는 안 된다.

③ 긴급자동차 : 소방자동차, 구급자동차, 혈액공급차량 및 그 밖에 대통령령이 정하는 자동차로서 그 본래의 긴급한 용도로 사용되고 있는 자동차를 말한다.

㉠ 경찰 긴급자동차에 유도되고 있는 자동차

㉡ 생명이 위급한 환자를 태우고 가는 승용자동차

㉢ 국군이나 국제연합군 긴급자동차에 유도되고 있는 차량

ⓔ 긴급 용무 중인 경우에만 우선권과 특례의 적용을 받는다.
ⓜ 우선권과 특례의 적용을 받으려면 경광등을 켜고 경음기를 울려야 한다.
ⓑ 긴급 용무임을 표시할 때는 제한속도 준수 및 앞지르기 금지 일시정지 의무 등의 적용은 받지 않는다.

④ 악천후 등으로 인하여 감속해야 하는 경우

기후 상태	운행 속도
• 눈이 20mm 미만으로 쌓인 상태 • 비가 내려 노면이 젖어 있는 상태	최고속도의 100분의 20을 줄인 속도
• 눈이 20mm 이상으로 쌓인 상태 • 노면이 얼어붙은 경우 • 폭우 · 폭설 · 안개 등으로 가시거리가 100m 이내일 때	최고속도의 100분의 50을 줄인 속도

(3) 앞지르기

① 앞지르기가 금지되는 경우
   ㉠ 앞차가 다른 차를 앞지르고 있는 경우
   ㉡ 경찰공무원의 지시를 따르거나 위험을 방지하기 위하여 정지 또는 서행하고 있는 경우
   ㉢ 앞차의 좌측에 다른 차가 나란히 진행하고 있는 경우
   ㉣ 반대 방향에서 오는 차의 진행을 방해하게 될 염려가 있는 경우
   ㉤ 앞차가 좌측으로 진로를 바꾸려고 하는 경우

② 앞지르기가 금지되는 장소
   ㉠ 급경사의 내리막
   ㉡ 도로의 모퉁이
   ㉢ 경사로의 정상 부근
   ㉣ 교차로, 터널 안, 다리 위
   ㉤ 앞지르기 금지표지 설치 장소

③ 도로주행 중 앞지르기
   ㉠ 앞지르기를 하는 경우 교통상황에 따라 경음기를 울릴 수 있다.
   ㉡ 앞지르기를 하는 경우 안전한 속도와 방법으로 하도록 한다.
   ㉢ 앞지르기 당하는 차는 속도를 높여 경쟁하거나 가로막는 등 방해해서는 안 된다.

(4) 일시정지 및 서행

① 일시정지해야 하는 장소
  ㉠ 지방경찰청장이 필요하다고 인정하여 안전표지로 지정한 장소
  ㉡ 보행자의 통행을 방해할 우려가 있거나 교통사고의 위험이 있는 장소에서는 먼저 일시정지하여 안전한지 확인한 후에 통과하도록 한다.
  ㉢ 교통정리를 하고 있지 않고 좌우를 확인할 수 없거나 교통이 빈번한 교차로

② 서행해야 하는 장소
  ㉠ 가파른 비탈길의 내리막
  ㉡ 도로가 구부러진 부근
  ㉢ 교통정리를 하고 있지 않은 교차로
  ㉣ 비탈길의 고갯마루 부근
  ㉤ 지방경찰청장이 필요하다고 인정하여 안전표지로 지정한 곳

(5) 주·정차금지

① 주차금지 장소
  ㉠ 다음 장소로부터 5미터 이내인 장소
    • 도로공사를 하고 있는 경우 그 공사 구역의 양쪽 가장자리
    • 소방본부장의 요청에 의하여 지방경찰청장이 지정한 장소
  ㉡ 터널 내부 및 다리 위
  ㉢ 지방경찰청장이 필요하다고 인정하여 지정한 장소

② 주·정차금지 장소
  ㉠ 교차로의 가장자리나 도로의 모퉁이로부터 5미터 이내인 장소
  ㉡ 안전지대의 사방으로부터 각각 10미터 이내인 장소
  ㉢ 건널목의 가장자리 또는 횡단보도로부터 10미터 이내인 장소
  ㉣ 교차로·횡단보도·건널목이나 보도와 차도가 구분된 도로의 보도
  ㉤ 버스 정류지임을 표시하는 기둥이나 표지판 또는 선이 설치된 곳으로부터 10미터 이내인 장소
  ㉥ 지방경찰청장이 필요하다고 인정하여 지정한 장소

(6) 신호등화

① 신호등의 신호 순서
- ㉠ 3색 등화의 신호 순서 : 녹색(적색 등화, 녹색 화살표) → 황색 → 적색 등화
- ㉡ 4색 등화의 신호 순서 : 녹색 → 황색 → 적색 등화 및 녹색 화살표 → 적색 및 황색 → 적색 등화

② 신호 및 지시에 따를 의무
- ㉠ 차마의 운전자 및 보행자는 도로 통행 시 교통안전시설이 표시하는 신호 또는 지시와 교통정리를 하는 경찰공무원·자치경찰공무원 및 대통령령이 정하는 경찰보조자의 신호 및 지시를 따라야 한다.
- ㉡ 모든 차마의 운전자 및 보행자는 도로 통행 시 교통안전시설이 표시하는 신호 및 지시와 교통정리를 하는 경찰공무원 등의 신호 및 지시 서로 다를 경우 경찰공무원 등의 신호 및 지시를 우선해야 한다.

(7) 자동차의 등화

① 도로주행 중 자동차의 등화
- ㉠ 야간 운행 시, 터널 내부 운행 시, 안개가 끼거나 비 또는 눈이 올 때 운행 시에는 전조등, 미등, 차폭등과 그 밖의 등화를 켜야 한다.
- ㉡ 야간에 자동차가 서로 마주보고 진행하거나 앞차의 바로 뒤를 따라가는 경우, 등화의 밝기를 줄이거나 잠시 등화를 끄는 등의 필요한 조작을 해야 한다.

② 야간에 도로 통행 시 등화
- ㉠ 자동차 : 전조등, 차폭등, 미등, 번호등, 실내조명등
- ㉡ 견인되는 차 : 미등, 차폭등 및 번호등
- ㉢ 야간 주차 또는 정차 시 : 미등, 차폭등
- ㉣ 안개 등 장애로 100m 이내의 장애물을 확인할 수 없는 경우 : 야간에 준하는 등화

(8) 운전자 준수사항

① 술 취한 상태에서의 운전 금지
- ㉠ 누구든지 술에 취한 상태에서 자동차 등(건설기계 포함)을 운전해서는 안 된다.
- ㉡ 운전이 금지되는 술에 취한 상태
  - 혈중 알코올 농도 0.03% 이상
  - 혈중 알코올 농도 0.08% 이상일 경우 만취 상태로 음주운전 시 면허가 취소된다.

② 벌점 및 즉결심판
- 1년간 벌점에 대한 누산점수가 최소 121점 이상이 되면 면허가 취소된다.
- 도로교통법에 의한 통고처분의 수령을 거부하거나 범칙금을 기간 안에 납부하지 못하면 즉결심판에 회부된다.

③ 중과실사고 : 교통사고처리 특례법상 중과실사고는 형사 처벌의 대상이 된다.

교통사고처리 특례법상 중과실사고

- 신호를 위반하거나 안전표지가 표시하는 지시를 위반하여 운전한 경우
- 중앙선을 침범하거나 불법유턴·후진한 경우
- 제한속도보다 시속 20km 이상 과속하여 운전한 경우
- 앞지르기 방법을 위반하여 운전한 경우
- 철길건널목 통과방법을 위반하여 운전한 경우
- 횡단보도에서 보행자 보호의무를 위반하여 운전한 경우
- 무면허인 상태로 운전한 경우
- 음주 상태 또는 약물의 영향을 받은 상태에서 운전한 경우
- 보도를 침범하거나 보도 횡단방법을 위반하여 운전한 경우
- 승객의 추락 방지의무를 위반하여 운전한 경우
- 어린이 보호구역에서 안전운전 의무를 위반하여 사고를 일으킨 경우

(9) 교통안전표지

① **규제표지** : 도로교통의 안전을 위하여 각종 제한 및 금지 등의 규제를 하는 경우 이를 도로사용자에게 알리는 표지를 말한다.

② **주의표지** : 도로 상태가 위험하거나 도로 또는 그 부근에 위험물이 있는 경우에 필요한 안전조치를 할 수 있도록 도로사용자에게 알리는 표지

③ **지시표지** : 도로의 통행방법 및 통행구분 등 도로교통의 안전을 위하여 필요한 지시를 하는 경우에 도로사용자가 이를 따르도록 알리는 표지

④ **보조표지** : 규제표지 및 주의표지 또는 지시표지의 주 기능을 보충하여 도로사용자에게 알리는 표지를 말한다.

⑤ **노면표시**
㉠ 도로교통의 안전을 위하여 각종 주의·규제·지시 등의 내용을 노면에 기호·문자 또는 선으로 도로사용자에게 알리는 표지를 말한다.
㉡ 노면표시 중 점선은 허용, 실선은 제한, 복선은 의미의 강조를 뜻한다.

굴착기운전기능사 필기 초단기완성

Craftsman Excavating Machine Operator

제 2 장

CBT 기출복원문제

CRAFTSMAN EXCAVATING MACHINE OPERATOR

CBT 기출복원문제 제1회
CBT 기출복원문제 제2회
CBT 기출복원문제 제3회
CBT 기출복원문제 제4회
CBT 기출복원문제 제5회

CBT 기출복원문제 제1회

01 인력으로 운반작업을 하는 경우에 관한 설명으로 옳지 않은 것은?

① 긴 물건은 앞쪽을 위로 올려 운반한다.
② 공동운반 시 서로 협조하여 작업한다.
③ LPG 봄베는 굴려서 운반한다.
④ 무리한 몸가짐으로 운반하지 않는다.

정답

LPG 봄베를 운반하는 경우에는 폭발의 위험을 방지하기 위하여 굴려서 운반하지 않도록 한다.

02 토크 렌치의 사용방법으로 가장 적절한 것은?

① 오른손은 렌치 끝을 잡고 돌리며, 왼손은 지지점을 누르고 게이지의 눈금을 확인한다.
② 왼손은 렌치 끝을 잡고 돌리며, 오른손은 지지점을 누르고 게이지의 눈금을 확인한다.
③ 렌치 끝을 한 손으로 잡고 돌리면서 눈은 게이지의 눈금을 확인한다.
④ 렌치 끝을 양손으로 잡고 돌리면서 눈은 게이지의 눈금을 확인한다.

정답

토크 렌치는 볼트나 너트를 규정 토크로 조일 때 사용하는 것으로, 몸 쪽으로 당기면서 작업해야 하기 때문에 오른손은 렌치 끝을 잡고 왼손은 지지점을 누르고 작업하도록 한다.

03 중량물을 운반할 때에 대한 설명으로 옳지 않은 것은?

① 체인블록을 사용한다.
② 인력 운반이 어려울 경우 장비를 활용한다.
③ 협동 작업 시 타인과의 균형에 주의한다.
④ 중량물을 들고 놓을 때에는 척추를 올리는 자세가 안전하다.

정답

중량물을 들거나 옮길 때에는 척추를 바로 세우고 자세를 낮춘 상태에서 옮기는 것이 안전하다.

04 부동액에 대한 설명으로 옳은 것은?

① 부동액은 온도가 낮아지면 화학적 변화를 일으킨다.
② 부동액은 냉각 계통에 부식을 일으키는 특징이 있다.
③ 부동액은 계절에 따라 냉각수와의 혼합비율을 다르게 해야 한다.
④ 에틸렌 글리콜과 글리세린은 쓴맛이 난다.

정답

냉각수와 부동액의 혼합비율은 여름에는 7 : 3, 겨울에는 5 : 5로 하여 계절에 따라 혼합비율을 다르게 하여 사용해야 한다.

05 라디에이터 압력식 캡에 대한 설명으로 가장 적절한 것은?

① 냉각장치의 내부압력이 부압이 되는 경우 진공 밸브가 열린다.
② 냉각장치의 내부압력이 부압이 되는 경우 공기 밸브가 열린다.
③ 냉각장치의 내부압력이 규정보다 낮은 경우 공기 밸브가 열린다.
④ 냉각장치의 내부압력이 규정보다 높은 경우 진공 밸브가 열린다.

 ①

라디에이터의 압력식 캡에는 압력 밸브와 진공 밸브가 있는데 냉각장치의 내부압력이 높을 경우 압력 밸브가 열리고, 냉각장치의 내부압력이 부압이 되면 진공 밸브가 열리게 된다.

06 다음 경고등이 나타내는 것은?

① 오일압력 경고등
② 작동유 온도 경고등
③ 수분 유입 경고등
④ 냉각수 온도 경고등

 ②

제시된 그림은 굴착기 계기판에서 작동유 온도 경고등을 나타내는 것으로, 작동유의 온도가 100℃를 초과하는 경우 점등된다.

07 서지압(surge pressure)의 정의로 가장 적절한 것은?

① 정상 발생하는 압력의 최댓값
② 정상 발생하는 압력의 최솟값
③ 과도한 이상 압력의 최댓값
④ 과도한 이상 압력의 최솟값

 ③

서지압이란, 유압회로 내부에서 과도하게 발생하는 이상 압력의 최댓값을 말한다. 서지압은 유압 밸브를 갑자기 닫았을 경우 자주 발생한다.

08 유압회로 내부에서 유압유의 점도가 너무 낮을 때 생기는 현상으로 옳지 않은 것은?

① 펌프 효율이 떨어진다.
② 오일 누설에 영향이 크다.
③ 시동 저항이 커진다.
④ 회로의 압력이 떨어진다.

 ③

유압유의 점도가 낮을 경우 오일의 누설이 증가하고 회로의 압력 및 펌프의 효율이 떨어진다.

핵심 포크

유압유의 점도가 낮은 경우
- 캐비테이션 발생
- 펌프의 작동 소음 증대
- 윤활부의 마모 증대
- 펌프의 효율 및 응답 속도 저하
- 유압회로 내부 및 외부의 오일 누출 증대

09 타이어식 건설기계에서 전·후 주행이 되지 않을 때 점검해야 할 사항으로 옳지 않은 것은?

① 변속기를 점검한다.
② 유니버셜 조인트를 점검한다.
③ 주차 브레이크의 잠김 여부를 점검한다.
④ 타이로드 엔드를 점검한다.

 ④

타이로드 엔드는 전·후진 주행장치가 아니라 조향장치의 구성 요소이기 때문에 주행과는 관련이 없다.

10 축전지 용량에 대한 설명으로 가장 적절한 것은?

① 격리판의 재질 및 형상과 관계되고, 격리판의 크기와는 관련이 없다.
② 전해액의 비중과 관계되고, 전해액의 온도와 전해액의 양과는 관련이 없다.
③ 극판의 크기와 관계되고, 극판의 형상이나 극판의 수와는 관련이 없다.
④ 방전 전류와 방전 시간을 곱한 값이다.

 ④

축전지의 용량은 극판의 크기가 크고 수가 많을수록, 전해액의 양이 많을수록 커지며, 축전지의 용량은 A(방전 전류)×h(방전 시간) = Ah로 표시한다.

11 특고압 전력선 부근에서 작업 중 건설기계의 근접으로 인한 감전사고 발생 시 조치사항으로 옳지 않은 것은?

① 작은 사고라도 사고피해자를 즉시 병원으로 후송하여 치료하도록 한다.
② 외상의 인명피해가 없다면 별도의 조치는 하지 않는다.
③ 사고발생 시 한전사업소에 즉시 연락하여 전원을 차단시킨 후 장비를 철수한다.
④ 사고발생 후 추가적인 사고가 발생하지 않도록 한다.

 ②

감전사고가 발생했을 경우에는 사고피해자가 외상이 없더라도 내상이 있을 수 있기 때문에 반드시 병원으로 후송하여 치료하도록 한다.

12 야간에 도로 운행 시 등화 방법으로 옳지 않은 것은?

① 원동기장치자전거 : 전조등 및 미등
② 자동차 등 외의 모든 차량 : 시·도경찰청장이 정하여 고시하는 등화
③ 자동차 : 자동차 안전기준에서 규정하는 전조등, 차폭등, 미등
④ 견인되는 차 : 미등, 차폭등 및 번호등

 ③

야간에 도로 운행 시 자동차의 등화에는 자동차 안전기준에서 규정하는 전조등, 차폭등, 미등에 더불어 번호등, 실내조명등도 있다.

13 다음 안전보건표지가 나타내고 있는 것은?

① 마스크 착용
② 보안경 착용
③ 귀마개 착용
④ 안전모 착용

정답 ④

제시된 그림은 안전보건표지 중 지시표지에 해당하는 안전모 착용이다.

14 도로교통법상 긴급자동차에 해당하지 않는 것은?

① 학생 전용 운송버스
② 환자의 수혈을 위한 혈액운송차량
③ 응급 전신·전화 수리공사에 사용되는 자동차
④ 긴급한 경찰업무수행에 사용되는 자동차

정답 ①

도로교통법 시행령에서 정의하는 긴급자동차에는 소방자동차, 구급자동차, 혈액공급차량, 국내외 요인에 대한 경호업무 수행에 공무로 사용되는 자동차, 교도소·소년교도소 또는 구치소 및 소년원 등에서의 도주자의 체포 또는 호송·경비를 위하여 사용되는 자동차 등이 있다.

15 건설기계조종사 면허가 취소 또는 정지된 상태에서 건설기계를 조종한 자에 대한 벌칙으로 옳은 것은?

① 2년 이하의 징역 또는 2천만 원 이하의 벌금
② 1년 이하의 징역 또는 1천만 원 이하의 벌금
③ 300만 원 이하의 벌금
④ 100만 원 이하의 벌금

정답 ②

건설기계관리법상 건설기계조종사 면허가 취소 또는 정지된 상태에서 건설기계를 조종한 자는 1년 이하의 징역 또는 1천만 원 이하의 벌금에 처한다.

16 변속기의 필요성으로 옳지 않은 것은?

① 기관의 회전력을 증대시킨다.
② 조향을 빠르게 한다.
③ 장비의 후진 시 필요하다.
④ 시동 시 장비를 무부하 상태로 만든다.

정답 ②

핵심 포크

변속기의 필요성

- 시동 시 장비를 무부하 상태로 만든다.
- 장비의 후진 시 필요하다.
- 기관의 회전력을 증대시킨다.
- 주행 시 주행 저항에 따라 기관 회전 속도에 대한 구동 바퀴의 회전 속도를 알맞게 변경한다.

17 일반적인 건설기계에서 유압펌프를 구동시키는 장치는?

① 변속기 P.T.O 장치
② 에어컨 컴프레서
③ 기관의 플라이휠
④ 캠축

 ③

건설기계의 유압펌프는 기관의 플라이휠에 의해 구동되며, 기관에 의해 발생한 기계적 에너지를 유압 에너지(유체 에너지)로 변환한다.

18 굴착기의 상부 회전체의 구성 요소에 해당하지 않는 것은?

① 버킷
② 붐
③ 블레이드
④ 암

 ③

블레이드(배토판)은 타이어식 굴착기의 하부 주행체를 구성하는 것으로, 토사를 굴착하고 밀면서 운반하기 위한 강철제의 판을 말한다.

> **핵심 포크**
>
> **상부 회전체의 구성 요소**
> - 전부장치(작업장치) : 버킷, 붐, 붐 실린더, 암, 암 실린더, 풋 핀
> - 선회장치 : 선회모터(스윙모터), 선회 감속 기어, 회전 고정 장치(선회 고정 장치)
> - 센터 조인트
> - 카운터 웨이트(밸런스 웨이트)

19 차량이 남쪽에서 북쪽으로 진행 중일 때, 다음 그림에 대한 설명으로 옳지 않은 것은?

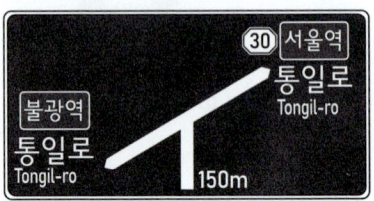

① 차량을 좌회전하는 경우 불광역 쪽 '통일로'의 건물번호가 커진다.
② 차량을 좌회전하는 경우 불광역 쪽 '통일로'의 건물번호가 작아진다.
③ 차량을 좌회전하는 경우 불광역 쪽 '통일로'로 진입할 수 있다.
④ 차량을 우회전하는 경우 서울역 쪽 '통일로'로 진입할 수 있다.

 ①

제시된 그림에 의하면 '통일로'의 건물번호는 서울역 방향에 있다. 그러므로 차량이 남쪽에서 북쪽으로 진행할 경우 차량이 우회전을 하면 '통일로'의 건물번호가 커지게 되고, 반대로 차량이 좌회전을 하면 '통일로'의 건물번호가 작아지게 된다.

20 조향 핸들이 무거운 원인에 해당하지 않는 것은?

① 타이어의 공기압이 부족한 경우
② 앞바퀴 정렬이 잘 되어 있는 경우
③ 유압 계통 내부에 공기가 유입된 경우
④ 유압이 너무 낮은 경우

 ②

조향 핸들이 무거워지는 원인에는 조향 펌프의 오일 부족, 낮은 유압, 유압 계통 내부에 공기 유입, 너무 낮은 타이어 공기압력이 있다.

21 건설기계에 사용되는 12V, 80A 축전지 2개를 병렬로 연결하였을 때 변하는 전압과 전류로 가장 적절한 것은?

① 전압은 12V, 전류는 160A가 된다.
② 전압은 12V, 전류는 80A가 된다.
③ 전압은 24V, 전류는 160A가 된다.
④ 전압은 24V, 전류는 80A가 된다.

정답

축전지 2개를 병렬연결할 경우, 전압은 그대로이고, 용량은 2배가 된다. 그러므로, 전압은 12V 그대로가 되며 전류는 160A가 된다.

22 건설기계의 구조변경검사 신청서에 첨부해야 할 서류로 옳지 않은 것은?

① 구조를 변경한 부분의 도면
② 구조를 변경한 부분의 사진
③ 구조변경 전·후의 건설기계의 외관도
④ 구조변경 전·후의 주요 제원 대비표

정답

건설기계의 구조를 변경하여 구조변경검사 신청을 해야 할 경우, 변경 및 개조를 한 날로부터 20일 이내에 구조를 변경한 부분의 도면, 변경 전·후의 외관도 및 주요 제원 대비표 등의 서류를 신청서에 첨부하여 신청해야 한다.

> **핵심 포크**
> **구조변경검사의 첨부서류**
> • 변경 전·후의 주요 제원 대비표
> • 변경 전·후의 건설기계의 외관도
> • 변경한 부분의 도면
> • 선급법인 또는 한국해양교통안전공단이 발행한 안전도검사증명서(수상작업용 건설기계 한정)
> • 구조변경사실을 증명하는 서류

23 도로교통법상 앞지르기를 당하는 차의 조치로 가장 적절한 것은?

① 앞지르기를 하여도 좋다는 신호를 반드시 해야 한다.
② 일시정지 혹은 서행하여 앞지르기시킨다.
③ 앞지르기를 할 수 있도록 좌측 차로로 변경한다.
④ 앞지르기를 가로막는다.

정답

도로교통법에 의하면 긴급자동차를 제외한 모든 차는 뒤에서 따라오는 차보다 느린 속도로 가려는 경우 도로의 우측 가장자리로 피하여 진로를 양보하여야 한다. 이 때 일시정지하거나 서행하여 앞지르기를 시킨다. 또한, 앞지르기를 하는 차가 있을 때에는 속도를 높여 경쟁하거나 그 차의 앞을 가로막는 등의 방법으로 앞지르기를 방해해서는 안 된다.

24 작업 시 일반적인 안전에 대한 설명으로 옳지 않은 것은?

① 장비는 취급자가 아니어도 작업을 위해 사용하도록 한다.
② 회전하는 물체에는 손을 대지 않는다.
③ 장비는 사용 전에 점검하도록 한다.
④ 장비 사용법은 사전에 숙지한다.

정답

안전한 작업을 위해서는 반드시 취급이 가능한 사람만 장비를 사용해야 한다. 이외의 안전수칙으로는 정전 시 스위치를 끄기, 유해가스에 대비한 통풍장치 설치, 약품 냄새 확인 시 손바람 이용 등이 있다.

25 퓨즈에 대한 설명으로 옳지 않은 것은?
① 퓨즈의 용량은 A로 표시한다.
② 퓨즈는 정격용량을 사용한다.
③ 퓨즈는 표면이 산화되면 끊어지기 쉽다.
④ 구리선으로 대체할 수 있다.

정답

정격용량 이상의 퓨즈나 구리선을 사용하면 과전류로 인하여 회로가 단선되거나 화재가 발생할 위험이 높다. 그렇기 때문에 퓨즈를 구리선으로 대체하지 않는다.

26 과급기 케이스 내부에 설치되어 공기의 속도 에너지를 압력 에너지로 변환하는 장치는?
① 터빈 ② 디퓨저
③ 블로어 ④ 디플렉터

정답

디퓨저(Diffuser)란, 과급기의 케이스 내부에 설치되어 공기의 속도 에너지를 압력 에너지로 변환하는 장치를 말하며, 블로어(Blower)는 과급기에 설치되어 실린더에 공기를 불어넣는 송풍기를 말한다.

> **핵심 포크**
> **과급기의 특징**
> • 과급기 설치 시 무게가 10~15% 무거워지지만, 출력은 35~45% 증대된다.
> • 흡기관과 배기관 사이에 설치된다.
> • 배기가스의 압력에 의하여 작동된다.
> • 4행정 사이클 디젤기관에는 주로 원심식 과급기를 사용한다.
> • 고지대에서도 출력의 감소가 적은 편이다.

27 건설기계 장비에서 주로 사용하는 발전기로 가장 적절한 것은?
① 3상 교류 발전기
② 2상 교류 발전기
③ 직류 발전기
④ 와전류 발전기

정답

교류 발전기는 직류 발전기에 비해 가볍고, 고속 내구성이 우수하며, 저속에서도 충전 성능이 좋으므로 대부분의 차량에서 사용된다. 또한, 건설기계의 충전장치도 3상 교류 발전기를 주로 사용한다.

28 유압장치에서 방향제어 밸브에 대한 설명으로 옳지 않은 것은?
① 액추에이터의 속도를 제어한다.
② 유체의 흐름 방향을 변환시킨다.
③ 유압실린더나 유압모터의 작동 방향을 바꾸는 데에 사용된다.
④ 유체의 흐름 방향을 한쪽으로만 허용한다.

정답

액추에이터의 속도를 제어하는 것은 방향제어 밸브가 아니라 유량제어 밸브의 역할에 해당한다. 유압제어 밸브에서 방향제어 밸브는 일의 방향을 제어하며 유량제어 밸브는 일의 속도를 제어한다.

> **핵심 포크**
> **유압의 제어 방법**
> • 압력제어 밸브 : 일의 크기 제어
> • 방향제어 밸브 : 일의 방향 제어
> • 유량제어 밸브 : 일의 속도 제어

29 에어클리너가 막혔을 때 나타나는 현상으로 가장 적절한 것은?

① 배기색은 무색이며, 출력은 커진다.
② 배기색은 흰색이며, 출력은 커진다.
③ 배기색은 검은색이며, 출력은 저하된다.
④ 배기색은 흰색이며, 출력은 저하된다.

정답 ③

기관의 에어클리너가 막혔을 때에는 산소 공급의 불량으로 불완전 연소가 일어나 배기색은 검은색이 되며 출력은 저하된다.

> **핵심 포크**
> **연소 상태에 따른 배출가스의 색**
> • 정상 연소일 때 : 무색
> • 윤활유 연소일 때 : 회백색
> • 에어클리너가 막히거나 농후한 혼합비일 때 : 검은색
> • 희박한 혼합비일 때 : 볏짚색

30 도시가스배관을 통해 공급되는 압력이 0.6MPa일 때, 도시가스사업법상 해당되는 압력은?

① 최고압   ② 고압
③ 중압   ④ 저압

정답 ③

도시가스사업법상 0.1MPa 이상 1MPa 미만의 압력은 중압으로 규정한다.

> **핵심 포크**
> **도시가스 압력 구분**
> • 고압 : 1MPa 이상
> • 중압 : 0.1MPa 이상 1MPa 미만
> • 저압 : 0.1MPa 미만

31 작업복의 구비조건으로 옳지 않은 것은?

① 작업자의 편의를 위해 주머니가 많아야 한다.
② 점퍼형으로 상의의 옷자락을 여밀 수 있어야 한다.
③ 소매로 손목까지 가릴 수 있어야 한다.
④ 소매의 폭을 조일 수 있어야 한다.

정답 ①

주머니 끝이 기계장치에 말려들어가거나 걸리는 사고가 발생하는 것을 방지하기 위해 작업복에는 가급적 주머니가 많지 않아야 한다.

> **핵심 포크**
> **작업복의 구비조건**
> • 작업자의 신체에 알맞고 동작이 편해야 한다.
> • 배터리 전해액처럼 강한 산성이나 알칼리 등의 액체를 취급할 때에는 고무 재질의 작업복이 좋다.
> • 화기를 사용하는 작업 시 방염성, 불연성을 갖춘 작업복을 착용해야 한다.

32 다음 중 굴착기 계기판에 없는 것은?

① 연료계
② 진공계
③ 오일 압력계
④ 냉각수 온도계

정답 ②

굴착기 계기판에는 연료계, 오일 압력계, 냉각수 온도계, 전류계 등이 있다. 다만, 진공계는 없다.

33 높은 전주나 철탑을 세우고 전선을 애자로 지지하여 전력을 보내거나 통신을 하기 위해 공중에 설치한 선로는?

① 송전선로
② 지중선로
③ 배전선로
④ 가공선로

 ④

가공 전선로는 높은 전주(전봇대)나 철탑을 세우고 전선을 애자로 지지하여 전력을 보내거나 통신을 하기 위해 공중에 설치한 선로를 말한다.

34 건설기계관리법상 소형 건설기계에 해당하지 않는 것은?

① 덤프트럭
② 5톤 미만 불도저
③ 3톤 미만 지게차
④ 3톤 미만 굴착기

 ①

덤프트럭은 건설기계관리법상으로 분류하였을 때 소형 건설기계가 아니라 일반 건설기계에 해당한다.

> **핵심 포크**
> **소형 건설기계**
> • 5톤 미만의 불도저, 로더, 천공기
> • 3톤 미만의 지게차, 굴착기, 타워크레인
> • 공기압축기
> • 콘크리트펌프(이동식에 한정)
> • 쇄석기
> • 준설선

35 유성 기어 장치의 주요 구성품으로 짝지은 것은?

① 선 기어, 감속 기어, 유성 기어
② 선 기어, 링 기어, 유성 기어, 유성 기어 캐리어
③ 유성 기어, 헬리컬 기어, 하이포이드 기어
④ 유성 기어, 베벨 기어, 선 기어

 ②

유성 기어 장치는 선 기어, 링 기어, 유성 기어, 유성 기어 캐리어로 구성되어 있다.

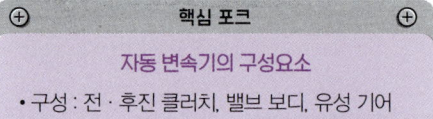

36 유압유의 압력이 상승하지 않을 때 점검해야 할 사항으로 옳지 않은 것은?

① 유압펌프의 토출량 점검
② 유압회로의 누유 상태 점검
③ 유압펌프 고정 볼트의 강도 점검
④ 릴리프 밸브의 작동 상태 점검

 ③

> **핵심 포크**
> **유압유의 압력이 상승하지 않는 경우 점검사항**
> • 유압펌프의 토출량 점검
> • 유압회로의 누유 상태 점검
> • 릴리프 밸브의 작동 상태 점검
> • 유압 계통 점검
> • 오일양 점검

37 토크 컨버터에서 기관 크랭크축과 연결되어 유체 에너지를 발생시키는 것은?

① 터빈
② 스테이터
③ 펌프 임펠러
④ 가이드 링

 ③

펌프 임펠러는 기관의 크랭크축에 연결되어 항상 기관과 함께 회전하며, 유체 에너지를 발생시킨다.

> **핵심 포크**
>
> **토크 컨버터의 구성**
>
> - 펌프 임펠러 : 기관의 크랭크축에 연결되어 기관의 구동력에 의해 회전하면서 유체 에너지를 발생시킨다.
> - 터빈 : 펌프 임펠러의 유체 에너지에 의해 회전하여 변속기 입력축 스플라인에 회전력을 전달한다.
> - 스테이터 : 펌프 임펠러와 터빈 사이에 위치하여 오일의 흐름 방향을 바꾸어 회전력을 증대시키는 역할을 한다.

38 12V 납산 축전지 셀의 구성으로 가장 적절한 것은?

① 6V의 셀이 2개 있다.
② 4V의 셀이 3개 있다.
③ 3V의 셀이 4개 있다.
④ 2V의 셀이 6개 있다.

 ④

12V 납산 축전지는 6개의 2~2.2V의 셀이 직렬연결로 구성되어 있다. 이때 셀 1개당 방전 종지 전압은 1.75V로 12V 납산 축전지의 방전 종지 전압은 총 10.5V이다.

39 정기검사 신청을 받은 검사대행자가 신청인에게 검사일시와 장소를 통지하여야 하는 기한은?

① 5일 이내
② 7일 이내
③ 10일 이내
④ 15일 이내

 ①

건설기계관리법 시행규칙에 따르면, 검사 신청을 받은 검사대행자는 5일 이내에 검사일시와 장소를 신청인에게 통지하여야 한다.

> **핵심 포크**
>
> **정기검사의 신청**
>
> 정기검사를 받으려는 자는 검사유효기간의 만료일 전후 각각 31일 이내의 기간에 정기검사신청서를 시·도지사에게 제출해야 한다. 다만, 검사대행자를 지정한 경우에는 검사대행자에게 이를 제출해야 하고, 검사대행자는 받은 신청서 중 타워크레인 정기검사신청서가 있는 경우에는 총괄기관이 해당 검사신청의 접수 및 검사업무의 배정을 할 수 있도록 그 신청서와 첨부서류를 총괄기관에 즉시 송부해야 한다.

40 건설기계관리법상 건설기계조종사 면허의 효력정지 및 취소 처분을 할 수 있는 자는?

① 대통령
② 시·도지사
③ 시장·군수 또는 구청장
④ 국토교통부장관

 ③

건설기계관리법 제28조(건설기계조종사 면허의 취소·정지)에 따르면, 시장·군수 또는 구청장은 건설기계조종사 면허를 취소하거나 1년 이내의 기간을 정하여 효력을 정지시킬 수 있다.

41 엔진오일 필터가 막히는 것을 대비하여 설치하는 장치는?

① 체크 밸브
② 바이패스 밸브
③ 릴리프 밸브
④ 오일 팬

정답 ②

엔진오일 필터가 막혔을 때 필터를 거치지 않고 각 윤활부로 엔진오일이 공급될 수 있게 하기 위하여 바이패스 밸브를 설치한다.

> **핵심 포크**
>
> **바이패스 밸브**
>
> 오일 필터가 막혔을 때, 윤활부로 계속 오일을 급유할 수 있도록 하기 위해 사용되는 밸브를 말한다.

42 발전기를 구동시키는 것으로 가장 적절한 것은?

① 크랭크축
② 캠축
③ 변속기 입력축
④ 추진축

정답 ①

발전기는 크랭크축에서 발생된 동력에 의해 구동되며, 벨트를 이용하여 구동시킨다.

> **핵심 포크**
>
> **직류 발전기의 작동 방식**
>
> 전기자를 크랭크축 풀리와 팬 벨트로 회전시키면 코일 안에 교류의 기전력이 생긴다. 이 교류를 정류자와 브러시에 의해 직류로 만들어 끌어낸다.

43 기관에 장착된 상태에서 팬 벨트의 장력을 점검하는 방법으로 가장 적절한 것은?

① 기관을 가동하여 점검한다.
② 벨트 길이 측정 게이지로 측정한다.
③ 발전기의 고정 볼트를 느슨하게 하여 점검한다.
④ 벨트의 중심을 엄지손가락으로 눌러서 점검한다.

정답 ④

팬 벨트의 장력은 기관을 정지시킨 상태에서 벨트의 중심을 엄지손가락으로 눌러 점검한다. 점검 시 팬 벨트 중앙을 약 10kgf의 힘으로 눌렀을 때 처지는 정도가 13~20mm이면 정상으로 판단한다.

44 도로교통법상 술에 취한 상태의 최소 기준으로 가장 적절한 것은?

① 혈중 알코올 농도 0.03%
② 혈중 알코올 농도 0.05%
③ 혈중 알코올 농도 0.25%
④ 혈중 알코올 농도 1.00%

정답 ①

도로교통법상 운전이 금지되는 술에 취한 상태의 기준은 혈중 알코올 농도가 0.03% 이상인 경우이다.

> **핵심 포크**
>
> **혈중 알코올 농도에 따른 음주운전 벌칙**
>
> - 0.2% 이상 : 2~5년의 징역이나 1~2천만 원의 벌금
> - 0.08% 이상 0.2% 미만 : 1~2년의 징역이나 500만~1천만 원의 벌금
> - 0.03% 이상 0.08% 미만 : 1년 이하의 징역이나 500만 원 이하의 벌금

45 보안경을 사용하는 이유로 옳지 않은 것은?

① 유해 광선으로부터 눈을 보호하기 위하여
② 유해 약물의 침입을 방지하기 위하여
③ 추락하는 중량물로부터 보호하기 위하여
④ 비산되는 칩에 의한 부상을 방지하기 위하여

정답 ③

물체의 추락 위험이 있는 작업을 할 때에는 안전모, 안전화 등의 안전보호구를 착용하는 것이 적절하다. 보안경은 작업 시 물체가 흩날리거나 분진 발생이 많은 경우와 유해 광선으로부터 눈을 보호해야 하는 경우에 사용한다.

46 금속화재에 해당하는 것은?

① A급 화재
② B급 화재
③ C급 화재
④ D급 화재

정답 ④

핵심 포크

화재의 종류
- A급 화재 : 물질이 연소된 후 재를 남기는 일반적인 화재를 말한다.
- B급 화재 : 휘발유 등의 유류에 의한 화재로 연소 후에 재가 거의 없다.
- C급 화재 : 전기에 의한 화재를 말한다.
- D급 화재 : 금속나트륨이나 금속칼륨 등에 의한 금속화재를 말한다.

47 교통사고 사상자 발생 시 운전자가 취해야 하는 조치로 가장 적절한 것은?

① 사상자 구호 – 증인 확보 – 신고
② 즉시 정차 – 사상자 구호 – 신고
③ 신고 – 즉시 정차 – 사상자 구호
④ 증인 확보 – 신고 – 사상자 구호

정답 ②

도로교통법에 따르면 교통사고 발생 시 가장 먼저 차를 정차하고 이후에 사상자 구호 등의 필요한 조치를 한 다음 신고해야 한다.

48 엔진오일이 많이 소비되는 원인에 해당하지 않는 것은?

① 기관의 높은 압축압력
② 피스톤 링의 심한 마모
③ 실린더의 심한 마모
④ 밸브 가이드의 심한 마모

정답 ①

엔진오일이 많이 소비되는 원인은 연료의 누설과 연소 때문이다. 피스톤 링, 실린더, 밸브 가이드의 마모가 심하면 엔진오일이 연소실로 유입되어 연소가 일어나기 때문에 엔진오일의 소비가 증가하게 된다.

핵심 포크

엔진오일의 소비 증대 원인
- 실린더와 피스톤 사이의 간극이 큰 경우
- 밸브 가이드 고무의 파손에 의하여 연소실에 오일이 유입되어 연소되는 경우
- 로커암 개스킷 또는 오일 팬 개스킷 등이 파손되는 경우

49 마찰 클러치의 구성요소에 해당하지 않는 것은?

① 압력판
② 클러치판
③ 오버러닝 클러치
④ 릴리스 베어링

정답 ③

오버러닝 클러치는 시동 전동기의 구성요소에 해당하며, 기관이 시동된 이후 피니언이 링 기어에 물려 있어도 기관의 회전력이 시동 전동기로 전달되지 않도록 하기 위해 설치하는 클러치를 말한다.

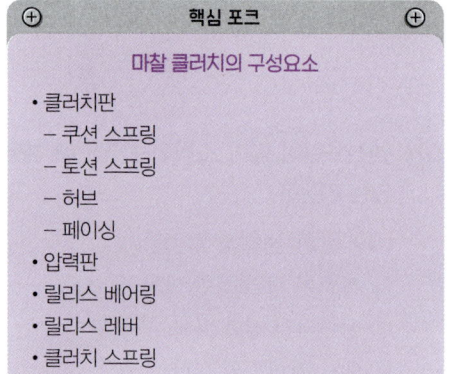

핵심 포크

마찰 클러치의 구성요소
- 클러치판
  - 쿠션 스프링
  - 토션 스프링
  - 허브
  - 페이싱
- 압력판
- 릴리스 베어링
- 릴리스 레버
- 클러치 스프링

50 유압모터에 해당하지 않는 것은?

① 스크루 모터
② 베인 모터
③ 플런저 모터
④ 기어 모터

정답 ①

유압모터는 베인형, 플런저형(피스톤형), 기어형이 있다.

51 어큐뮬레이터의 역할로 옳지 않은 것은?

① 유압회로 내의 압력을 보상한다.
② 충격을 흡수한다.
③ 유압 에너지를 축적한다.
④ 릴리프 밸브를 제어한다.

정답 ④

어큐뮬레이터는 유압유의 압력 에너지를 일시 저장하여 비상용 혹은 보조 유압원으로 사용되며, 유압회로 내의 압력 보상, 유압 에너지 축적, 서지 압력 및 맥동 흡수의 역할을 한다.

52 무한궤도식 굴착기의 캐리어롤러에 대한 설명으로 가장 적절한 것은?

① 트랙의 장력을 조정한다.
② 트랙을 지지한다.
③ 장비의 전체 중량을 지지한다.
④ 캐리어롤러는 10개로 구성된다.

정답 ②

핵심 포크

캐리어롤러
- 트랙의 회전 위치를 바르게 유지하는 역할을 한다.
- 롤러의 바깥 방향에 흙이나 먼지의 침입을 방지하기 위한 더스트 실(dust seal)이 설치되어 있다.
- 스프로킷과 프론트 아이들러 사이에 있는 트랙을 지지하여 처지는 것을 방지한다.
- 트랙프레임에 1~2개 정도 설치된다.

53 교류 발전기에서 다이오드를 냉각시키는 장치는?

① 냉각 튜브
② 냉각 팬
③ 히트싱크
④ 엔드 프레임에 설치된 윤활장치

 ③

히트싱크는 교류 발전기에서 다이오드가 교류 전기를 직류로 정류할 때 발생하는 열을 냉각시키는 역할을 하는 장치를 말한다.

54 무한궤도식 굴착기에서 상부 회전체의 선회에 영향을 주지 않고 주행모터에 작동유를 공급하는 부품은?

① 센터 조인트
② 컨트롤 밸브
③ 언로더 밸브
④ 사축형 유압모터

 ①

센터 조인트란, 굴착기의 상부 회전체 중심부에 설치되어 유압펌프에서 공급되는 작동유를 하부 주행체의 주행모터로 공급해주는 부품을 말한다. 스위블 조인트, 터닝 조인트라고도 한다. 센터 조인트는 압력 상태에서도 선회가 가능한 관이음이며, 상부 회전체가 회전하더라도 호스, 파이프 등의 오일 관로가 꼬이지 않고 오일을 하부 주행체로 원활하게 공급한다.

55 굴착기의 주된 용도로 가장 적절한 것은?

① 터널공사 현장에서 발파를 위한 천공을 한다.
② 물건을 인양한다.
③ 토목공사 현장에서 터파기, 쌓기, 깎기, 메우기 등을 한다.
④ 도로공사 현장에서 평탄 및 다짐을 한다.

 ③

굴착기의 주로 토목공사 현장에서 터파기, 쌓기, 깎기, 메우기 등을 하는 장비이다.

56 굴착기의 일일점검사항에 해당하지 않는 것은?

① 엔진오일양
② 냉각수
③ 오일 탱크의 연료량
④ 종감속 기어의 오일양

 ④

종감속 기어의 오일양은 250시간마다 점검해야 하는 주기적인 점검사항에 해당한다.

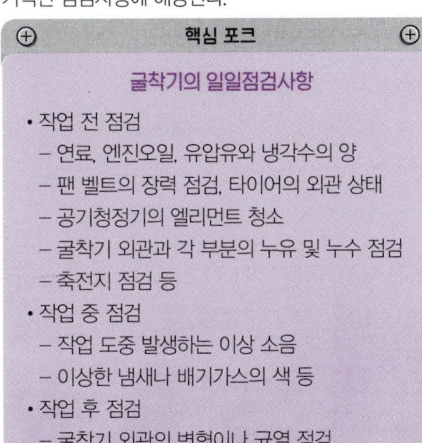

57 피스톤 링의 3대 작용에 해당하지 않는 것은?
① 기밀 유지
② 응력분산
③ 열전도
④ 오일 제어

정답

응력분산 작용은 피스톤 링의 작용이 아니라, 엔진오일의 작용에 해당한다. 피스톤 링의 작용에는 기밀 유지, 열전도, 오일제어가 있다.

58 커먼레일 디젤기관 연료장치의 구성요소에 해당하지 않는 것은?
① 분사펌프
② 고압펌프
③ 커먼레일
④ 인젝터

정답

분사펌프는 기계식 디젤기관 연료장치의 구성요소에 해당한다. 커먼레일 디젤기관이란, 커먼레일에 연료를 압축해 저장했다가 연소 효율이 가장 높을 때 자동으로 분사하는 기관을 말한다.

핵심 포크

커먼레일 디젤기관 연료장치의 구성
- 커먼레일
- 고압펌프
- 인젝터
- 고압연료라인
- 저압연료라인
- 연료리턴라인
- 연료압력센서
- 연료압력조절기

59 유압장치에 사용되는 유압기기에 대한 설명으로 옳지 않은 것은?
① 유압펌프 : 오일의 압송
② 유압모터 : 회전운동
③ 축압기 : 기기의 오일 누설 방지
④ 실린더 : 직선운동

정답

어큐뮬레이터는 유압유의 압력 에너지를 일시 저장하여 비상용 혹은 보조 유압원으로 사용된다. 기기의 오일 누설을 방지하는 것은 축압기가 아니라 오일 실(Seal)의 역할이다.

60 직선왕복운동을 하는 유압기기에 해당하는 것은?
① 유압펌프
② 축압기
③ 유압실린더
④ 유압모터

정답

유압장치 중에서 유압실린더는 직선왕복운동을 하는 유압기기이며, 유압모터는 회전운동을 한다. 유압실린더와 유압모터를 통칭하여 유압 액추에이터(작동장치)라고 한다.

핵심 포크

액추에이터

유압펌프를 통하여 송출된 에너지를 직선운동이나 회전운동을 통하여 기계적 일을 하는 기기로, 유압실린더와 유압모터가 있다. 압력 에너지를 기계적 에너지로 바꾸는 일을 한다.

CBT 기출복원문제 제2회

01 MF 축전지에 대한 설명으로 옳지 않은 것은?

① 15일마다 증류수를 보충한다.
② 무보수용 배터리이다.
③ 격자의 재질은 납과 칼슘합금이다.
④ 밀봉 촉매 마개를 사용한다.

정답

MF 축전지는 정비나 보수가 필요 없는 축전지이기 때문에 증류수 보충도 하지 않는다.

핵심 포크
MF 축전지
기존의 축전지의 단점이라 할 수 있는 자기방전이나 화학 반응 시 발생하는 가스로 감소하는 전해액의 감소량을 줄이기 위해 개발된 축전지로, 증류수를 보충할 필요가 없고 자기방전이 적으며 장기간 보존이 가능하다.

02 굴착기가 고압 전선에 근접하였을 때 발생하는 사고 유형에 해당하지 않는 것은?

① 감전 ② 화재
③ 휴전 ④ 화상

정답

휴전이란 송전을 일시적으로 중단함을 뜻하는 것으로, 굴착기가 고압 전선에 근접하였을 때 발생하는 사고는 아니다.

03 기관에 사용되는 오일 필터의 점검사항으로 옳지 않은 것은?

① 엘리먼트 청소 시 압축공기를 사용한다.
② 필터가 막히면 유압이 높아진다.
③ 필터의 여과 능력이 불량한 경우 부품의 마모가 촉진된다.
④ 작업 조건이 나쁘면 교환 시기를 더 빨리 한다.

정답

압축공기로 필터를 세척하는 것은 오일 필터의 세척방법이 아니라 건식 공기청정기의 세척방법에 해당하며, 오일 필터의 경우에는 엘리먼트가 오염되었을 때에는 교체해주어야 한다.

04 소음 및 진동이 발생하며 양정과 효율이 저하되는 현상으로, 공동 현상이라고도 하는 현상은?

① 제로랩 ② 캐비테이션
③ 스트로크 ④ 오버랩

정답

핵심 포크
캐비테이션
작동유 내부에 용해 공기가 기포로 발생하여 유압장치 내에 국부적으로 높은 압력과 소음 및 진동이 발생하는 현상을 말한다.

05 축전지의 탈거 및 설치 시 순서로 가장 적절한 것은?

① 축전지 연결 시 접지선을 먼저 연결한다.
② 축전지 연결 시 절연선을 먼저 연결한다.
③ 축전지 연결 시 (+), (-)선을 함께 연결한다.
④ 축전지 탈거 시 (+)선을 먼저 분리한다.

 ②

축전지를 연결할 때에는 (+)선(절연선)을 먼저 연결하고 (-)선(접지선)을 나중에 연결한다. 탈거는 역순으로 한다.

06 악천후 등으로 인하여 최고속도에서 100분의 20을 감속하여 운행해야 하는 경우에 해당하는 것은?

① 폭우, 폭설, 안개 등으로 가시거리가 100m 이내인 경우
② 눈이 20mm 이상 쌓인 경우
③ 노면이 얼어붙은 경우
④ 노면이 젖어 있는 경우

 ④

눈이 20mm 미만으로 쌓인 경우, 비가 내려 노면이 젖어 있는 경우에는 최고속도에서 100분의 20을 감속하여 운행해야 한다.

> **핵심 포크**
>
> **악천후 등으로 인한 감속 운행**
> • 최고속도의 100분의 20을 줄인 속도
> – 눈이 20mm 미만으로 쌓인 상태
> – 비가 내려 노면이 젖어 있는 상태
> • 최고속도의 100분의 50을 줄인 속도
> – 눈이 20mm 이상으로 쌓인 상태
> – 노면이 얼어붙은 경우
> – 폭우·폭설·안개 등으로 가시거리가 100m 이내일 때

07 혈중 알코올 농도가 0.1%일 경우에 해당하는 처벌은?

① 면허효력정지 60일
② 면허효력정지 90일
③ 면허효력정지 100일
④ 면허 취소

 ④

도로교통법에 의하면 혈중 알코올 농도가 0.08% 이상일 때 음주운전을 했을 경우 면허가 취소된다.

08 건설기계관리법상 건설기계의 등록말소사유에 해당하지 않는 것은?

① 건설기계조종사 면허가 취소된 경우
② 건설기계를 수출하는 경우
③ 건설기계의 차대가 등록 시의 차대와 다른 경우
④ 거짓이나 그 밖의 부정한 방법으로 등록한 경우

정답 ①

건설기계조종사 면허가 취소된 경우는 건설기계의 등록말소사유에 해당하지 않는다.

> **핵심 포크**
>
> **건설기계의 등록말소사유**
> • 건설기계가 천재지변 또는 이에 준하는 사고 등으로 사용할 수 없게 되거나 멸실된 경우
> • 정기검사 유효기간이 만료된 날부터 3월 이내에 시·도지사의 최고를 받고 지정된 기한까지 정기검사를 받지 않은 경우
> • 건설기계를 도난당한 경우
> • 건설기계를 폐기한 경우
> • 구조적인 제작결함 등으로 건설기계를 제작·판매자에게 반품한 경우
> • 건설기계를 교육·연구목적으로 사용하는 경우 등

09 운반 작업 시 작업장 통로의 통과 우선순위로 가장 적절한 것은?

① 사람 – 빈차 – 짐차
② 사람 – 짐차 – 빈차
③ 빈차 – 사람 – 짐차
④ 짐차 – 빈차 – 사람

정답 ④

일반도로가 아닌 작업장 통로의 경우 통과 순위는 작업자보다 차량을 우선한다. 그러므로 '짐차 – 빈차 – 사람'의 순서가 된다.

10 굴착기를 트레일러에 상차하는 방법으로 옳지 않은 것은?

① 가급적 경사대를 이용한다.
② 경사대는 10~15° 정도 경사시키는 것이 좋다.
③ 트레일러로 운반 시 작업장치를 반드시 앞쪽으로 한다.
④ 버킷으로 차체를 들어 올려 탑재하는 방법도 이용되지만 전복 위험이 있어 특히 주의해야 한다.

정답 ③

트레일러로 굴착기를 운반할 때에는 작업장치가 운전석이나 도로구조물과 접촉하지 않도록 하기 위하여 작업장치의 고도를 최대한 낮추고 방향을 뒤쪽으로 해야 한다.

11 제시된 그림에서 차량이 남쪽에서 북쪽으로 진행 중일 때 설명으로 옳지 않은 것은?

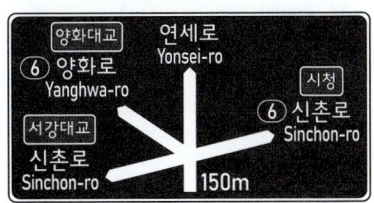

① 차량이 우회전하면 '서강대교' 방향으로 갈 수 있다.
② 차량이 직진하면 '연세로' 방향으로 갈 수 있다.
③ 차량이 좌회전하면 '양화로' 또는 '신촌로'로 진입할 수 있다.
④ 차량이 좌회전하면 '양화로' 또는 '신촌로'의 시작지점과 만날 수 있다.

정답 ①

제시된 그림에 의하면, 차량을 우회전할 경우 '서강대교'가 아니라 '시청' 방향으로 진행하게 된다. '서강대교' 방향은 좌회전을 해야 한다.

12 유압펌프의 토출량을 나타내는 단위로 옳은 것은?

① W
② psi
③ kPa
④ LPM

정답 ④

유압펌프의 토출량을 나타내는 단위로는 LPM(Liter Per Minute)과 GPM(Gallon Per Minute)이 있다.

13 수동 변속기가 장착된 건설기계에 기어의 이중 물림을 방지하는 장치는?

① 록킹볼
② 인터록
③ 인터널 기어
④ 인터 쿨러

 ②

수동 변속기의 구성 중 기어의 이중 물림을 방지하는 장치는 인터록이며, 기어가 빠지는 것을 방지하는 장치는 록킹볼이다. 록 스프링은 록킹볼을 밀어 주는 코일 스프링의 일종이다.

14 기관의 시동 전동기가 회전이 안 되거나 회전력이 약해지는 원인으로 옳지 않은 것은?

① 브러시가 정류자에 밀착되어 있다.
② 축전지의 전압이 낮다.
③ 축전지 단자와 터미널의 접촉이 불량하다.
④ 시동 스위치의 접촉이 불량하다.

 ①

브러시가 1/3 이상 마모되어 정류자에 제대로 밀착되지 않으면 시동 전동기가 회전이 안 되거나 회전력이 약해지는 원인이 된다.

> **핵심 포크**
> **시동 전동기의 작동이 불량한 원인**
> • 시동 전동기가 손상되었다.
> • 축전지의 전압이 낮다.
> • 축전지 단자와 터미널의 접촉이 불량하다.
> • 배선과 시동 스위치가 손상되었거나 접촉이 불량하다.
> • 계자 코일이 단락되었다.
> • 기관 내부 피스톤이 고착되었다.
> • 브러시와 정류자의 접촉이 불량하다.

15 유압펌프의 기능으로 옳은 것은?

① 유압회로 내부의 압력을 측정한다.
② 축압기와 동일한 역할을 한다.
③ 유체 에너지를 동력으로 전환한다.
④ 기관이나 전동기의 기계적 에너지를 유체 에너지로 전환한다.

정답 ④

유압펌프는 유압을 발생시키는 장치로 기관 또는 전동기에서 발생한 기계적 에너지를 유압 에너지(유체 에너지)로 전환한다.

> **핵심 포크**
> **유압펌프의 종류**
> • 회전 펌프
>   – 기어 펌프 : 외접식 기어 펌프, 내접식 기어 펌프, 트로코이드 펌프
>   – 베인 펌프 : 정토출형 베인 펌프, 가변 토출형 베인 펌프
>   – 나사 펌프
> • 플런저 펌프(피스톤 펌프)

16 냉각장치에서 라디에이터 압력식 캡에 설치되어 있는 밸브는?

① 압력 밸브와 스로틀 밸브
② 진공 밸브와 체크 밸브
③ 압력 밸브와 진공 밸브
④ 릴리프 밸브와 감압 밸브

 ③

라디에이터 압력식 캡은 냉각수 주입구의 마개를 말하며 압력 밸브와 진공 밸브가 설치되어 있다.

17 건설기계조종사 면허 소지자가 면허가 취소되거나 효력이 정지된 경우 시장·군수 또는 구청장에게 면허증을 반납해야 하는 기한은?

① 20일
② 15일
③ 10일
④ 7일

정답 ③

건설기계관리법에 따르면, 건설기계조종사 면허 소지자가 면허증을 반납해야 하는 경우 주소지를 관할하는 시장·군수 또는 구청장에게 10일 이내에 반납해야 한다. 등록번호판의 경우에는 등록지를 관할하는 시·도지사에게 반납해야 한다.

18 브레이크 드럼의 구비조건에 해당하지 않는 것은?

① 열의 발산이 잘 되어야 한다.
② 재질이 단단하고 무거워야 한다.
③ 정적·동적 평형이 좋아야 한다.
④ 내마멸성이 커야 한다.

정답 ②

브레이크 드럼의 구비조건에는 재질이 단단하고 무거워야 한다는 것이 있다.

핵심 포크

브레이크 드럼의 구비조건
- 재질면에서 마찰 계수가 커야 한다.
- 내열성, 내마모성, 방열성이 풍부해야 한다.
- 고온 및 피로 강도가 커야 한다.
- 정적·동적 평형이 좋아야 한다.

19 굴착기의 작업을 완료한 뒤 작업자가 해야 할 조치로 옳지 않은 것은?

① 연료 탱크에서 연료를 배출한다.
② 각종 레버를 중립에 위치해놓는다.
③ 전원 스위치를 차단시킨다.
④ 주차 브레이크를 작동시킨다.

정답 ①

굴착기의 작업을 완료한 뒤에는 연료 탱크 내부에 불순물 유입을 방지하기 위하여 연료를 보충해야 한다.

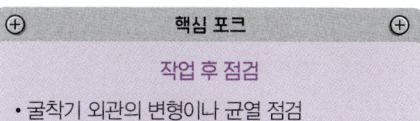

핵심 포크

작업 후 점검
- 굴착기 외관의 변형이나 균열 점검
- 각 부분의 누유 및 누수 점검
- 연료 보충 등

20 도로교통법상 서행해야 하는 장소에 해당하는 것은?

① 안전지대의 우측
② 교통정리가 행하여지고 있는 횡단보도
③ 교통정리가 행하여지고 있는 교차로
④ 비탈길의 고갯마루 부근

정답 ④

핵심 포크

서행해야 하는 장소
- 가파른 비탈길의 내리막
- 도로가 구부러진 부근
- 교통정리를 하고 있지 않은 교차로
- 비탈길의 고갯마루 부근
- 지방경찰청장이 필요하다고 인정하여 안전표지로 지정한 곳

21 엔진오일의 압력이 낮아지는 원인에 해당하지 않는 것은?

① 오일펌프의 고장
② 프라이밍 펌프의 파손
③ 오일 파이프의 파손
④ 오일에 다량의 연료 혼입

정답 ②

프라이밍 펌프는 디젤기관의 연료라인 내부의 공기를 수동으로 빼는 장치를 말하며, 엔진오일의 압력과는 관련이 없다.

> **핵심 포크**
> **프라이밍 펌프**
> 수동용 펌프로서, 엔진이 정지되었을 때 연료 탱크의 연료를 연료 분사 펌프까지 공급하거나 연료 라인 내의 공기 배출 등에 사용한다.

22 디젤기관에 과급기를 장착했을 때 나타나는 효과로 옳은 것은?

① 기관의 압축압력이 감소한다.
② 기관의 냉각효율이 증가한다.
③ 배기 소음이 감소한다.
④ 기관의 출력이 향상된다.

정답 ④

과급기는 실린더 내부에 공기를 압축·공급하는 공기 펌프를 말하며, 과급기 설치 시 무게가 10~15% 무거워지지만, 기관의 출력은 35~45% 증대된다.

23 축전지의 구비조건으로 옳지 않은 것은?

① 크기가 크며 다루기 쉬워야 한다.
② 전기적 절연이 완전해야 한다.
③ 전해액의 누설 방지가 완전해야 한다.
④ 축전지의 용량이 커야 한다.

정답 ①

축전지는 용량이 크면서 가급적 크기가 작고 다루기 쉬워야 한다.

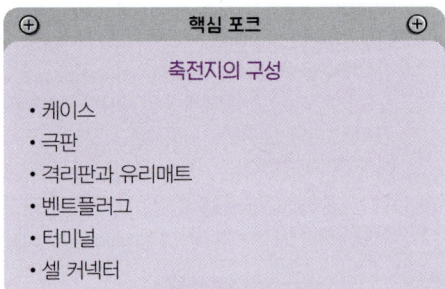

24 기관의 윤활유에 대한 설명으로 옳지 않은 것은?

① 인화점 및 발화점이 높아야 한다.
② 응고점이 높아야 한다.
③ 점도 지수가 높은 것이 좋다.
④ 적당한 점도가 있어야 한다.

정답 ②

기관의 윤활유는 응고점이 낮아야 한다.

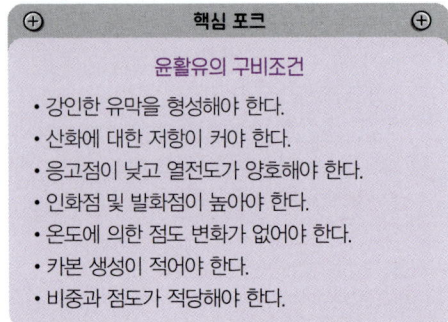

25 긴급자동차의 종류에 해당하지 않는 것은?

① 혈액공급차량
② 수사기관의 자동차 중 범죄수사를 위해 사용되는 자동차
③ 어린이 통학 전용버스
④ 국군 및 국제연합군의 긴급자동차에 의해 유도되는 자동차

 ③

도로교통법 시행령에 따르면, 긴급자동차의 종류에는 소방자동차, 구급자동차, 혈액공급차량 및 그 밖에 대통령령이 정하는 자동차로서 그 본래의 긴급한 용도로 사용되고 있는 자동차가 있다. 여기에는 경찰 긴급자동차에 유도되고 있는 자동차, 생명이 위급한 환자를 태우고 가는 승용자동차, 국군이나 국제연합군 긴급자동차에 유도되고 있는 차량이 포함된다.

26 보안경을 착용해야 하는 경우에 해당하지 않는 것은?

① 산소 용접을 하는 경우
② 그라인더를 사용하는 경우
③ 정밀한 조종 작업을 하는 경우
④ 차체에서 변속기를 해체하는 경우

 ③

> **핵심 포크**
>
> **보안경을 착용해야 하는 작업**
> • 그라인더 작업
> • 건설기계 장비 하부에서의 점검 및 정비 작업
> • 철분이나 모래 등이 날리는 작업
> • 전기용접 및 가스용접 작업

27 해머 작업에 대한 설명으로 옳지 않은 것은?

① 작업자가 서로 마주보며 두드린다.
② 타격 범위에 장애물이 없도록 한다.
③ 작게 시작하여 점차 큰 동작으로 작업하는 것이 좋다.
④ 타격 범위에 장애물이 없도록 한다.

 ①

해머 작업을 공동으로 할 경우 서로 호흡을 맞춰야 하지만, 서로 마주보고 두드리는 것은 적절하지 않다.

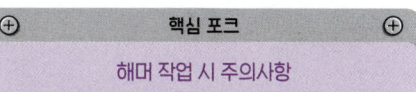

> **해머 작업 시 주의사항**
> • 장갑을 낀 채 해머를 사용하지 않는다.
> • 처음에는 작게 휘두르며 점차 크게 휘두르도록 한다.
> • 열처리된 재료는 해머로 타격하지 않는다.
> • 녹이 있는 재료에 해머 작업 시 보안경을 착용한다.
> • 난타하기 전에는 반드시 주변을 먼저 확인한다.
> • 해머는 작업에 알맞은 것을 사용한다.

28 도시가스사업법상 굴착작업자가 가스배관의 매설 위치를 확인할 때 인력 굴착을 실시해야 하는 범위는?

① 가스배관의 주위 0.5m 이내
② 가스배관의 주위 1m 이내
③ 가스배관의 보호판을 육안으로 확인할 수 있는 정도
④ 가스배관을 육안으로 확인할 수 있는 정도

 ②

도시가스배관 주위를 굴착하는 경우 가스배관의 주위 1m 이내는 인력으로 굴착작업을 해야 한다.

29 굴착작업 중 전력케이블의 표지시트가 발견되었을 경우 해야 하는 조치로 가장 적절한 것은?

① 시설 관리자에게 연락하지 않고 계속 작업한다.
② 표지시트를 제거하고 계속 작업한다.
③ 해당 시설 관리자에게 즉시 연락하고 지시를 따른다.
④ 표지시트는 전력케이블과 관련이 없다.

 ③

전력케이블 표지시트는 매설된 전력케이블을 보호하고자 설치하는 것으로, 굴착작업 도중에 전력케이블 표지시트를 발견하였을 경우 즉시 작업을 중단하고 해당 시설 관리자에게 연락하여 지시를 따라야 한다.

> **핵심 포크**
> **표지시트**
> • 전력케이블이 매설됨을 표시하는 표지시트는 차도에서 지표면 아래 30cm 깊이에 설치되어 있다.
> • 굴착 작업 도중 전력케이블의 표지시트가 나왔을 경우 즉시 작업을 중지하고 해당 시설의 관련 기관에 연락한다.

30 건설기계의 전기장치 중 전류의 화학 작용을 이용한 것은?

① 발전기
② 시동 전동기
③ 축전지
④ 시트열선

 ③

전류의 작용에는 자기 작용, 화학 작용, 발열 작용이 있는데, 이 중 화학 작용을 이용한 전기장치는 축전지이다.

31 차동 기어 장치에서 피니언 기어와 링 기어가 맞물리는 곳에 생기는 틈새에 해당하는 것은?

① 런아웃
② 베이퍼록
③ 스프레드
④ 백래시

 ④

백래시(backlash)란, 한 쌍의 기어를 맞물렸을 때 치면 사이에 생기는 틈새를 말한다. 한 쌍의 기어를 매끄럽게 회전시키기 위해서는 적절한 백래시가 필요한데, 백래시가 너무 적으면 치면끼리의 마찰이 커지며, 백래시가 너무 크면 기어가 파손되기 쉽다.

32 유압 작동유의 온도가 상승하는 원인에 해당하지 않는 것은?

① 유압유가 부족하다.
② 유압회로 내부의 작동압력이 너무 낮다.
③ 유압 작동유의 점도가 너무 높다.
④ 오일 냉각기의 작동이 불량하다.

 ②

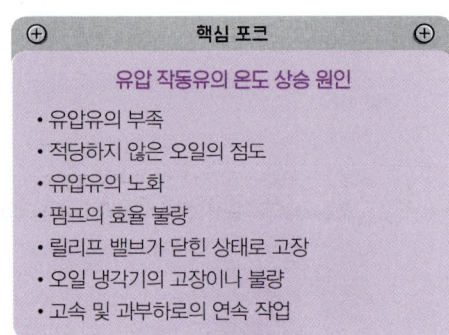

33 동력전달장치의 안전수칙으로 옳지 않은 것은?

① 기어가 회전하고 있는 곳을 커버로 덮어 위험을 방지한다.
② 동력전달을 빨리 하기 위하여 벨트를 회전하는 풀리에 걸어 작동시킨다.
③ 동력압축기나 절단기를 운전할 때 위험을 방지하기 위해서는 안전장치를 한다.
④ 회전하고 있는 벨트나 기어에 불필요한 점검을 하지 않는다.

동력전달을 빨리 하기 위하여 벨트를 회전하는 풀리에 걸어 작동시키는 것은 위험하다.

34 유압회로에서 호스가 노화되어 발생하는 현상으로 옳지 않은 것은?

① 표면에 크랙(crack)이 발생한다.
② 호스의 탄성이 거의 없는 상태로 굳어 있다.
③ 정상적인 압력 상태에서 호스가 파손된다.
④ 액추에이터의 작동이 원활하지 않다.

고무 재질로 된 유압호스가 노화될 경우 경화되어 크랙(균열)이 발생하며, 정상 압력 상태에서도 호스가 파손되는 경우가 있다. 액추에이터의 작동과는 관련이 없다.

35 건설기계관리법상 자가용 건설기계의 등록번호표 색상으로 옳은 것은?

① 주황색 판에 흰색 문자
② 흰색 판에 검은색 문자
③ 녹색 판에 흰색 문자
④ 적색 판에 흰색 문자

건설기계관리법상 자가용 건설기계의 등록번호표 색상은 녹색 판에 흰색 문자이다.

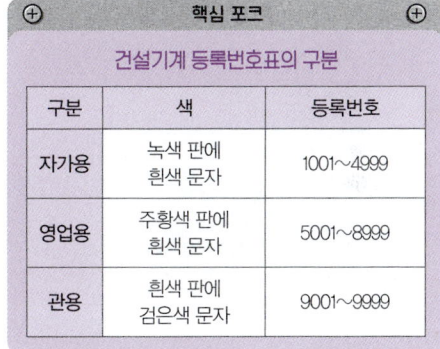

건설기계 등록번호표의 구분

구분	색	등록번호
자가용	녹색 판에 흰색 문자	1001~4999
영업용	주황색 판에 흰색 문자	5001~8999
관용	흰색 판에 검은색 문자	9001~9999

36 유압장치의 일상점검사항으로 가장 적절한 것은?

① 유압펌프 점검 및 교체
② 오일양 점검 및 필터 교체
③ 유압 컨트롤 밸브의 세척 및 교체
④ 오일 냉각기의 점검 및 세척

유압장치의 일상점검사항에는 오일양 점검과 필터 교체가 있다. 오일의 양이 부족할 경우 소음이 발생하거나 펌프가 오일을 토출하지 않는 원인이 된다.

37 유압장치의 일일점검사항으로 옳지 않은 것은?

① 이음 부분의 누유 점검
② 호스의 손상 여부 점검
③ 탱크의 오일양 점검
④ 필터의 오염 여부 점검

정답

필터의 오염 여부를 점검하는 것은 매 500시간마다 실시하는 분기별 점검사항에 해당한다.

> **핵심 포크**
> **분기별 점검(매 500시간마다)**
> • 오일 필터류 교체
> • 브레이크 디스크의 마모 점검
> • 계기판의 램프 점검
> • 등화장치 점검
> • 라디에이터 점검
> • 각 작동부의 오일 점검 및 교체

38 전류의 작용 중 축전지 내부의 충·방전 작용과 관련이 있는 것은?

① 화학 작용
② 물리 작용
③ 탄성 작용
④ 기계 작용

정답

축전지는 전류의 3대 작용 중 화학 작용에 해당한다. 전류의 3대 작용에는 발열 작용(시트열선), 화학 작용(축전지), 자기 작용(발전기, 시동 전동기)이 있다.

39 건설기계의 유압계 지침이 정상적으로 압력 상승이 되지 않았을 경우 원인으로 옳지 않은 것은?

① 오일 파이프의 파손
② 오일펌프의 고장
③ 유압계의 고장
④ 연료 파이프의 파손

정답

연료 파이프의 파손은 유압장치와는 관련이 없다.

40 무한궤도식 굴착기의 주행 운전 시 주의사항으로 옳지 않은 것은?

① 주행 시 전부장치는 전방을 향해야 한다.
② 암반 통과 시 기관속도는 고속이어야 한다.
③ 가급적 평탄지면을 택하고, 기관은 중속이 적합하다.
④ 주행 시 버킷의 높이는 30~50cm가 좋다.

정답

지면이 고르지 못한 구간이나 암반지대를 통과할 때에는 저속으로 통과해야 안전하다.

> **핵심 포크**
> **굴착기 주행 중 주의사항**
> • 기관을 필요 이상으로 공회전시키지 않는다.
> • 주행 중 작업장치의 레버를 조작하지 않는다.
> • 주행 도중 경고 부저가 울리면서 경고등이 켜진 경우 즉시 정차하여 장비의 이상 유무를 점검한다.
> • 주행 도중 이상 소음이나 냄새 등의 이상이 확인된 경우 즉시 정차하고 점검하도록 한다.

41 클러치에 대한 설명으로 옳지 않은 것은?

① 클러치 페달을 밟으면 동력이 차단된다.
② 클러치 페달을 밟으면 플라이휠과 클러치판이 붙는다.
③ 클러치 페달을 떼면 동력이 전달된다.
④ 클러치 페달을 떼면 압력판과 클러치판이 붙는다.

정답

클러치 페달을 밟으면 플라이휠과 클러치판이 떨어져 동력이 차단된다. 기어를 변속하기 위해 동력을 차단하는 역할을 하는 것이다.

42 굴착기의 양쪽 주행 레버를 교차 조작하여 회전하는 것은?

① 피벗회전
② 스핀회전
③ 원웨이회전
④ 완회전

정답

좌우측 주행 레버의 한쪽은 앞으로 밀고 다른 쪽은 동시에 당기면 굴착기가 급회전한다. 이것을 스핀턴(스핀회전)이라고 한다.

핵심 포크
무한궤도식 굴착기의 조향
- 피벗턴(완회전) : 한쪽 주행 레버만 밀거나 당겨서 한쪽 방향의 트랙만 전·후진시키는 것으로 회전한다.
- 스핀턴(급회전) : 좌우측 주행 레버의 한쪽은 앞으로 밀고 다른 쪽은 동시에 당기면 굴착기가 급회전한다.

43 상시 폐쇄형 밸브에 해당하지 않는 것은?

① 릴리프 밸브
② 시퀀스 밸브
③ 리듀싱 밸브
④ 무부하 밸브

정답

압력제어 밸브 중 리듀싱 밸브는 일정한 조건 없이 작동하는 상시 개방형 밸브에 해당한다.

핵심 포크
압력제어 밸브
- 릴리프 밸브 : 유압회로의 최고 압력을 제한하는 밸브로 유압을 설정압력으로 일정하게 유지
- 리듀싱 밸브 : 유압회로에서 입구 압력을 감압하여 유압실린더 출구 설정 압력으로 유지하는 밸브
- 무부하 밸브 : 회로 내의 압력이 설정값에 도달하면 펌프의 전 유량을 탱크로 방출하여 펌프에 부하가 걸리지 않게 함으로써 동력을 절약할 수 있는 밸브
- 시퀀스 밸브 : 두 개 이상의 분기 회로에서 유압회로의 압력에 의하여 유압 액추에이터의 작동 순서를 제어
- 카운터 밸런스 밸브 : 실린더가 중력으로 인하여 제어 속도 이상으로 낙하하는 것을 방지

44 굴착기의 작업장치에 해당하지 않는 것은?

① 붐
② 암
③ 버킷
④ 마스트

정답

마스트는 굴착기의 작업장치가 아니라 지게차의 작업장치에 해당한다.

45 타이어식 건설기계의 타이어 접지압을 표현한 것으로 옳은 것은?

① 공차상태의 무게(kgf)/접지길이(cm)
② 작업장치의 무게/접지면적(cm²)
③ 공차상태의 무게(kgf)/접지면적(cm²)
④ (공차상태의 무게+예비타이어 무게)/접지길이(cm²)

정답

타이어 접지압이란, 차바퀴 등이 지면에 접할 때의 압력을 말한다. 타이어식 건설기계의 타이어 접지압은 '공차상태의 무게(kgf)/접지면적(cm²)'으로 나타낸다.

46 실린더의 내경과 행정의 길이가 일치하는 기관은?

① 정방행정
② 양방행정
③ 장행정
④ 단행정

정답

기관 행정의 종류에는 장행정, 정방행정, 단행정이 있다. 장행정은 실린더의 내경이 행정의 길이보다 짧고, 정방행정은 실린더의 내경이 행정의 길이와 일치하고, 단행정은 실린더의 내경이 행정의 길이보다 길다.

핵심 포크
기관 행정의 종류
• 장행정 : 실린더의 내경 < 행정의 길이
• 정방행정 : 실린더의 내경 = 행정의 길이
• 단행정 : 실린더의 내경 > 행정의 길이

47 4행정 사이클 디젤기관의 크랭크축이 4,000rpm으로 회전할 때 분사펌프 캠축의 회전수로 옳은 것은?

① 8,000rpm
② 6,000rpm
③ 4,000rpm
④ 2,000rpm

정답

4행정 사이클 기관에서는 1 사이클당 크랭크축은 2회전하고 캠축은 1회전한다. 그러므로 크랭크축이 4,000rpm으로 회전할 때 캠축은 2,000rpm으로 회전한다.

핵심 포크
4행정 사이클 기관의 행정
• 1 사이클 : 흡입 → 압축 → 폭발 → 배기
• 1 사이클당 크랭크축은 2회전, 캠축은 1회전한다.

48 소형 또는 대형건설기계조종사 면허증 발급 신청 시 구비서류로 옳지 않은 것은?

① 주민등록등본
② 신체검사서
③ 소형건설기계조종 교육이수증
④ 국가기술자격증 정보

정답

건설기계관리법에 따르면, 건설기계조종사 면허증의 발급신청을 하는 경우 신체검사서, 소형건설기계조종 교육이수증(소형면허 신청 시), 국가기술자격증 정보(대형면허 신청 시)를 포함하여 6개월 이내에 촬영한 탈모상반신 사진 2매와 건설기계조종사 면허증을 제출해야 한다.

49 차체에 드릴 작업 시 주의사항으로 옳지 않은 것은?

① 작업 후에는 반드시 녹의 발생 방지를 위하여 드릴 구멍에 페인트칠을 해 둔다.
② 작업 후 내부에서 드릴의 날 끝으로 인해 손상된 부품이 없는지 확인한다.
③ 작업 시 내부에 배선이 없는지 확인한다.
④ 작업 시 내부의 파이프는 관통시킨다.

 ④

차체에 드릴 작업을 하는 경우 내부의 파이프를 관통시켜서는 안 된다. 내부 파이프를 관통시킬 경우 장비의 작동에 문제가 발생한다.

> **핵심 포크**
>
> **드릴 작업 시 주의사항**
> • 장갑을 낀 채 드릴을 사용하지 않는다.
> • 구멍을 거의 뚫었을 때가 가공물이 회전하기 가장 쉽기 때문에 주의해야 한다.
> • 가공물이 작더라도 손으로 고정하고 작업하지 않는다.
> • 드릴이 가공물을 관통하였는지 손으로 확인해서는 안 된다.

50 출발지의 관할 경찰서장이 안전기준을 초과하여 운행할 수 있도록 허가하는 사항에 해당하지 않는 것은?

① 적재중량
② 승차 인원
③ 운행속도
④ 적재용량

 ③

도로교통법 제39조(승차 또는 적재방법의 방법과 제한)에 따르면, 출발지를 관할하는 경찰서장의 허가를 받은 경우 승차 인원, 적재중량 및 적재용량을 초과하여 운행할 수 있다.

51 체인블록을 이용하여 중량물 운반 시 가장 안전한 방법에 해당하는 것은?

① 이동 시 무조건 최단거리 코스로 빠른 시간 내에 이동해야 한다.
② 체인이 느슨한 상태에서 급격히 잡아당길 경우 사고가 발생할 수 있기 때문에 시간적 여유를 가지고 작업하도록 한다.
③ 물체를 내릴 때에는 하중 부담을 줄이기 위하여 최대한 빠른 속도로 실시한다.
④ 작업의 효율을 위하여 가는 체인을 사용한다.

 ②

체인블록이란 체인을 조작하여 물체를 들어 올리는 장치로, 체인블록을 이용하여 운반 시 체인이 느슨한 상태에서 급격히 잡아당기면 사고가 발생할 수 있기 때문에 주의해야 한다.

52 굴착기 계기판에서 엔진오일의 순환 상태가 불량한 경우 점등되는 경고등은?

① 오일압력 경고등
② 에어클리너 경고등
③ 충전 경고등
④ 작동유 온도 경고등

 ①

굴착기 계기판에서는 엔진오일의 압력이 낮거나 압력이 발생하지 않을 경우에는 오일압력 경고등이 점등된다.

53 디젤기관이 진동하는 경우로 옳지 않은 것은?

① 실린더별로 분사압력의 차이가 있다.
② 4기통 기관에서 하나의 분사 노즐이 막혔다.
③ 인젝터의 불균율이 있다.
④ 하이텐션코드가 불량하다.

하이텐션코드란 가솔린기관의 고압케이블을 말하는 것으로, 디젤기관의 진동과는 관련이 없다.

54 타이어에서 고무로 피복된 코드를 여러 겹으로 겹친 층에 해당하며, 타이어의 골격을 이루는 부분은?

① 트레드
② 숄더
③ 카커스
④ 비드

타이어에서 카커스는 고무로 피복된 코드를 여러 겹으로 겹친 층에 해당하며, 타이어의 골격을 이루는 부분을 말한다.

> **핵심 포크**
> **타이어의 구조**
> • 카커스(Carcass) : 타이어의 골격을 이루는 부분으로, 고무로 피복된 코드를 여러 겹으로 겹친 층에 해당한다.
> • 비드 : 타이어 림과 접촉하는 부분이다.
> • 트레드(Tread) : 노면과 직접적으로 접촉되어 마모에 견디고 견인력을 증대시키며 미끄럼 방지 및 열 발산의 효과가 있다.
> • 브레이커 : 트레드와 카커스 사이에 내열성 고무로 몇 겹의 코드 층을 감싼 구조를 말한다.

55 건설기계의 작동유 탱크의 역할로 옳지 않은 것은?

① 작동유를 저장한다.
② 유압 게이지가 설치되어 있어 작업 중 유압 점검을 할 수 있다.
③ 오일 내부 이물질의 침전 작용을 한다.
④ 작동유의 온도를 적정하게 유지한다.

> **핵심 포크**
> **오일 탱크의 역할**
> • 작동유를 저장한다.
> • 오일 내부 이물질의 침전 작용을 한다.
> • 작동유의 온도를 적정하게 유지한다.
> • 격리판이 설치되어 있어 기포를 분리시킨다.

56 전기장치의 취급 시 주의사항으로 옳지 않은 것은?

① 전기장치는 반드시 접지해야 한다.
② 퓨즈 교체 시 기존보다 용량이 큰 것을 사용한다.
③ 전선의 연결부는 되도록 저항을 작게 한다.
④ 계측기는 최대 측정범위를 초과하지 않도록 한다.

퓨즈를 규정된 용량보다 큰 것을 사용할 경우 과전류로 인하여 회로가 단선되거나 화재 발생의 위험이 높기 때문에 반드시 규정된 용량의 퓨즈만을 사용해야 한다.

> **핵심 포크**
> **과전류의 원인**
> • 과부하 : 과부하 시 정격전류의 2~10배의 전류가 흐르며, 과부하가 장시간 지속되면 기기의 손상 또는 화재를 초래한다.
> • 단락 : 단락 시 순식간에 정격전류의 10배 이상의 전류가 흘러 퓨즈의 배선이 끊어지게 된다.

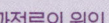

57 아크 용접 작업 시 주의사항으로 옳지 않은 것은?

① 불에 타기 쉬운 기름, 나무 조각, 도료, 헝겊 등은 작업장 주위에 놓지 않는다.
② 용접기의 리드단자와 케이블의 접속은 반드시 절연체로 보호한다.
③ 용접 시 발생하는 가스는 유해하지 않기 때문에 환기할 필요가 없다.
④ 차광 유리는 아크 전류의 크기에 적합한 번호를 선택한다.

정답 ③

아크 용접 작업 시 발생하는 가스는 인체에 치명적이지는 않더라도 유해가스에 해당하기 때문에 환기를 해야 한다.

58 건설기계의 좌석안전띠를 설치해야 하는 최소 속력의 기준으로 옳은 것은?

① 50km/h
② 40km/h
③ 30km/h
④ 20km/h

정답 ③

건설기계 안전기준에 관한 규칙에 따르면, 지게차, 전복보호구조 또는 전도보호구조를 장착한 건설기계와 30km/h의 속도를 낼 수 있는 타이어식 건설기계에는 좌석안전띠를 설치해야 한다.

핵심 포크
좌석안전띠의 구비조건
- 산업표준화법에 따라 인증을 받은 제품, 품질경영 및 공산품안전관리법에 따라 안전인증을 받은 제품, 국제적으로 인정되는 규격에 따른 제품 또는 국토교통부장관이 이와 동등 이상이라고 인정하는 제품일 것
- 사용자가 쉽게 잠그고 풀 수 있는 구조일 것

59 건설기계에 주로 사용되는 전동기는?

① 직류복권 전동기
② 직류분권 전동기
③ 직류직권 전동기
④ 교류 전동기

정답 ③

건설기계에는 시동 전동기는 전기자 코일과 계자 코일이 직렬로 연결되어 있는 직류직권 전동기를 사용한다.

핵심 포크
시동 전동기의 필요성
- 내연기관은 1회의 폭발을 얻어야 기관을 시동시킬 수 있는데, 이때 외력의 힘에 의하여 크랭크축을 회전시켜 시동시킨다. 이것을 시동장치가 담당한다.
- 현재 사용되는 건설기계에서는 축전지를 전원으로 하는 직류직권 전동기가 사용된다.
- 전동기가 따르는 원리는 플레밍의 왼손 법칙이다.

60 건설기계 장비의 부품 중 정기적으로 교환해야 하는 것에 해당하지 않는 것은?

① 작동유 필터
② 에어클리너
③ 연료 필터
④ 붐 실린더

정답 ④

작동유 필터, 에어클리너, 연료 필터 이외에도 정기적으로 교환해야 하는 것에는 엔진오일, 부동액, 유압 작동유 등이 있다.

CBT 기출복원문제 — 제3회

01 굴착기 계기판에 없는 것은?
① 차량속도계
② 작동유 온도계
③ 냉각수 온도계
④ 연료계

정답

굴착기처럼 속도가 느린 건설기계에는 일반적으로 계기판에 차량속도계가 없다.

02 도시가스 보호판에 대한 설명으로 옳지 않은 것은?
① 두께가 4mm인 철판이다.
② 가스의 누설을 막아준다.
③ 배관 직상부 상단 30cm에 있다.
④ 굴착 작업 시 배관을 보호해주는 판이다.

정답

도시가스 보호판은 굴착작업 등으로부터 도시가스 배관을 보호해주는 판이지만, 가스의 누설을 막지는 못한다.

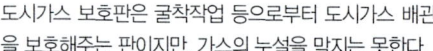

보호판
- 배관 직상부에서 30cm 상단에 매설되어 있다.
- 4mm 이상의 두께인 철판으로 코팅되어 있다.
- 장비에 의한 배관 손상을 방지하기 위해 보호판을 설치한다.
- 가스공급의 압력이 중압 이상인 배관 상부에 사용한다.

03 교류 발전기의 구성요소로 옳지 않은 것은?
① 슬립링
② 전류 제한기
③ 스테이터 코일
④ 실리콘 다이오드

정답

교류 발전기에는 전류 조정기가 없고 전압 조정기만 있다.

04 압력의 단위에 해당하지 않는 것은?
① bar
② atm
③ J
④ Pa

정답

압력의 단위로는 kgf/cm², psi, mmHg, bar, atm, Pa 등이 있으며, J는 일의 단위이다.

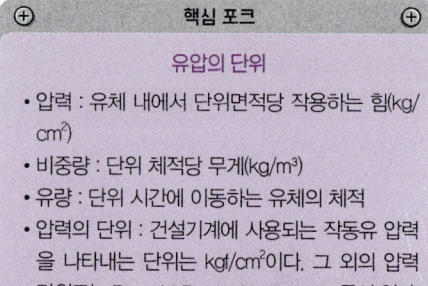

유압의 단위
- 압력 : 유체 내에서 단위면적당 작용하는 힘(kg/cm²)
- 비중량 : 단위 체적당 무게(kg/m³)
- 유량 : 단위 시간에 이동하는 유체의 체적
- 압력의 단위 : 건설기계에 사용되는 작동유 압력을 나타내는 단위는 kgf/cm²이다. 그 외의 압력 단위로는 Pa, psi, kPa, mmHg, bar, atm 등이 있다.

05 유압식 밸브 리프터에 대한 설명으로 옳지 않은 것은?

① 밸브의 개폐 시기가 정확하다.
② 밸브의 구조가 간단하다.
③ 밸브 간극이 자동으로 조절된다.
④ 밸브 기구의 내구성이 좋다.

정답

유압식 밸브 리프터는 기관의 본체에서 밸브 개폐 기구를 구성하는 것으로, 캠축의 회전운동을 상하 운동으로 변환시켜 푸시로드로 전달하는 기구를 말한다. 유압식 밸브 리프터는 밸브의 구조가 복잡하다는 특징이 있다.

> **핵심 포크**
>
> **유압식 밸브 리프터의 특징**
> - 밸브 개폐 시기가 정확하고 작동이 조용하다.
> - 밸브의 구조가 복잡하고 윤활장치가 고장 나면 기관의 작동이 정지된다.
> - 밸브 간극을 점검 및 조정할 필요가 없다.
> - 밸브 기구의 내구성이 좋다.

06 타이어식 건설기계의 휠 얼라인먼트에서 토인의 필요성으로 옳지 않은 것은?

① 타이어의 이상 마멸을 방지한다.
② 바퀴가 옆방향으로 미끄러지는 것을 방지한다.
③ 조향바퀴를 평행하게 회전시킨다.
④ 조향바퀴에 방향성을 준다.

정답

앞바퀴 정렬(휠 얼라인먼트)에서 조향바퀴에 방향성을 주는 것은 토인(Toe In)이 아니라 캐스터(Caster)에 해당한다.

07 제시된 공유압 기호가 나타내고 있는 것은?

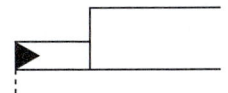

① 공기압 파일럿(외부)
② 공기압 파일럿(내부)
③ 유압 파일럿(외부)
④ 유압 파일럿(내부)

정답

제시된 그림은 유압 파일럿(외부)의 공유압 기호에 해당한다.

> **핵심 포크**
>
> **유압 파일럿의 기호**
>
>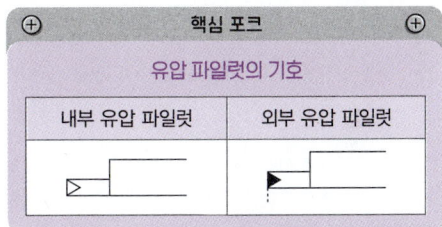

08 기관의 회전수를 나타낼 때 RPM이 의미하는 것은?

① 초당 기관 회전수
② 분당 기관 회전수
③ 10분간 기관 회전수
④ 시간당 기관 회전수

정답

RPM은 Revolution Per Minute의 약자로, 분당 기관 회전수를 말한다.

09 납산 축전지의 전해액을 보충하기 위해 사용하는 것은?

① 소금물
② 수돗물
③ 증류수
④ 식염수

정답 ③

납산 축전지의 전해액이 부족한 경우 증류수를 보충한다.

> **핵심 포크**
>
> **전해액 제조 시 황산과 증류수의 혼합방법**
> - 반드시 황산을 증류수에 부어야 한다. 증류수에 황산을 붓는 건 위험하다.
> - 용기는 질그릇이나 플라스틱 그릇을 사용한다.
> - 20℃일 때 비중이 1.280이 되도록 측정하면서 작업한다.
> - 납산 축전지의 전해액은 묽은 황산을 사용한다.
> - 축전기 전해액이 자연 감소되었을 때는 증류수를 보충한다.

10 기관과 직결되어 같은 회전수로 회전하는 토크 컨버터의 구성요소는?

① 터빈
② 펌프 임펠러
③ 스테이터
④ 변속기 출력축

정답 ②

펌프 임펠러는 토크 컨버터에서 기관의 크랭크축에 연결되어 기관의 구동력에 의해 회전하면서 유체 에너지를 발생시키는 것으로, 기관의 크랭크축과 항상 같이 회전한다.

11 차량이 서쪽에서 동쪽으로 진행 중일 때 그림에 대한 설명으로 옳지 않은 것은?

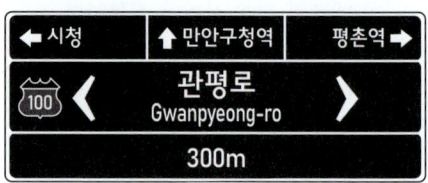

① 300m 전방에서 직진하면 '평촌역' 방향으로 갈 수 있다.
② 300m 전방에서 좌회전하면 '시청' 방향으로 갈 수 있다.
③ 300m 전방에서 우회전하면 '관평로'의 시작점과 만날 수 있다.
④ 300m 전방에서 좌회전하면 '관평로'의 끝지점과 만날 수 있다.

정답 ①

300m 전방에서 직진하면 '평촌역' 방향이 아니라, '만안구청역' 방향으로 갈 수 있다. '평촌역' 방향은 우회전을 하면 갈 수 있다.

12 건설기계관리법상 건설기계 정비업의 범위에 포함되는 것은?

① 브레이크류의 부품 교체
② 엔진오일 보충
③ 배터리 점검
④ 전구 교환

정답 ①

브레이크류의 부품 교체는 건설기계 정비업자가 수행해야 하는 작업으로서 건설기계 정비업에 포함된다.

13 예열 플러그를 뺐을 때 심하게 오염되었을 경우, 그 원인에 해당하는 것은?

① 기관의 과열
② 플러그의 용량 과다
③ 불완전 연소 또는 노킹
④ 냉각수의 부족

정답 ③

예열 플러그가 오염되는 원인은 불완전 연소나 노킹으로 인해 발생한 카본이 예열 플러그에 축적되었기 때문이다.

14 굴착기 계기판에서 다음 경고등이 나타내는 것은?

① 수분유입 경고등
② 에어클리너 경고등
③ 충전 경고등
④ 냉각수 부족 경고등

정답 ①

굴착기 연료라인의 수분분리기에 수분이 가득 차거나 고장이 발생한 경우 수분유입 경고등이 점등된다.

15 다음 안전보건표지에 해당하는 것은?

① 안전모 착용
② 보안경 착용
③ 방독면 착용
④ 귀마개 착용

정답 ②

제시된 표지는 안전보건표지에서 지시표지에 해당하는 보안경 착용이다.

16 디젤기관의 연소 방법으로 옳은 것은?

① 전기점화
② 자기착화
③ 마그넷점화
④ 전기착화

정답 ②

디젤기관은 연소실 및 실린더 내부로 순수한 공기만을 흡입하여 고압으로 압축한 후, 연료를 안개처럼 분사하여 고열 상태의 공기에 착화시키는 자기착화(압축착화) 방식으로 연소한다.

> **핵심 포크**
>
> **디젤기관의 특성**
> - 경유를 연료로 사용한다.
> - 전기점화가 아니라, 압축열에 의한 압축착화를 한다.
> - 가솔린 기관에서 사용하는 점화장치가 없다.
> - 압축비가 가솔린 기관보다 높다.

17 체크 밸브가 내장된 밸브로, 유압회로의 한 방향의 흐름에 대해서는 설정된 배압을 생기게 하고 다른 방향의 흐름은 자유롭게 흐르도록 하는 밸브는?

① 셔틀 밸브
② 카운터 밸런스 밸브
③ 슬로우라인 밸브
④ 언로드 밸브

정답 ②

카운터 밸런스 밸브는 배압 밸브라고도 하며, 한쪽 방향 흐름에 배압을 발생시키기 위한 밸브로, 실린더가 중력에 의해 자유롭게 제어 속도 이상으로 낙하하는 것을 방지한다.

18 납산 축전지의 전해액 제조 방법으로 옳은 것은?

① 축전지에 필요한 양의 황산을 직접 붓는다.
② 황산에 물을 조금씩 부으면서 유리막대로 젓는다.
③ 황산과 물을 1 : 1의 비율로 동시에 붓고 잘 젓는다.
④ 증류수에 황산을 조금씩 부으면서 잘 젓는다.

정답 ④

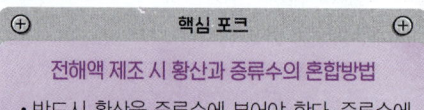

전해액 제조 시 황산과 증류수의 혼합방법
• 반드시 황산을 증류수에 부어야 한다. 증류수에 황산을 붓는 건 위험하다.
• 용기는 질그릇이나 플라스틱 그릇을 사용한다.
• 20℃일 때 비중이 1.2800이 되도록 측정하면서 작업한다.

19 타이어식 건설기계의 액슬 허브에 오일을 교체하고자 할 때, 오일을 배출시킬 때와 주입할 때의 플러그 위치로 옳은 것은?

① 배출시킬 때 1시 방향, 주입할 때 9시 방향
② 배출시킬 때 3시 방향, 주입할 때 9시 방향
③ 배출시킬 때 6시 방향, 주입할 때 9시 방향
④ 배출시킬 때 2시 방향, 주입할 때 12시 방향

정답 ③

타이어식 건설기계에서 액슬 허브(종감속 기어와 차동 기어 장치)의 오일은 배출할 때에는 6시 방향으로 배출하고, 주입할 때에는 9시 방향으로 주입한다.

20 유압식 작업장치의 속도가 느릴 때의 원인에 해당하는 것은?

① 유량의 조정이 불량하다.
② 유압의 조정이 불량하다.
③ 오일 쿨러의 막힘이 있다.
④ 유압펌프의 토출 압력이 높다.

정답 ①

유압장치의 속도는 유량에 의하여 조정하기 때문에 유량의 조정이 불량하면 유압식 작업장치의 속도도 느려지게 된다.

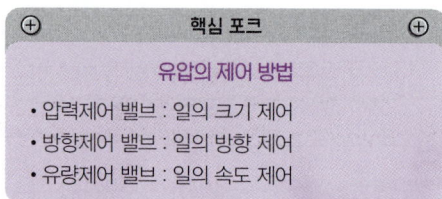

유압의 제어 방법
• 압력제어 밸브 : 일의 크기 제어
• 방향제어 밸브 : 일의 방향 제어
• 유량제어 밸브 : 일의 속도 제어

21 너무 높은 점도를 가진 유압유를 사용했을 때의 설명으로 옳은 것은?

① 엔진 시동 시 필요 이상의 동력이 소모된다.
② 점차 묽어지기 때문에 경제적이다.
③ 겨울철에 사용하기 좋다.
④ 좁은 공간에 잘 침투하기 때문에 충분히 주유가 된다.

정답 ①

유압유의 점도가 너무 높을 경우, 시동 저항이 커지며 압력 상승과 내부 마찰 및 저항 증가로 인항 동력 소비량이 증가하게 된다.

22 차광용 보안경의 종류에 해당하지 않는 것은?

① 자외선용
② 적외선용
③ 비산 방지용
④ 용접용

정답 ③

비산물로부터 눈을 보호하기 위한 보안경은 차광용 보안경이 아니라 일반 보안경이다. 차광용 보안경은 자외선, 적외선, 가시광선으로부터 눈을 보호하며 용접 작업에 주로 사용한다.

핵심 포크

보안경을 착용해야 하는 작업

- 그라인더 작업
- 건설기계 장비 하부에서의 점검 및 정비 작업
- 철분이나 모래 등이 날리는 작업
- 전기용접 및 가스용접 작업

23 괄호에 들어갈 내용으로 옳은 것은?

신호등이 (　　)일 경우 차마는 정지선이나 횡단보도가 있을 때에는 그 직전이나 교차로의 직전에 일시정지한 후 다른 교통에 주의하면서 진행할 수 있다.

① 녹색등화
② 황색등화
③ 황색등화의 점멸
④ 적색등화의 점멸

정답 ④

핵심 포크

신호의 종류

- 녹색등화 : 차마는 직진 또는 우회전할 수 있다.
- 황색등화 : 차마는 정지선이 있거나 횡단보도가 있을 때에는 그 직전이나 교차로의 직전에 정지하여야 하며, 이미 교차로에 차마의 일부라도 진입한 경우에는 신속히 교차로 밖으로 진행해야 한다.
- 황색등화의 점멸 : 차마는 다른 교통 또는 안전표지의 표시에 주의하면서 진행할 수 있다.
- 적색등화의 점멸 : 차마는 정지선이나 횡단보도가 있을 때에는 그 직전이나 교차로의 직전에 일시정지한 후 다른 교통에 주의하면서 진행할 수 있다.

24 디젤기관 연료 계통에 응축수가 생기면 시동이 어려워지는데, 응축수가 가장 많이 생기는 계절은?

① 봄
② 여름
③ 가을
④ 겨울

정답 ④

응축수는 연료 탱크 내부와 대기의 온도차가 가장 큰 겨울에 가장 많이 생긴다.

25 좌우측 전조등 회로의 연결 방법으로 옳은 것은?

① 직렬연결
② 병렬연결
③ 단식 배선
④ 직·병렬연결

 ②

전조등 회로는 복선식 및 병렬연결이며, 전조등 스위치와 딤머 스위치로 구성되어 있다.

26 유압펌프 작동 중 소음이 발생하게 되는 원인으로 옳지 않은 것은?

① 펌프 축의 편심 오차가 크다.
② 스트레이너가 막혀 흡입 용량이 너무 작아졌다.
③ 펌프 흡힙관 접합부로부터 공기가 유입된다.
④ 릴리프 밸브 출구에서 오일이 배출된다.

 ④

릴리프 밸브는 유압펌프와 제어 밸브 사이에 설치되어 회로 내의 최고 압력을 제어하는 기능을 하며, 유압펌프의 작동 소음과는 관련이 없다.

> **핵심 포크**
> **유압펌프의 소음 발생 원인**
> • 오일의 양 부족
> • 오일 내부에 공기 유입
> • 너무 높은 오일 점도
> • 필터의 너무 높은 여과입도수(Mesh)
> • 스트레이너의 막힘으로 너무 작아진 흡입용량
> • 펌프 흡입관 접합부로부터의 공기 유입
> • 펌프 축의 너무 큰 편심 오차
> • 펌프의 너무 빠른 회전 속도
> • 캐비테이션 현상 발생

27 유압실린더의 종류에 해당하지 않는 것은?

① 복동식 실린더
② 레이디얼 실린더
③ 단동식 실린더
④ 다단식 실린더

 ②

유압실린더의 종류에는 단동식 실린더, 다단식 실린더, 복동식 실린더가 있다.

28 굴착기 작업장치 중 모래나 자갈 등의 준설 및 곡물 하역 작업에 사용하는 것은?

① 리퍼
② 크러셔
③ 크램셸
④ 브레이커

 ③

굴착기의 버킷 중에서 리퍼는 연암 구간 절삭, 아스콘, 콘크리트의 제거 등에 사용되는 것을 말하며, 크러셔는 2개의 집게로 작업 대상물을 부수는 장치를 말한다. 브레이커는 연속적인 타격을 가해 암석이나 콘크리트 등을 파쇄하는 장치이다.

> **핵심 포크**
> **버킷의 종류**
> • 이젝터(ejector) : 점토 등의 굴착 작업 시 버킷 내부의 토사를 떼어낸다.
> • 어스 오거 : 기둥을 박기 위해 구멍을 파거나 스크루를 돌려 전주를 박을 때 사용하는 장치를 말한다.
> • 파일 드라이버 : 건축, 토목의 기초 공사를 할 때 박는 말뚝인 파일(pile)을 박거나 뺄 때 사용하는 장치를 말한다.
> • 우드 그래플(wood grapple) : 집게로 원목 등을 집어 운반, 하역 작업을 하는 장치를 말한다.

29 자동 변속기의 과열 원인에 해당하지 않는 것은?

① 메인 압력이 높다.
② 과부하 운전을 계속했다.
③ 변속기의 오일 쿨러가 막혔다.
④ 오일이 규정량보다 많다.

정답

자동 변속기가 과열되는 원인에는 오일이 규정량보다 많은 경우가 아니라, 규정량보다 적은 경우가 있다.

핵심 포크

자동 변속기의 과열 원인
- 메인 압력이 높다.
- 과부하 운전을 계속했다.
- 변속기의 오일 쿨러가 막혔다.
- 오일이 규정량보다 적다.
- 변속기 오일의 점도가 높다.

30 이동하지 않고 물질에 정지하고 있는 전기에 해당하는 것은?

① 직류전기
② 교류전기
③ 정전기
④ 동전기

정답

정전기란, 전하가 정지 상태에 있어 흐르지 않고 그대로 머물러 있는 전기를 말한다. 동전기는 정전기의 반대되는 개념이지만 일반적으로 말하는 전기가 동전기를 의미하기 때문에 널리 쓰이지 않는다.

31 건설기계 조종 중 과실로 인하여 5,000만 원의 재산피해를 입혔을 때의 처분은?

① 면허 취소
② 면허효력정지 50일
③ 면허효력정지 90일
④ 면허효력정지 100일

정답

건설기계 조종 중 재산피해를 입혔을 경우 피해금액 50만 원마다 면허효력정지 1일이며, 그 기간은 최대 90일이다. 그러므로 5,000만 원의 재산피해를 입혔을 경우에도 계산해보면 100일이 나오지만, 효력정지 기간은 90일이 된다.

32 디젤기관 시동보조장치에 사용되는 디콤프(De-Comp)에 대한 설명으로 옳지 않은 것은?

① 기관의 시동을 정지할 때 사용한다.
② 기관의 출력을 증대시킨다.
③ 기동 전동기에 무리가 가는 것을 예방한다.
④ 한랭 시 시동할 때 원활한 회전으로 시동이 잘 될 수 있도록 한다.

정답

디콤프는 디젤기관을 시동할 때 흡기 밸브나 배기 밸브를 강제적으로 개방하여 실린더 내부 압력을 감압시켜 기관의 회전이 원활하게 이루어지도록 하는 장치이다. 감압장치의 기능으로는 한랭 시동 보조, 고장 시 수동조작, 기관의 정지가 있다. 그러므로 기관의 출력을 증대시키는 것과는 관련이 없다.

33 도로 굴착자는 되메움 공사를 완료한 후에 도시가스 배관의 손상 방지를 위해 최소 몇 개월 이상 침하 유무를 확인해야 하는가?

① 1개월
② 2개월
③ 3개월
④ 4개월

 ③

도로 굴착작업자는 되메움 공사를 완료한 다음 도시가스 배관의 손상 방지를 위해 최소 3개월 이상 침하 유무를 확인해야 한다.

34 보안경을 끼고 작업해야 하는 경우로 옳지 않은 것은?

① 장비 하부에서 점검 및 정비 작업 시
② 건설기계장비 일상점검 작업 시
③ 그라인더 작업 시
④ 산소 용접 작업 시

 ②

보안경은 자외선이나 분진 등 유해물질로부터 눈을 보호하기 위해 착용하는 것이기 때문에 일상점검 작업 시에는 착용하지 않아도 된다.

> **핵심 포크**
> **보안경을 착용해야 하는 작업**
> • 그라인더 작업
> • 건설기계 장비 하부에서의 점검 및 정비 작업
> • 철분이나 모래 등이 날리는 작업
> • 전기용접 및 가스용접 작업

35 굴착기의 아워미터(시간계) 설치 목적으로 옳지 않은 것은?

① 각 부위 주유를 정기적으로 하기 위해 설치한다.
② 하차 만료 시간을 체크하기 위해 설치한다.
③ 가동 시간에 맞추어 오일을 교체하기 위해서다.
④ 가동 시간에 맞추어 예방정비를 하기 위해서다.

 ②

아워미터는 장비의 가동 시간에 맞춰서 점검이나 정비를 하기 위해 설치한다.

36 경찰청장이 원활한 소통을 위해 필요하다고 지정한 곳 이외의 고속도로에서 건설기계의 최고 속도는?

① 매시 100km
② 매시 90km
③ 매시 80km
④ 매시 70km

 ③

도로교통법에 따르면 고속도로에서 건설기계의 최고 속도는 매시 80km이며, 경찰청장이 원활한 소통을 위해 특히 필요하다고 지정한 곳은 매시 90km이다.

> **핵심 포크**
> **고속도로에서의 최고 속도**
> • 편도 1차로 : 매시 80km, 최저 속도는 매시 50km
> • 편도 2차로 이상 : 매시 100km, 건설기계의 경우 매시 80km, 최저 속도는 매시 50km
> • 경찰청장이 지정한 곳 : 매시 120km, 건설기계의 경우 매시 90km, 최저 속도는 매시 50km

37 도시가스 제조사업소 부지 경계에서 정압기지의 경계까지 이르는 배관에 해당하는 것은?

① 강관
② 본관
③ 외관
④ 내관

정답 ②

도시가스 제조사업소의 부지 경계에서 정압기지의 경계까지 이르는 배관을 본관이라고 하며, 내관은 가스사용자가 소유하거나 점유하고 있는 토지의 경계에서 연소기까지 이르는 배관을 말한다.

38 시·도지사가 지정한 교육기관에서 해당 건설기계의 조종에 관한 교육과정의 이수로 기술자격의 취득을 대신할 수 있는 건설기계는?

① 5톤 미만의 지게차
② 5톤 미만의 굴착기
③ 5톤 미만의 타워크레인
④ 3톤 미만의 굴착기

정답 ④

소형 건설기계는 시·도지사가 지정한 교육기관에서 해당 건설기계의 조종에 관한 교육과정의 이수로 기술자격의 취득을 대신할 수 있는 건설기계이다. 소형 건설기계에는 3톤 미만의 지게차, 굴착기, 타워크레인, 5톤 미만의 로더 등이 있다.

39 축전지 터미널의 식별 방법으로 옳지 않은 것은?

① 터미널의 요철로 구분한다.
② (+), (−) 표시로 구분한다.
③ 굵고 가는 것으로 구분한다.
④ 적색과 흑색 등의 색상으로 구분한다.

정답 ①

핵심 포크

축전지 터미널의 식별법

- 극으로 구분 : [+], [−] 표시로 구분한다.
- 굵기로 구분 : 터미널이 굵거나(+) 가는 것(−)으로 구분한다.
- 색깔로 구분 : 적색(+)과 흑색(−)으로 구분한다.
- 문자로 구분 : P(+)와 N(−)으로 구분한다.

40 방향제어 밸브를 동작시키는 방식으로 옳지 않은 것은?

① 유압 파일럿식
② 전자식
③ 수동식
④ 스프링식

정답 ④

방향제어 밸브를 동작시키는 방식에는 수동식, 전자식, 유압 파일럿식, 비례제어식이 있다.

핵심 포크

방향제어 밸브

- 체크 밸브 : 오일의 역류를 방지하며, 회로 내부의 잔류 압력을 유지
- 스풀 밸브 : 하나의 밸브 보디에 여러 개의 홈이 파인 밸브로, 축 방향으로 이동하여 오일의 흐름을 변환
- 셔틀 밸브 : 두 개 이상의 입구와 한 개의 출구가 설치되어 있으며, 출구가 최고 압력의 입구를 선택하는 기능을 가진 밸브. 저압측은 통제하고 고압측만 통과시킴

41 수동식 변속기가 장착된 건설기계에서 기어의 이상 소음이 발생하는 원인으로 옳지 않은 것은?

① 웜과 웜 기어의 마모
② 변속기의 오일 부족
③ 변속기의 베어링 마모
④ 기어 백래시의 과다

정답

웜과 웜 기어는 조향 기어의 일종으로, 수동식 변속기의 이상 소음 발생 원인과는 관련이 없다.

> **핵심 포크**
> **수동 변속기 이상소음의 원인**
> • 변속 기어의 백래시(기어 톱니 사이의 틈) 과다
> • 변속기의 오일 부족
> • 변속기 베어링의 마모

42 특별표지판을 부착해야 하는 건설기계에 해당하지 않는 것은?

① 최소회전반경이 12m를 초과하는 건설기계
② 총중량이 40톤을 초과하는 건설기계
③ 길이가 10m를 초과하는 건설기계
④ 높이가 4m를 초과하는 건설기계

정답

특별표지판을 부착해야 하는 건설기계는 길이가 10m를 초과하는 건설기계가 아니라, 16.7m를 초과하는 건설기계이다. 또한, 총중량 상태에서 축하중이 10톤을 초과하는 건설기계 등도 특별표지판을 부착해야 한다.

43 유압실린더 피스톤에 주로 사용되는 링은?

① U링형
② V링형
③ O링형
④ C링형

정답

유압실린더 피스톤에서는 유압실린더 피스톤의 모양이 원형으로 되어 있기 때문에 주로 O링형의 링을 사용한다.

44 유압장치의 유압제어 밸브에 해당하지 않는 것은?

① 방향제어 밸브
② 압력제어 밸브
③ 유량제어 밸브
④ 속도제어 밸브

정답

유압장치의 유압제어 밸브에는 일의 방향을 제어하는 방향제어 밸브, 일의 크기를 제어하는 압력제어 밸브, 일의 속도를 제어하는 유량제어 밸브가 있다.

> **핵심 포크**
> **유압제어 밸브**
> • 유압제어 밸브 : 유압펌프에서 발생한 유압을 유압실린더와 유압모터가 일을 하는 목적에 알맞도록 오일의 압력, 방향, 속도를 제어하는 밸브이다.
> • 유압의 제어 방법
>   – 압력제어 밸브 : 일의 크기 제어
>   – 방향제어 밸브 : 일의 방향 제어
>   – 유량제어 밸브 : 일의 속도 제어

45 굴착기 트랙의 유격이 너무 커졌을 때 발생하는 현상으로 가장 적절한 것은?

① 슈판 마모가 급격해진다.
② 주행속도가 빨라진다.
③ 트랙이 벗겨지기 쉽다.
④ 주행속도가 느려진다.

정답 ③

트랙의 장력이 너무 커서 유격이 큰 경우 트랙이 벗겨지는 원인이 된다.

> **핵심 포크**
>
> **트랙이 이탈하는 원인**
> - 트랙의 장력이 너무 커서 유격이 너무 큰 경우
> - 리코일 스프링의 장력이 부족한 경우
> - 경사지에서 작업하는 경우
> - 상부롤러가 파손된 경우
> - 트랙의 정렬이 불량한 경우
> - 프론트 아이들러와 스프로킷의 중심이 맞지 않는 경우
> - 고속 주행 중 급선회한 경우

46 기관에 사용되는 여과장치로 옳지 않은 것은?

① 오일 필터
② 오일 스트레이너
③ 공기청정기
④ 인젝션 타이머

정답 ④

인젝션 타이머란, 분사시기 조정장치로, 압축착화 기관의 연료 분사시기를 변환하는 장치를 말한다. 그러므로 여과장치와는 관련이 없다.

47 실린더와 피스톤 사이에 유막을 형성하여 압축 및 연소가스가 누설되지 않도록 기밀을 유지하는 작용은?

① 방청 작용
② 냉각 작용
③ 감마 작용
④ 밀봉 작용

정답 ④

> **핵심 포크**
>
> **윤활유의 작용**
> - 마찰 감소 및 마멸 방지 : 기관의 마찰부와 섭동부에 유막을 형성하여 마찰을 방지하고 마모를 감소시킨다.
> - 냉각 : 기관 각 부분의 운동과 마찰로 인하여 발생한 열을 흡수하여 방열 작용을 한다.
> - 세척 : 기관 내부를 순환하며 먼지, 오물 등을 흡수하고 필터로 보내는 작용을 한다.
> - 밀봉(기밀) : 피스톤과 실린더 사이에 유막을 형성하여 가스 누설을 방지한다.
> - 방청 : 기관의 금속 부분이 산화되거나 부식되는 것을 방지한다.
> - 충격 완화 및 소음 방지 : 기관 운동부에서 발생하는 충격을 흡수하며 소음을 방지한다.
> - 응력 분산 : 기관의 국부적인 압력을 분산시킨다.

48 타이어식 굴착기 주행장치의 구성요소가 아닌 것은?

① 차동장치
② 트랙
③ 유압모터
④ 차축

정답 ②

트랙은 무한궤도식 굴착기의 구성요소에 해당한다.

49 굴착기의 버킷에 대한 설명으로 옳지 않은 것은?

① 버킷을 반대로 돌려 작업하면 셔블 작업도 가능하다.
② 1회 굴착 용량을 m³로 표시한다.
③ 작업 속도를 높이기 위해 버킷은 큰 것을 사용한다.
④ 버킷 용량은 평적과 산적 용량을 사용한다.

기준 용량보다 큰 버킷을 사용할 경우 굴착기가 전복될 수 있기 때문에 가급적 굴착 재료의 비중이 가벼운 것이나 평탄 작업용으로 사용해야 한다.

50 드라이브 라인의 구성 중 각도 변화에 대응하기 위한 것은?

① 추진축
② 슬립 이음
③ 자재 이음
④ 종감속 기어

자재 이음은 드라이브 라인에서 각도 변화에 대응하기 위한 이음을 말하며, 추진축 앞뒤에 설치된다. 또한 변속 조인트와 등속 조인트로 구분한다.

> **핵심 포크**
>
> **자재 이음의 종류**
>
> • 변속 조인트 : 어느 각도를 이루어 교차할 때 구동축과 피동축의 각 속도가 변화하는 형식이며, 설치 각도는 30° 이하로 해야 한다.
> • 등속 조인트 : 전륜구동차의 앞차축으로 사용되는 조인트로, 구동축과 일직선상이 아닌 피동축 사이에 설치되어 회전각 속도의 변화 없이 동력을 전달하는 자재 이음이다.

51 건설기계관리법상 건설기계의 등록말소사유에 해당하지 않는 것은?

① 건설기계를 교육 및 연구목적으로 사용하는 경우
② 건설기계의 구조를 변경한 경우
③ 건설기계를 수출하는 경우
④ 건설기계의 차대가 등록 시의 차대와 다른 경우

정답 ②

건설기계의 구조를 변경한 경우는 등록말소사유가 아니라 구조변경검사를 받아야 하는 경우에 해당한다.

> **핵심 포크**
>
> **건설기계의 등록말소사유**
>
> • 거짓된 방법이나 그 밖의 부정한 방법으로 등록을 한 경우
> • 건설기계가 천재지변 또는 이에 준하는 사고 등으로 사용할 수 없게 되거나 멸실된 경우
> • 정기검사 유효기간이 만료된 날부터 3월 이내에 시·도지사의 최고를 받고 지정된 기한까지 정기검사를 받지 않은 경우 등

52 굴착기의 엔진 시동 전에 해야 할 가장 일반적인 점검사항은?

① 크랭크축의 균열
② 엔진오일 및 냉각수의 양
③ 발전기
④ 캠축의 힘

엔진 시동 전에 해야 하는 가장 일반적인 점검사항에는 엔진오일과 냉각수의 양 점검이 있다. 크랭크축의 균열과 캠축의 힘은 분해정비사항이며, 발전기는 시동 후 충전 경고등의 소등 여부를 확인해야 한다.

53 노면표지 중 진로변경 제한선에 대한 설명으로 옳은 것은?

① 황색 실선은 진로변경을 할 수 있다.
② 백색 실선은 진로변경을 할 수 없다.
③ 황색 점선은 진로변경을 할 수 없다.
④ 백색 점선은 진로변경을 할 수 없다.

 ②

노면표지가 황색 실선이나 백색 실선인 경우에는 진로변경을 할 수 없으며, 황색 점선이나 백색 점선인 경우에는 진로변경을 할 수 있다.

54 배터리 전해액과 같이 강산성 및 강알칼리 등의 액체를 취급할 경우 적합한 복장은?

① 고무 재질의 작업복
② 나일론 재질의 작업복
③ 면 재질의 작업복
④ 면장갑

 ①

배터리 전해액처럼 강산성 및 강알칼리성 물질은 부식성이 강하기 때문에 합성 고무와 같이 내산성, 내약품성이 강한 작업복을 입고 작업해야 한다.

작업복의 구비조건
- 작업자의 신체에 알맞고 동작이 편해야 한다.
- 주머니가 적고 팔이나 발이 노출되지 않는 것이 좋다.
- 옷소매 폭이 너무 넓지 않고 소매의 폭을 조일 수 있는 것이 좋다.
- 배터리 전해액처럼 강한 산성이나 알칼리 등의 액체를 취급할 때에는 고무 재질의 작업복이 좋다.
- 화기를 사용하는 작업 시 방염성, 불연성을 갖춘 작업복을 착용해야 한다.

55 해머 사용 시 주의해야 할 사항으로 옳지 않은 것은?

① 담금질한 것은 무리하게 두들기지 않는다.
② 대형 해머 사용 시 자기의 힘에 적합한 것으로 한다.
③ 해머를 사용하여 작업 시 처음부터 강한 힘을 준다.
④ 해머 사용 전 주위를 살펴본다.

  ③

해머를 사용한 작업 시 안전을 위해 처음부터 강한 힘을 주지 않고 점차 강한 힘을 주다가 마무리를 할 때에는 약한 힘으로 작업한다.

56 작업장에서의 옷차림에 대한 설명으로 옳지 않은 것은?

① 작업복은 몸에 맞는 것을 입는다.
② 기름이 묻은 작업복은 가급적 입지 않는다.
③ 작업복은 단정하게 착용한다.
④ 수건은 허리춤에 끼거나 목에 감도록 한다.

  ④

작업 시 기계에 걸리거나 빨려 들어가 사고가 발생할 수 있기 때문에 수건 등은 허리춤에 끼거나 목에 감지 않고 항상 단정한 복장을 유지하도록 한다.

작업복의 구비조건
- 작업자의 신체에 알맞고 동작이 편해야 한다.
- 주머니가 적고 팔이나 발이 노출되지 않는 것이 좋다.
- 옷소매 폭이 너무 넓지 않고 소매의 폭을 조일 수 있는 것이 좋다.

57 운반 작업 시 안전수칙으로 옳지 않은 것은?
① 정격 하중을 초과하여 권상하지 않는다.
② 무리한 자세로 장시간 운반하지 않는다.
③ 무거운 물건을 이동할 때 호이스트 등을 활용한다.
④ 화물은 될 수 있는 대로 중심을 높게 한다.

 ④

운반 작업을 할 때에는 작업의 안정성을 위해 화물의 무게 중심은 낮게 하는 것이 좋다. 또한, 운반 작업 시 정격 하중을 초과하여 권상(들어올리기)하지 않도록 한다.

58 일반 공구의 안전한 사용법으로 적합하지 않은 것은?
① 파이프 렌치에는 연장대를 끼워 사용하지 않는다.
② 렌치의 조정조에 잡아당기는 힘이 가해져야 한다.
③ 엔진의 헤드 볼트 작업에는 소켓 렌치를 사용한다.
④ 언제나 깨끗한 상태로 보관한다.

 ②

조정 렌치를 이용하여 작업 시 공구의 파손 방지를 위해 조정조가 아니라 고정조에 힘이 가해지도록 작업을 해야 한다.

59 다음 중 무면허 운전에 해당하는 것은?
① 1종 보통면허로 12톤 화물자동차를 운전한 경우
② 1종 대형면허로 긴급자동차를 운전한 경우
③ 2종 보통면허로 원동기장치자전거를 운전한 경우
④ 면허증을 휴대하지 않고 자동차를 운전한 경우

 ①

1종 보통면허로 운전할 수 있는 차종에는 승용자동차, 12톤 미만 화물자동차, 승차정원 15명 이하의 승합자동차 등이 있다.

60 도로교통법상 모든 차의 운전자가 서행해야 하는 장소로 옳지 않은 것은?
① 가파른 비탈길의 내리막
② 편도 2차로 이상의 다리 위
③ 비탈길의 고갯마루 부근
④ 도로가 구부러진 부근

 ②

핵심 포크
서행해야 하는 장소
- 가파른 비탈길의 내리막
- 도로가 구부러진 부근
- 교통정리를 하고 있지 않은 교차로
- 비탈길의 고갯마루 부근
- 지방경찰청장이 필요하다고 인정하여 안전표지로 지정한 곳

CBT 기출복원문제 제4회

01 도시가스 배관 주위를 굴착한 뒤에 되메우기를 할 때 지하에 매몰되면 안 되는 것은?

① 보호포
② 보호판
③ 보호관
④ 라인마크

 ④

라인마크란, 도시가스 배관이 매설되어 있음을 알리기 위해 도로나 공동주택 부지에 설치하는 것으로, 되메우기를 할 때에 매몰되면 안 된다.

02 건설기계를 도로에 계속하여 방치하거나 정당한 사유 없이 타인의 토지에 방치한 자에 대한 벌칙은?

① 2년 이하의 징역 또는 1천만 원 이하의 벌금
② 1년 이하의 징역 또는 1천만 원 이하의 벌금
③ 200만 원 이하의 벌금
④ 100만 원 이하의 벌금

 ②

건설기계를 도로에 계속하여 방치하거나 정당한 사유 없이 타인의 토지에 방치한 자는 1년 이하의 징역 또는 1천만 원 이하의 벌금에 처한다.

03 축전지의 용량을 결정짓는 요인에 해당하지 않는 것은?

① 단자의 크기
② 셀당 극판의 수
③ 전해액의 양
④ 극판의 크기

 ①

축전지의 용량은 완전 충전된 축전지를 일정한 전류로 연속적으로 방전했을 때 방전 종지 전압까지 사용할 수 있는 전기량을 말한다. 축전지의 용량을 결정짓는 요인에는 극판의 크기, 셀당 극판의 수, 전해액의 양이 있다.

04 파워 스티어링에서 핸들이 너무 무거워 조작하기 힘든 경우의 원인으로 옳은 것은?

① 바퀴가 습지에 있다.
② 핸들의 유격이 크다.
③ 조향펌프의 오일이 부족하다.
④ 볼 조인트를 교환할 시기가 되었다.

 ③

파워 스티어링이란 조향장치의 일종으로 유압, 공기압 등을 이용하여 핸들 조작을 쉽게 해주는 것을 말한다. 조향펌프의 오일이 부족한 것은 유압식 조향장치에서 핸들이 무거운 원인이 된다.

05 기관에서 열효율이 높다는 것의 의미는?

① 부조가 없고 진동이 적은 것이다.
② 기관의 온도가 표준보다 높은 것이다.
③ 연료가 완전 연소하지 않는 것이다.
④ 일정한 연료 소비로 큰 출력을 얻는 것이다.

정답 ④

열효율이란 열기관이 하는 일과 공급한 열량 또는 연료의 발열량과의 비율을 말한다. 즉, 열효율이 높다는 것은 일정한 연료 소비로 큰 출력을 얻을 수 있다는 것을 의미한다.

06 무한궤도식 굴착기가 진흙에 빠져 견인해야 하는 경우 가장 적절한 방법은?

① 전부장치를 잭업시킨 후 후진으로 밀면서 나온다.
② 장비 하부에 와이어로프를 걸고 크레인으로 당기며, 굴착기는 주행 레버를 견인 방향으로 밀면서 나온다.
③ 두 대의 굴착기 버킷을 서로 걸어 견인한다.
④ 버킷을 지면에 걸고 나온다.

정답 ②

굴착기가 진흙 등에 빠져 자력으로 탈출할 수 없게 된 경우, 와이어로프를 장비 하부 프레임에 걸고 크레인 등으로 당긴다. 크레인 등으로 당겼을 때 굴착기는 주행 레버를 견인 방향으로 밀면서 탈출한다.

07 최고사용압력이 중압 이상인 도시가스 매설 배관의 경우, 보호포의 설치 위치는?

① 배관의 직상부로부터 30cm 이상인 곳
② 배관의 최하부로부터 30cm 이상인 곳
③ 보호판의 상부로부터 30cm 이상인 곳
④ 지면으로부터 10cm 이상인 곳

정답 ③

최고사용압력이 중압 이상인 배관의 경우, 보호포는 보호판의 상부로부터 30cm 이상 떨어진 곳에 설치하도록 한다.

> **핵심 포크**
>
> **보호포의 설치 위치**
> - 최고 사용압력이 저압인 배관 : 배관 정상부로부터 60cm 이상 떨어진 위치에 설치한다.
> - 최고 사용압력이 중압 이상인 배관 : 보호판 상부로부터 30cm 이상 떨어진 위치에 설치한다.
> - 공동주택 등 부지 내에 설치하는 배관 : 배관의 정상부로부터 40cm 이상 떨어진 위치에 설치한다.

08 고속도로를 제외한 도로에서 운전자가 진행 방향을 변경하고자 할 때 신호를 해야 할 시기로 옳은 것은?

① 운전자 임의대로 변경 가능
② 변경하고자 하는 지점에서 10m 전
③ 변경하고자 하는 지점에서 30m 전
④ 변경하고자 하는 지점에서 50m 전

정답 ③

운전자가 진로를 바꾸려고 할 때에는 그 행위를 하려는 지점에 이르기 전 30m 이상의 지점에서 방향지시등을 켜야 한다. 고속도로에서는 100m 이상의 지점이다.

09 다음 안전보건표지가 나타내는 것은?

① 폭발물 경고
② 독극물 경고
③ 낙하물 경고
④ 고압전기 경고

정답 ④

제시된 안전보건표지는 경고표지 중에서 고압전기 경고에 해당한다.

10 교통정리가 되고 있지 않은 교차로에서 차량이 동시에 교차로에 진입했을 때의 우선순위로 옳은 것은?

① 소형 차량이 우선한다.
② 중량이 큰 차량이 우선한다.
③ 우측 도로의 차가 우선한다.
④ 좌측 도로의 차가 우선한다.

정답 ③

핵심 포크

교통정리가 없는 교차로에서의 양보운전

- 이미 교차로에 들어가 있는 다른 차가 있을 때에는 그 차에 진로를 양보하여야 한다.
- 폭이 넓은 도로로부터 교차로에 들어가려고 하는 다른 차가 있을 때에는 그 차에 진로를 양보하여야 한다.
- 교통정리를 하고 있지 아니하는 교차로에 동시에 들어가려고 하는 차의 운전자는 우측도로의 차에 진로를 양보하여야 한다.
- 교통정리를 하고 있지 아니하는 교차로에서 좌회전하려고 하는 차의 운전자는 그 교차로에서 직진하거나 우회전하려는 다른 차가 있을 때에는 그 차에 진로를 양보하여야 한다.

11 해머 작업 시 안전수칙으로 옳지 않은 것은?

① 해머 사용 시 자루 부분을 확인한다.
② 공동으로 해머 작업 시 호흡을 맞춰야 한다.
③ 강한 타격력이 요구될 때에는 연결대를 끼워 작업한다.
④ 면장갑을 끼고 작업하지 않는다.

정답 ③

해머 작업 시 강한 타격력이 요구될 때에는 작업에 알맞으며 크기가 큰 해머를 사용해야 한다.

핵심 포크

해머 작업 시 주의사항

- 장갑을 낀 채 해머를 사용하지 않는다.
- 처음에는 작게 휘두르며 점차 크게 휘두르도록 한다.
- 열처리된 재료는 해머로 타격하지 않는다.
- 녹이 있는 재료에 해머 작업 시 보안경을 착용한다.
- 난타하기 전에는 반드시 주변을 먼저 확인한다.
- 해머는 작업에 알맞은 것을 사용한다.

12 건설기계의 정기검사 유효기간이 1년이 되는 것은 건설기계의 운행기간이 신규등록일로부터 몇 년 이상 경과되었을 때인가?

① 20년
② 15년
③ 10년
④ 5년

정답 ①

건설기계의 운행기간이 신규등록일로부터 20년 이상 경과된 경우, 정기검사의 유효기간은 1년이 된다.

13 디젤기관 인젝션펌프에서 딜리버리 밸브의 기능으로 옳지 않은 것은?

① 유량 조절
② 역류 방지
③ 후적 방지
④ 잔압 유지

디젤기관 인젝션펌프에서 딜리버리 밸브는 연료를 한쪽으로 흐르게 하는 체크 밸브의 일종으로, 연료의 역류 방지, 후적 방지, 잔압 유지 기능을 한다.

14 과급기를 부착하였을 때의 장점에 해당하지 않는 것은?

① 압축온도의 상승으로 착화지연 시간이 길어진다.
② 기관 출력이 향상된다.
③ 고지대에서도 출력의 감소가 적다.
④ 회전력이 증가한다.

과급기를 부착하면 압축온도의 상승으로 착화지연 시간이 길어지는 것이 아니라 짧아진다.

> **핵심 포크**
> **과급기의 특징**
> • 과급기 설치 시 무게가 10~15% 무거워지지만, 출력은 35~45% 증대된다.
> • 기관의 출력을 증가시킨다.
> • 흡기관과 배기관 사이에 설치된다.
> • 배기가스의 압력에 의하여 작동된다.
> • 4행정 사이클 디젤기관에는 주로 원심식 과급기를 사용한다.
> • 고지대에서도 출력의 감소가 적은 편이다.

15 동력전달장치에서 클러치의 고장과 관계가 없는 것은?

① 릴리스 레버의 조정 불량
② 플라이휠의 링 기어 마멸
③ 클러치 압력판 스프링의 손상
④ 클러치 면의 마멸

플라이휠의 링 기어는 시동 전동기의 피니언 기어와 물려 크랭크축을 회전시켜 시동을 거는 역할을 한다. 링 기어가 마멸될 경우 시동 전동기가 회전을 해도 시동이 걸리지 않는데, 플라이휠의 링 기어 마멸은 클러치의 고장과는 관련이 없다.

> **핵심 포크**
> **클러치의 고장 원인**
> • 클러치 면의 마멸
> • 클러치 압력판의 스프링 손상
> • 릴리스 레버의 조정 불량

16 유압 작동유의 점도가 높은 경우 발생하는 현상으로 옳지 않은 것은?

① 유동 저항이 커진다.
② 열 발생의 원인이 될 수 있다.
③ 유압이 낮아진다.
④ 동력 손실이 커진다.

유압이 낮아지는 것은 유압 작동유의 점도가 높은 경우가 아니라 낮은 경우 발생하는 현상이다. 유압 작동유의 점도가 높은 경우에는 압력이 높아지는 현상이 발생한다.

17 유압모터를 사용하여 스크루를 돌려 전신주를 박을 때 사용하는 굴착기 작업장치는?

① 우드 그래플
② 크러셔
③ 파일 드라이버
④ 어스 오거

정답 ④

어스 오거는 기둥을 박기 위해 구멍을 파거나 스크루를 돌려 전주를 박을 때 사용하는 장치를 말한다.

> **핵심 포크**
>
> **버킷의 종류**
> - 이젝터(ejector) : 점토 등의 굴착 작업 시 버킷 내부의 토사를 떼어낸다.
> - 파일 드라이버 : 건축, 토목의 기초 공사를 할 때 박는 말뚝인 파일(pile)을 박거나 뺄 때 사용하는 장치를 말한다.
> - 우드 그래플(wood grapple) : 집게로 원목 등을 집어 운반, 하역 작업을 하는 장치를 말한다.

18 자동 변속기가 장착된 건설기계가 모든 변속단에서 출력이 떨어지는 경우 점검해야 할 사항으로 옳지 않은 것은?

① 토크 컨버터의 고장
② 추진축의 휨
③ 엔진 고장으로 인한 출력 부족
④ 오일의 부족

정답 ②

추진축은 변속기 이후에 종감속 기어까지 동력을 전달하는 장치로, 모든 변속단에서 출력이 떨어질 경우 점검해야 할 사항에 해당되지 않는다.

19 유압 작동유의 오염은 유압기기를 손상시킬 수 있어 기기 속에 혼입되는 불순물을 제거하기 위해 사용되는 것은?

① 패킹
② 배수기
③ 스트레이너
④ 릴리프 밸브

정답 ③

유압기기에 혼입된 불순물을 제거하는 장치는 스트레이너, 리턴 필터, 라인 필터 등이 있다. 패킹은 기기의 오일 누출 방지를 위해 사용하며, 릴리프 밸브는 압력제어 밸브의 하나로, 회로의 압력을 일정하게 하거나 최고압력을 제한하여 장치를 보호하는 밸브이다.

20 6기통 디젤기관에 병렬로 연결된 예열 플러그에서 3번 기통의 예열 플러그가 단선될 경우 발생하는 현상은?

① 예열 플러그 전체가 작동이 안 된다.
② 축전지 용량의 배가 방전된다.
③ 2번과 4번 예열 플러그의 작동이 안 된다.
④ 3번 예열 플러그만 작동이 안 된다.

정답 ④

디젤기관의 예열 플러그를 병렬로 연결하였을 경우, 어느 한 실린더의 예열 플러그가 단선되더라도 단선된 실린더의 예열 플러그만 작동되지 않고, 나머지 실린더의 예열 플러그는 이상이 없다.

21 감전 위험이 있는 작업현장에서 사용할 보호구로 가장 적절한 것은?

① 구급용품
② 보안경
③ 보호장갑
④ 로프

 ③

감전 위험이 있는 작업현장에서는 절연 처리가 잘된 보호장갑을 착용해야 한다.

> **핵심 포크**
>
> **보호구의 구비조건**
> - 작업자의 행동에 방해되지 않아야 한다.
> - 재료의 품질이 우수해야 한다.
> - 사용 목적에 적합해야 한다.
> - 작업자에게 잘 맞는지 확인해야 한다.
> - 착용이 용이하고 사용자에게 편리해야 한다.
> - 보호구 검정에 합격하고 보호 성능이 보장되어야 한다.

22 건설기계용 납산 축전지에 대한 설명으로 옳지 않은 것은?

① 전압은 셀의 수에 의해 결정된다.
② 전해액 면이 낮아지면 증류수를 보충해야 한다.
③ 완전 방전 시에만 재충전한다.
④ 화학적 에너지를 전기적 에너지로 변환하는 것이다.

 ③

축전지를 완전 방전 상태로 방치할 경우 극판이 영구 황산납이 되어 사용하지 못하게 되므로 25% 정도 방전되었을 때 재충전한다.

23 기관의 냉각 팬에 대한 설명으로 옳지 않은 것은?

① 팬 클러치식은 냉각수의 온도에 따라 작동된다.
② 전동 팬은 냉각수의 온도에 따라 작동된다.
③ 전동 팬의 작동과 관계없이 물펌프는 항상 회전한다.
④ 전동 팬이 작동되지 않을 때는 물펌프도 회전하지 않는다.

 ④

물펌프는 전동 팬이 아니라 팬 벨트의 의해 구동되기 때문에 전동 팬의 작동과는 관련이 없다.

24 기계식 변속기가 부착된 건설기계의 작업장 이동을 위한 주행 방법으로 옳지 않은 것은?

① 브레이크를 서서히 밟고 변속 레버를 4단에 넣는다.
② 클러치 페달을 밟고 변속 레버를 1단에 넣는다.
③ 클러치 페달에서 발을 천천히 떼면서 가속 페달을 밟는다.
④ 주차 브레이크를 해제한다.

 ①

기계식 변속기가 부착된 건설기계의 출발 방법은 클러치 페달을 밟고 변속 레버를 1단에 넣은 다음 클러치 페달에서 발을 천천히 떼면서 가속 페달을 밟는 것이다.

25 건설기계의 등록 전 임시운행 사유로 옳지 않은 것은?

① 등록신청을 하기 위해 건설기계를 등록지로 운행하는 경우
② 수출을 하기 위해 건설기계를 선적지로 운행하는 경우
③ 신개발 건설기계를 시험·연구의 목적으로 운행하는 경우
④ 장비 구입 전 이상 유무를 확인하기 위해 1일간 예비운행 하는 경우

 ④

핵심 포크

건설기계를 임시운행 하는 경우
- 신규등록검사 및 확인검사를 받기 위하여 건설기계를 검사장소로 운행하는 경우
- 수출을 하기 위하여 건설기계를 선적지로 운행하는 경우
- 신개발 건설기계를 시험·연구의 목적으로 운행하는 경우
- 판매 또는 전시를 위하여 건설기계를 일시적으로 운행하는 경우 등

26 라디에이터(radiator)에 대한 설명으로 옳지 않은 것은?

① 단위면적당 방열량이 커야 한다.
② 냉각효율을 높이기 위해 방열 핀이 설치된다.
③ 라디에이터의 재료 대부분에는 알루미늄 합금이 사용된다.
④ 공기의 흐름 저항이 커야 냉각효율이 높다.

 ④

라디에이터는 방열을 위해 공기의 흐름 저항이 작아야 한다.

27 앞지르기 금지 장소에 해당하지 않는 것은?

① 터널 안
② 버스정류장 부근
③ 다리 위
④ 교차로

 ②

버스정류장 부근은 앞지르기 금지 장소에 해당하지 않는다.

핵심 포크

앞지르기가 금지되는 장소
- 급경사의 내리막
- 도로의 모퉁이
- 경사로의 정상 부근
- 교차로, 터널 안, 다리 위
- 앞지르기 금지표지 설치 장소

28 산업안전보건표지 중 지시표지에 해당하는 것은?

① 고온경고
② 출입금지
③ 안전모 착용
④ 차량통행금지

 ③

산업안전보건표지 중 지시표지에는 안전모 착용, 보안경 착용, 귀마개 착용, 안전화 착용 등이 있다. 고온경고는 경고표지에 해당하고, 출입금지와 차량통행금지는 금지 표지에 해당한다.

29 엔진오일 압력 경고등이 켜지는 경우에 해당하지 않는 것은?

① 오일 회로가 막혔다.
② 엔진을 급가속시켰다.
③ 오일 필터가 막혔다.
④ 오일이 부족하다.

정답 ②

엔진을 급가속시켰을 때 점등되는 경고등은 없다.

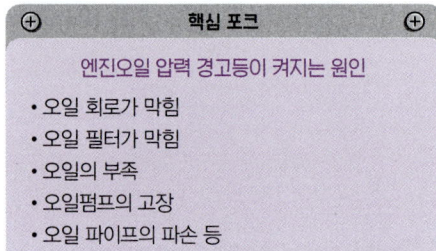

핵심 포크

엔진오일 압력 경고등이 켜지는 원인
- 오일 회로가 막힘
- 오일 필터가 막힘
- 오일의 부족
- 오일펌프의 고장
- 오일 파이프의 파손 등

30 진압하기 힘들 정도로 화재가 진행된 현장에서 가장 먼저 취해야 할 조치사항으로 옳은 것은?

① 화재 신고
② 인명 구조
③ 소화기 사용
④ 경찰서에 신고

정답 ②

이미 화재가 진행된 현장에서는 인명 구조를 최우선시 해야 한다.

31 건설기계 등록신청 시 첨부해야 하는 서류에 해당되지 않는 것은?

① 건설기계 제원표
② 건설기계 제작증
③ 건설기계 소유자임을 증명하는 서류
④ 호적 등본

정답 ④

건설기계 등록신청 시 건설기계의 소유자임을 증명하는 서류, 건설기계 제작증, 건설기계제원표를 첨부해야 하며, 덤프트럭이나 타이어식 굴착기 등의 경우 보험 또는 공제의 가입을 증명하는 서류도 첨부해야 한다.

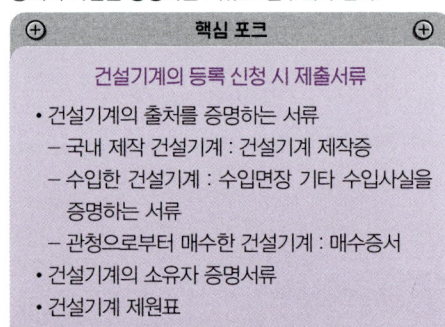

핵심 포크

건설기계의 등록 신청 시 제출서류
- 건설기계의 출처를 증명하는 서류
  - 국내 제작 건설기계 : 건설기계 제작증
  - 수입한 건설기계 : 수입면장 기타 수입사실을 증명하는 서류
  - 관청으로부터 매수한 건설기계 : 매수증서
- 건설기계의 소유자 증명서류
- 건설기계 제원표
- 보험 또는 공제 가입 증명서류

32 디젤기관에서 오일을 가압하여 윤활부에 공급하는 역할을 하는 것은?

① 진공펌프
② 공기압축펌프
③ 오일펌프
④ 냉각수펌프

정답   ③

기관의 오일펌프는 크랭크축에 의해 회전하며 오일을 가압하며 각 윤활부에 오일을 공급하는 역할을 하는 장치이다.

33 기관 시동 시 전류의 흐름으로 옳은 것은?

① 축전지 → 계자 코일 → 정류자 → 브러시 → 전기자 코일
② 축전지 → 전기자 코일 → 정류자 → 브러시 → 계자 코일
③ 축전지 → 계자 코일 → 브러시 → 정류자 → 전기자 코일
④ 축전지 → 전기자 코일 → 브러시 → 정류자 → 계자 코일

정답

기관 시동 시 전류의 흐름은 '축전지 → 계자 코일 → 브러시 → 정류자 → 전기자 코일 → 정류자 → 브러시 → 계자 코일 → 차체접지' 순서이다.

34 운전 중 클러치가 미끄러질 때의 영향으로 옳지 않은 것은?

① 속도 감소
② 연료소비량 증가
③ 견인력 감소
④ 엔진의 과랭

정답

클러치판의 과도한 마모로 인하여 클러치가 미끄러지는 경우, 동력전달의 효율이 떨어져 연료소비량이 증가하고 견인력이 감소하며, 속도가 저하되는 등의 현상이 발생한다.

핵심 포크
클러치가 미끄러지는 원인
- 클러치 스프링의 장력 부족
- 클러치판 혹은 압력판의 마멸
- 클러치 페달의 자유간극 과소
- 클러치판의 오일이 부착

35 유압유의 구비조건에 해당하지 않는 것은?

① 화학적 안정성이 커야 한다.
② 내열성이 커야 한다.
③ 부피가 커야 한다.
④ 적정한 유동성과 점성을 가지고 있어야 한다.

정답

핵심 포크
유압유의 구비조건
- 발화점이 높고 내열성이 커야 한다.
- 적당한 유동성과 점도를 가져야 한다.
- 강인한 유막을 형성해야 한다.
- 밀도가 작고 비중이 적당해야 한다.
- 온도에 의한 점도 변화가 적어야 한다.
- 산화 안정성, 윤활성, 방청·방식성이 좋아야 한다.
- 압력에 대해 비압축성이어야 한다.

36 기관 과열 시 발생할 수 있는 현상으로 옳은 것은?

① 실린더 헤드의 변형이 발생할 수 있다.
② 밸브 개폐 시기가 빨라진다.
③ 흡배기 밸브의 열림량이 많아진다.
④ 연료가 응결될 수 있다.

정답

기관이 과열될 경우 실린더 헤드의 변형이 발생할 수 있으며, 심할 경우 피스톤이 실린더에 고착될 수 있다.

핵심 포크
기관 과열 시 발생 현상
- 실린더 헤드의 변형 혹은 균열
- 실린더 헤드 개스킷의 손상
- 실린더 헤드 개스킷의 손상이나 헤드의 변형 혹은 균열로 인하여 냉각수에 연소가스 누출

37 유도기전력의 방향은 코일 내의 자속의 변화를 방해하려는 방향으로 발생한다는 법칙은?

① 렌츠의 법칙
② 플레밍의 왼손 법칙
③ 플레밍의 오른손 법칙
④ 자기유도 법칙

정답

유도기전력의 방향은 코일 내의 자속의 변화를 방해하려는 방향으로 발생한다는 법칙은 렌츠의 법칙이다. 렌츠의 법칙은 교류 발전기에 응용된다.

핵심 포크

플레밍의 법칙

- 플레밍의 왼손 법칙
  - 모터(전동기)의 작동 원리에 해당하는 법칙
  - 왼손의 검지를 자기장의 방향, 중지를 전류의 방향으로 했을 경우 엄지가 가리키는 방향이 도선이 받는 힘의 방향이 되는 것
- 플레밍의 오른손 법칙
  - 발전기의 작동 원리에 해당하는 법칙
  - 오른손의 엄지를 도선의 운동 방향, 검지를 자기장의 방향으로 했을 때 중지가 가리키는 방향이 유도 기전력 또는 유도 전류의 방향이 되는 것

38 배기터빈 과급기의 윤활에 사용하는 것은?

① 그리스
② 오일리스 베어링
③ 기어오일
④ 엔진오일

정답

배기터빈(터보차저) 과급기의 윤활에는 엔진오일을 공급하며, 그리스는 굴착기 작업장치 연결부의 윤활을 위해 공급한다.

39 유압실린더를 교환했을 경우 조치해야 할 작업으로 옳지 않은 것은?

① 공기배출 작업
② 오일 필터의 교환
③ 누유 점검
④ 시운전하여 작동 상태를 점검

정답

유압실린더를 교환했을 경우에는 시운전하여 작동 상태를 점검하고 공기배출 작업을 한 뒤 누유를 점검하도록 한다.

40 베이퍼 록이 생기는 원인과 관련이 없는 것은?

① 지나친 브레이크 조작
② 드럼의 과열
③ 라이닝과 드럼의 간극 과대
④ 잔압의 저하

정답

베이퍼 록은 브레이크의 지나친 사용으로 인하여 발생한 열로 브레이크액이 끓어 발생하는 기포 때문에 브레이크가 제대로 작동하지 않는 현상을 말한다. 라이닝과 드럼의 관극이 과대한 경우에는 마찰력이 전달되지 않아 브레이크가 작동하지 않는 원인이 된다.

핵심 포크

베이퍼 록의 발생 원인

- 오일 변질로 인한 비등점 저하
- 브레이크 드럼과 라이닝의 좁은 간극
- 불량 오일 사용이나 오일의 지나친 수분함유
- 긴 내리막길에서 과도한 브레이크 사용

41 유압장치에서 오일 쿨러의 구비조건으로 옳지 않은 것은?

① 온도 조절이 잘 되어야 한다.
② 정비 및 청소하기가 편리해야 한다.
③ 촉매 작용이 없어야 한다.
④ 오일 흐름에 저항이 커야 한다.

정답 ④

오일 쿨러는 오일 흐름의 저항이 작을 때 효율이 좋다.

> **핵심 포크**
>
> **오일 쿨러**
> - 기능 : 유압유 작동 시 발생하는 마찰열을 냉각시켜 점도의 저하, 윤활제의 분해 등을 방지하고, 유압유의 온도를 정상 작동 온도인 80℃로 유지한다.
> - 구비조건
>   - 온도 조정이 적어야 한다.
>   - 촉매 작용이 없어야 한다.
>   - 오일 흐름에 저항이 적어야 한다.

42 건설기계에서 액추에이터의 방향전환 밸브로서, 원통형 슬리브 면에 내접하여 축 방향으로 이동하여 유로를 개폐하는 형식의 밸브는?

① 카운터 밸런스 형식
② 베인 형식
③ 포핏 형식
④ 스풀 형식

정답 ④

스풀 밸브는 방향제어 밸브의 일종으로, 하나의 밸브 보디에 여러 개의 홈이 파인 밸브이며, 축 방향으로 이동하여 오일의 흐름을 변환하는 밸브이다.

43 건설기계사업을 영위하고자 하는 자가 등록해야 하는 대상은 누구인가?

① 국토교통부장관
② 건설기계 폐기업자
③ 시장·군수 또는 구청장
④ 시·도지사

정답 ③

건설기계관리법에 따르면 건설기계사업을 하려는 자는 대통령령으로 정하는 바에 따라 사업의 종류별로 시장·군수 또는 구청장(자치구청장)에게 등록해야 한다.

44 전선로 주변에서 하는 굴착 작업에 대한 설명으로 가장 적절한 것은?

① 붐의 길이는 고려하지 않아도 된다.
② 붐이 전선에 근접하지 않도록 한다.
③ 전선로 주변에서는 어떤 경우에도 작업할 수 없다.
④ 버킷이 전선에 근접하는 것은 상관없다.

정답 ②

전선로 주변에서 굴착 작업을 할 경우 붐, 암, 버킷을 반드시 안전이격거리만큼 이격시켜서 작업하도록 한다. 고압 충전 전선로의 경우 최소 이격거리는 1.2m이다.

> **핵심 포크**
>
> **건설기계와 전선로와의 이격거리**
> - 전선이 굵을수록 멀어져야 한다.
> - 전압이 높을수록 멀어져야 한다.
> - 애자의 수가 많을수록 멀어져야 한다.

45 기관이 작동되는 상태에서 점검 가능한 사항으로 옳지 않은 것은?

① 충전 상태
② 기관 오일의 압력
③ 엔진오일의 양
④ 냉각수의 온도

정답 ③

엔진오일의 양은 기관을 정지하고 약 5분 정도 지난 후에 오일 레벨 게이지를 이용하여 점검하도록 한다.

> **핵심 포크**
>
> **기관 시동 후 점검사항**
> - 누유 및 누수 점검
> - 작동유 탱크의 레벨 게이지 점검
> - 냉각수 온도계 및 작동유 온도계 점검
> - 기관의 배기음 및 배기색 점검
> - 이상 소음 및 이상 진동 점검 등

46 선풍기 날개로 인한 재해를 방지하기 위한 조치로 옳은 것은?

① 역회전 방지장치를 부착한다.
② 과부하 방지장치를 부착한다.
③ 반발 방지장치를 설치한다.
④ 망 또는 울을 설치한다.

정답 ④

작업장에서 선풍기를 사용할 때에는 선풍기 날개와의 접촉으로 인한 사고를 방지하기 위하여 망이나 울을 설치하도록 한다.

47 보안경의 유지관리방법으로 옳지 않은 것은?

① 흠집이 있는 보안경은 교환해야 한다.
② 교환렌즈는 안전상 뒷면으로 빠지도록 해야 한다.
③ 성능이 떨어진 헤드밴드는 교환해야 한다.
④ 렌즈는 매일 깨끗이 닦아야 한다.

정답 ②

보안경의 교환렌즈는 안전상 앞면으로 빠지도록 해야 한다.

> **핵심 포크**
>
> **보안경의 유지관리**
> - 흠집이 있는 보안경은 교환한다.
> - 교환렌즈는 안전상 앞면으로 빠지도록 한다.
> - 성능이 떨어진 헤드밴드는 교환해야 한다.
> - 렌즈는 매일 깨끗이 닦아야 한다.

48 도로교통법상 도로에 해당하지 않는 것은?

① 유료도로법에 의한 유료도로
② 해상도로법에 의한 항로
③ 차마의 통행을 위한 도로
④ 도로법에 의한 도로

정답 ②

도로교통법상 도로에는 유료도로법에 의한 유료도로, 차마의 통행을 위한 도로, 도로법에 의한 도로뿐만 아니라, 농어촌도로 정비법에 따른 농어촌도로, 현실적으로 불특정 다수의 사람 또는 차마가 통행할 수 있도록 공개된 장소로서 안전하고 원활한 교통을 확보할 필요가 있는 장소 등이 해당된다.

49 엔진 시동 전에 해야 할 일반적인 점검사항 중 가장 중요한 것은?

① 충전 상태 점검
② 엔진오일 및 냉각수의 양 점검
③ 유압계의 지침 점검
④ 실린더의 오염도 점검

 ②

일상점검사항에서 엔진 시동 전에 해야 할 가장 중요한 것은 엔진오일 및 냉각수의 양을 점검하는 것이다.

핵심 포크

작업 전 점검
- 연료, 엔진오일, 유압유와 냉각수의 양
- 팬 벨트의 장력 점검, 타이어의 외관 상태
- 공기청정기의 엘리먼트 청소
- 굴착기 외관과 각 부분의 누유 및 누수 점검
- 축전지 점검 등

50 차마가 도로 이외의 장소에 출입하기 위해 보도를 횡단하려고 할 때 통행 방법으로 옳은 것은?

① 보행자가 없으면 서행한다.
② 보행자가 있어도 차마가 우선 출입한다.
③ 보도 직전에서 일시정지하여 보행자의 통행을 방해하지 않아야 한다.
④ 보행자 유무에 구애받지 않는다.

 ③

도로교통법에 따르면, 차마가 보도를 횡단하려고 할 때에는 보도 직전에서 일시정지하여 보도를 횡단하는 보행자의 통행을 방해하지 않아야 한다.

51 프라이밍 펌프를 이용하여 디젤기관 연료장치 내부에 있는 공기를 배출하기 어려운 것은?

① 연료 필터
② 분사펌프
③ 공급펌프
④ 분사 노즐

 ④

분사 노즐은 고압라인이기 때문에 엔진이 시동 전동기에 의해 회전하는 상태에서 배출해야 하므로 배출이 어렵다.

핵심 포크

프라이밍 펌프
수동용 펌프로서, 엔진이 정지되었을 때 연료 탱크의 연료를 연료 분사 펌프까지 공급하거나 연료 라인 내의 공기 배출 등에 사용한다.

52 디젤기관의 전기장치에 없는 것은?

① 축전지
② 스파크 플러그
③ 솔레노이드 스위치
④ 글로 플러그

 ②

스파크 플러그란 가솔린기관에 사용하는 점화장치를 말한다. 디젤기관은 압축착화 방식을 사용하기 때문에 스파크 플러그를 사용하지 않는다. 글로 플러그는 예열 플러그를 말하는 것이다.

53 유압유의 점검사항과는 관련이 없는 것은?

① 윤활성
② 마멸성
③ 소포성
④ 점도

정답

유압유를 점검할 때에는 윤활성, 소포성(기포가 소멸되는 성질), 점도, 방청성 등을 점검한다. 마멸성은 닳아 없어지는 성질로 유압유와 관련이 없다.

54 유압회로에서 최고압력을 제한하는 밸브로, 회로의 압력을 일정하게 유지시키는 것은?

① 릴리프 밸브
② 체크 밸브
③ 감압 밸브
④ 카운터 밸런스 밸브

정답

릴리프 밸브는 최고압력을 제한하여 회로의 압력을 일정하게 유지시킨다.

> **핵심 포크**
>
> **압력제어 밸브**
>
> - 릴리프 밸브 : 유압회로의 최고 압력을 제한하는 밸브로 유압을 설정압력으로 일정하게 유지
> - 리듀싱 밸브(감압 밸브) : 유량이나 1차측의 압력과 관계없이 분기회로에서 2차측 압력을 설정값까지 감압하여 사용하는 제어 밸브
> - 카운터 밸런스 밸브 : 실린더가 중력으로 인하여 제어 속도 이상으로 낙하하는 것을 방지

55 엔진오일을 점검하는 방법으로 옳지 않은 것은?

① 오일이 검은색이면 교환 시기가 경과한 것이다.
② 끈적끈적하지 않아야 한다.
③ 유면표시기를 사용한다.
④ 오일의 색과 점도를 확인한다.

정답

엔진오일은 적당한 점도가 있어야 한다.

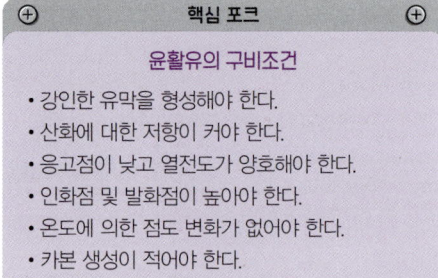

56 굴착기 작업장치의 유압실린더에 충격을 방지하기 위한 실린더 쿠션장치가 설치되지 않는 것은?

① 암(스틱) 오므림
② 암(스틱) 펼침
③ 버킷(덤프) 펼침
④ 붐 상승

정답

버킷에 달라붙은 흙을 털어내기 위하여 버킷 실린더에는 충격을 방지하기 위한 쿠션장치를 설치하지 않는다.

57 굴착기 붐 실린더의 속도 조절을 하는 것은?

① RPM 다이얼
② 압력 스위치
③ 전후진 레버
④ 붐 조종 레버

붐 조종 레버의 움직임 정도에 따라 굴착기 붐 실린더의 속도를 조절할 수 있다.

58 유압장치에서 피스톤 펌프의 특징이 아닌 것은?

① 가격이 고가이며 용량이 크다.
② 효율이 기어 펌프보다 떨어진다.
③ 고압, 초고압에 사용된다.
④ 구조가 복잡하고 가변용량 제어가 가능하다.

피스톤 펌프(플런저 펌프)는 펌프의 효율이 기어 펌프보다 우수하다.

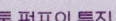

피스톤 펌프의 특징
- 높은 압력에 잘 견딘다.
- 가변용량이 가능하다.
- 토출량의 변화 범위가 크다.
- 유압펌프 중에서 가장 고압이며 고효율이다.
- 피스톤은 왕복운동, 축은 회전 또는 왕복운동을 한다.
- 최고 토출압력, 평균효율이 가장 높아 고압 대출력에 사용된다.

59 안전모를 착용하는 이유로 옳은 것은?

① 물체의 낙하 또는 감전 등의 위험으로부터 머리를 보호한다.
② 소음으로부터 귀를 보호한다.
③ 유해 광선으로부터 눈을 보호한다.
④ 높은 곳에서의 낙하를 방지한다.

안전모는 물체의 낙하 또는 감전 등의 위험이 있는 작업 현장에서 작업자의 머리를 보호하기 위하여 착용한다. 소음으로부터 귀를 보호할 때에는 귀마개, 유해 광선으로부터 눈을 보호할 때에는 보안경, 높은 곳에서의 낙하를 방지할 때에는 안전대를 사용한다.

60 관공서용 건물번호판에 해당하는 것은?

①과 ②는 일반건물용 건물번호판에 해당하며, ③은 문화재·관광지용 건물번호판에 해당한다.

CBT 기출복원문제 제5회

01 소화 작업의 기본요소에 해당하지 않는 것은?

① 점화원을 제거한다.
② 연료를 기화시킨다.
③ 산소를 차단한다.
④ 가연물질을 제거한다.

정답 ②

소화 작업의 기본요소는 연소의 3요소인 가연물, 산소, 점화원을 제거 및 차단하는 것을 말한다.

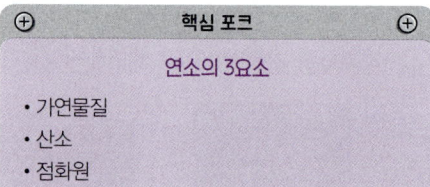

핵심 포크

연소의 3요소
- 가연물질
- 산소
- 점화원

02 건식 공기청정기의 효율 저하를 방지하기 위한 방법으로 가장 적절한 것은?

① 물로 깨끗이 세척한다.
② 마른 걸레로 닦는다.
③ 압축공기로 먼지 등을 털어낸다.
④ 기름으로 닦는다.

정답 ③

건식 공기청정기의 세척 방법은 압축공기(에어건)를 이용하여 안에서 밖으로 불어내는 것이다.

03 교차로의 가장자리 또는 도로의 모퉁이로부터 정차 및 주차를 해서는 안 되는 범위는?

① 4m
② 5m
③ 6m
④ 7m

정답 ②

도로교통법에 따르면, 교차로의 가장자리나 도로의 모퉁이로부터 5m 이내에서는 정차 및 주차를 할 수 없다.

04 기관에서 작동 중인 엔진오일에 가장 많이 포함되는 이물질은?

① 카본
② 유입먼지
③ 금속분말
④ 산화물

정답 ①

카본(Carbon)이란 연료 분사로 기름 등이 연소된 산물과 먼지, 피스톤 등이 마모된 금속 찌꺼기 등이 결합해 쌓인 때를 말하는데, 기관 엔진오일에는 불완전 연소로 인한 이물질인 카본이 가장 많이 포함된다.

05 엔진오일이 연소실로 올라오는 주된 이유에 해당하는 것은?

① 피스톤 핀의 마모
② 피스톤 링의 마모
③ 커넥팅로드의 마모
④ 크랭크축의 마모

 ②

피스톤 링이 마모될 경우 피스톤 링의 오일제어 작용이 불량해져서 엔진오일이 연소실로 유입되어 연소가 일어난다. 그러므로 피스톤 링이 마모되면 연료소비량이 증가하게 된다.

06 예열 플러그의 사용 시기로 가장 적절한 것은?

① 축전지가 방전되었을 때
② 축전지가 과충전되었을 때
③ 기온이 영하로 떨어졌을 때
④ 냉각수의 양이 많을 때

 ③

예열 플러그는 시동보조장치로, 시동 시 흡입되는 공기나 연소실 내에 유입된 공기를 가열하여 시동을 용이하게 하는 장치이다. 그러므로 겨울철과 같이 기온이 낮을 때 사용하는 것이 가장 적절하다.

핵심 포크

예열장치(시동보조장치)
- 흡기 가열식 : 흡입 통로인 다기관에서 흡입공기를 가열하여 흡입시키는 방식
- 예열 플러그식 : 실린더 헤드에 있는 예연소실에 부착된 예열 플러그가 공기를 직접 예열하는 방식
- 히트 레인지 : 직접 분사식 디젤기관의 흡기 다기관에 설치되는 것으로, 예연소실식의 예열 플러그의 역할을 하는 장치

07 유압 작동유의 점도가 지나치게 낮은 경우 발생하는 현상은?

① 출력이 증가한다.
② 유동 저항이 증가한다.
③ 유압실린더의 속도가 느려진다.
④ 압력이 상승한다.

 ③

유압 작동유의 점도가 너무 낮은 경우 유압회로 내부와 외부의 오일 누출이 증대되고, 유압펌프의 효율이 저하되어 유압실린더의 속도가 느려지게 된다.

핵심 포크

유압유의 점도가 낮은 경우
- 캐비테이션 발생
- 펌프의 작동 소음 증대
- 윤활부의 마모 증대
- 펌프의 효율 및 응답 속도 저하
- 유압회로 내부 및 외부의 오일 누출 증대

08 반드시 건설기계정비업체에서 정비해야 하는 것은?

① 배터리의 교환
② 엔진의 탈부착 및 정비
③ 창유리의 교환
④ 오일의 보충

  ②

엔진의 탈부착 및 정비 등 건설기계의 부품을 분해·조립·교체하는 등의 행위는 반드시 건설기계정비업체에서 정비해야 한다.

09 축전지의 케이스 및 커버를 청소할 때 사용하는 용액으로 옳은 것은?

① 소금과 물
② 소다와 물
③ 비누와 물
④ 오일과 가솔린

정답 ②

축전지의 케이스와 커버를 청소할 때에는 축전지의 전해액인 황산이 산성을 띠기 때문에 이를 중화시키기 위해 알칼리성인 소다와 물을 사용한다.

10 굴착 공사를 하고자 할 때 지하 매설물 설치 여부와 관련하여 해야 할 조치로 가장 적절한 것은?

① 굴착 공사 도중 작업에 지장이 있는 고압 케이블은 옆으로 옮기고 계속 작업을 진행한다.
② 굴착 작업 중 전기, 가스, 통신 등의 지하 매설물에 손상을 가하였을 경우에는 즉시 매설해야 한다.
③ 굴착 공사 시행자는 굴착 공사 시공 중에 굴착 지점 또는 그 인근의 주요 매설물 설치 여부를 확인해야 한다.
④ 굴착 공사 시행자는 굴착 공사를 착공하기 전에 굴착 지점 또는 그 인근의 주요 매설물 설치 여부를 미리 확인해야 한다.

정답 ④

굴착 공사 시행자는 굴착 공사 전에 굴착 지점 또는 인근의 주요 매설물 설치 여부를 미리 확인하고 공사를 착공하며, 공사 도중 지하매설물에 손상을 가했을 때에는 해당 시설물 관리자에게 연락하여 지시에 따르도록 한다.

11 건설기계의 제동장치에 대한 정기검사를 면제받기 위한 건설기계제동장치 정비 확인서를 발행받을 수 있는 곳은?

① 건설기계 대여회사
② 건설기계 매매업자
③ 건설기계 정비업자
④ 건설기계 부품업자

정답 ③

건설기계 정비업자로부터 제동장치 정비 확인서를 발급받은 경우에는 제동장치에 대한 정기검사를 면제받을 수 있다.

12 다음 안전표지판이 나타내는 것은?

① 응급구호
② 녹십자
③ 비상구
④ 인화성 물질 경고

정답 ②

제시된 안전표지판은 안내표지의 일종인 녹십자 표지이다. 안내표지에는 녹십자 표지, 응급구호 표지, 들것, 세안장치, 비상용 기구 비상구 등이 있다.

13 장비의 회전 부분에 덮개를 설치하는 이유로 가장 적절한 것은?

① 좋은 품질의 제품을 얻기 위해
② 회전 부분의 속도를 높이기 위해
③ 회전 부분과 신체의 접촉을 방지하기 위해
④ 제품의 제작 과정을 숨기기 위해

 ③

작업 도중 작업자의 신체 일부가 장비의 회전 부분에 접촉하거나 말려들어가는 것을 방지하기 위하여 덮개를 설치해야 한다.

14 노동 과정에서 작업 환경 또는 작업 행동 등 업무상의 사유로 발생하는 노동자의 신체적·정신적 피해를 가리키는 말은?

① 교통사고
② 안전사고
③ 산업재해
④ 안전제일

정답 ③

산업재해란, 작업자(근로자)가 업무에 관련한 건설물·가스·증기·분진 등에 의하거나 작업 또는 그 밖의 업무로 인하여 부상을 당하거나 사망하는 경우, 질병에 걸리는 경우를 말한다.

> **핵심 포크**
>
> **산업재해의 원인**
>
> - 직접적인 원인
>   - 불안전한 행동
>   - 불안정한 상태
> - 간접적인 원인
>   - 안전교육의 미실시, 잘못된 작업 관리
>   - 작업자의 가정환경 또는 사회적 불만 등
> - 불가항력의 원인
>   - 천재지변
>   - 인간이나 기계의 한계로 인한 불가항력 등

15 건설기계장비 운전자가 가공전선로의 위험 정도를 판별하는 방법으로 가장 적절한 것은?

① 지지물의 개수 확인
② 현수애자의 개수 확인
③ 전선의 전류 측정
④ 전선의 소선 가닥수 확인

 ②

전압이 높을수록 애자의 개수를 늘려야 하기 때문에 애자의 개수가 많을수록 전압이 높다는 것을 의미한다. 그러므로 애자의 개수를 확인하면 위험 정도를 파악할 수 있으며, 현수애자는 애자의 일종으로 전선로용 애자의 대표적인 예이다.

16 1종 대형 운전면허로 운전할 수 있는 건설기계가 아닌 것은?

① 트레일러
② 덤프트럭
③ 노상안정기
④ 트럭적재식 천공기

 ①

트레일러를 운전하려면 1종 특수면허를 소지해야 한다.

> **핵심 포크**
>
> **1종 대형 운전면허로 조종하는 건설기계**
>
> - 콘크리트 믹서트럭
> - 콘크리트 펌프
> - 아스팔트 살포기
> - 특수건설기계 중 국토교통부장관이 지정하는 건설기계

17 방열기에 물이 가득 찬 상태에서도 기관이 과열될 때의 원인으로 옳은 것은?

① 정온기가 열린 상태로 고장 났다.
② 팬 벨트의 장력이 세다.
③ 사계절용 부동액을 사용했다.
④ 라디에이터의 팬이 고장 났다.

정답

라디에이터(방열기)에 물이 가득 찬 상태에서도 기관이 과열되는 원인에는 라디에이터 팬이 고장 난 경우, 정온기가 닫힌 상태로 고착된 경우, 팬 벨트의 장력이 약해 물펌프 회전이 불량한 경우 등이 있다.

18 기동 전동기의 전기자 축으로부터 피니언 기어로는 동력이 전달되지만, 피니언 기어로부터 전기자 축으로는 동력이 전달되지 않도록 해주는 장치는?

① 솔레노이드 스위치
② 오버러닝 클러치
③ 오버헤드 가드
④ 시프트 칼라

정답

오버러닝 클러치는 동력전달기구에서 피동축의 회전이 빨라지면 구동축에 관계없이 자유회전하는 장치이며, 기관이 시동된 이후 피니언이 링 기어에 물려 있어도 기관의 회전력이 기동 전동기의 전기자로 전달되지 않도록 하기 위해 설치하는 클러치를 말한다.

19 피스톤식 유압펌프에서 회전경사판의 기능으로 옳은 것은?

① 펌프의 회전 속도 조절
② 펌프 출구의 개폐
③ 펌프의 압력 조절
④ 펌프의 용량 조절

정답

피스톤식 유압펌프(플런저 펌프)에서 회전경사판은 펌프의 용량을 조절하며, 특히 사판식 엑시얼 플런저 펌프는 회전경사판의 각도를 변화시켜 펌프의 토출용량을 변화시킬 수 있는 가변용량형 펌프이다.

20 동력전달장치에서 차동 기어 장치에 대한 설명으로 옳지 않은 것은?

① 선회할 때 바깥쪽 바퀴의 회전 속도를 증대시킨다.
② 선회할 때 좌우 구동 바퀴의 회전 속도를 다르게 한다.
③ 기관의 회전력을 크게 하여 구동 바퀴에 전달한다.
④ 보통 차동 기어 장치는 노면의 저항을 작게 받는 구동 바퀴의 회전 속도가 빠르게 될 수 있다.

정답

기관의 회전력을 크게 하여 구동 바퀴에 전달하는 장치는 차동 기어 장치가 아니라 종감속 기어이다.

핵심 포크

차동 기어 장치
- 선회 시 좌우 구동바퀴의 회전 속도를 다르게 하여 선회를 원활하게 해주는 장치를 말한다.
- 선회 시 바깥쪽 바퀴의 회전 속도를 증대시키고, 안쪽 바퀴의 회전 속도는 감소시킨다.

21 건설기계를 길고 가파른 경사길에서 운전할 때 엔진 브레이크의 사용 없이 풋 브레이크만 사용했을 경우 발생하는 현상은?

① 라이닝은 페이드, 파이프는 베이퍼 록 현상 발생
② 라이닝은 페이드, 파이프는 스팀 록 현상 발생
③ 라이닝은 스팀 록, 파이프는 페이드 현상 발생
④ 라이닝은 베이퍼 록, 파이프는 스팀 록 현상 발생

정답

엔진 브레이크의 사용 없이 풋 브레이크를 과도하게 사용할 경우 브레이크 라이닝에선 페이드 현상이, 파이프에선 베이퍼 록 현상이 발생하게 된다.

> **핵심 포크**
> **페이드 현상**
> 브레이크의 빈번한 사용으로 브레이크 드럼과 라이닝 사이에 과한 마찰열이 발생하여 마찰력이 떨어져 브레이크의 성능이 떨어지는 현상

22 유압유의 온도에 따른 점도 변화 정도를 나타내는 것은?

① 점도
② 점도 지수
③ 점도 분포
④ 윤활성

정답

유압유의 온도 변화에 따른 점도 변화를 나타내는 것은 점도 지수이다. 점도 지수가 높다는 것은 온도 변화에 따른 점도의 변화가 낮다는 것을 의미한다.

23 교차로 직전 정지선에 정지해야 하는 신호는?

① 녹색 및 적색등화
② 녹색 및 황색등화
③ 황색 및 적색등화
④ 황색등화의 점멸

정답

황색 및 적색등화 시 교차로 진입 전의 차마는 정지선에 정지해야 한다.

24 교통사고로 인하여 인명피해나 물건을 손괴하는 사고가 발생했을 때 우선 조치사항으로 옳은 것은?

① 사고 차를 견인 조치한 후 승무원을 구호하는 등 필요한 조치를 취해야 한다.
② 사고 차의 운전자는 즉시 경찰서로 가서 사고와 관련된 현황에 대하여 신고 조치해야 한다.
③ 사고 차의 운전자나 그 밖의 승무원은 즉시 정차하여 사상자를 구호하는 등 필요한 조치를 취해야 한다.
④ 사고 차를 운전한 운전자는 물적 피해 정도를 파악하여 즉시 경찰서로 가서 사고 현황을 신고해야 한다.

정답

교통사고 발생 시 운전자의 조치사항은 '즉시 정차 → 사상자 구호 → 신고'의 순서대로 이루어져야 한다.

25 드라이버 사용 시 주의사항으로 옳지 않은 것은?

① 드라이버를 정 대신으로 사용하지 않는다.
② 잘 풀리지 않는 나사는 플라이어를 이용하여 강제로 빼낸다.
③ 드라이버를 지렛대 대신으로 사용하지 않는다.
④ 규격에 맞는 드라이버를 사용한다.

 ②

드라이버 작업 시 잘 풀리지 않는 나사는 윤활 방청제 등을 도포하여 작업하도록 한다.

26 특고압 전선로 부근에서 건설기계를 이용한 작업 방법으로 옳지 않은 것은?

① 지상 감시자를 배치하고 감시하도록 한다.
② 작업을 시작하기 전에 관할 시설 관리자에게 연락하여 도움을 요청한다.
③ 작업 전에 고압전선의 전압을 확인하고 안전거리를 파악한다.
④ 붐이 전선에 접촉하지만 않으면 상관없다.

 ④

특고압 전선로 부근에서 건설기계를 이용한 작업 시에는 접촉하지 않더라도 전선에 가까이 가는 것만으로 감전사고가 발생할 수 있다. 그러므로 반드시 안전거리만큼 이격하여 작업을 해야 한다.

27 도로주행 중 진로를 변경하고자 할 때 운전자가 지켜야 할 사항으로 옳지 않은 것은?

① 신호를 실시하여 뒤차에 알린다.
② 후사경 등으로 주위의 교통 상황을 확인한다.
③ 진로를 변경할 때에는 뒤차에 주의하지 않아도 된다.
④ 뒤차와 충돌을 피할 수 있는 거리를 확보할 수 없을 때에는 진로를 변경하지 않는다.

 ③

도로주행 중 진로를 변경할 경우에는 다른 차량과의 충돌사고 및 진로 방해 방지를 위해 뒤차나 옆차의 통행에 반드시 주의를 기울여야 한다.

28 장비 기동 시 충전 계기의 확인 점검을 실시하는 때는?

① 램프에 녹색 경고등이 점등되었을 때
② 현장관리자 입회 시
③ 기관 가동 중
④ 주간 및 월간 점검 시

 ③

충전 계기의 확인 점검은 발전기가 회전하고 있을 때 해야 하므로 기관이 가동 중일 때 점검한다.

29. 현장에서 작업자가 작업안전상 반드시 알아 두어야 할 사항은?
   ① 작업자의 작업 환경
   ② 장비의 가격
   ③ 작업자의 기술 정도
   ④ 안전규칙 및 수칙

    ④

   현장에서 작업자가 작업안전상 반드시 알아 두어야 할 사항에는 안전규칙 및 안전수칙이 있다. 안전수칙은 위험 또는 사고가 발생하지 않도록 행동이나 절차에서 지켜야 할 사항을 정한 규칙을 말하는 것이다.

30. 시·도지사의 직권 또는 소유자의 신청에 의한 등록말소사유에 해당하지 않는 것은?
   ① 건설기계를 폐기하는 경우
   ② 건설기계를 교육, 연구 목적으로 사용하는 경우
   ③ 건설기계를 장기간 사용하지 않는 경우
   ④ 거짓 그 밖의 부정한 방법으로 등록을 한 경우

    ③

   핵심 포크

   건설기계의 등록말소사유
   - 거짓 그 밖의 부정한 방법으로 등록을 한 경우
   - 정기검사 유효기간이 만료된 날부터 3월 이내에 시·도지사의 최고를 받고 지정된 기한까지 정기검사를 받지 않은 경우
   - 건설기계를 도난당한 경우
   - 건설기계를 폐기한 경우
   - 구조적인 제작결함 등으로 건설기계를 제작·판매자에게 반품한 경우
   - 건설기계를 교육·연구목적으로 사용하는 경우 등

31. 전자제어 디젤 분사장치에서 연료를 제어하기 위해 센서로부터 각종 정보를 입력받아 전기적 출력 신호로 변환하는 것은?
   ① 자기진단(self diagnosis)
   ② 전자제어유닛(ECU)
   ③ 컨트롤 슬리브 액추에이터
   ④ 컨트롤 로드 액추에이터

    ②

   전자제어유닛은 커먼레일 디젤기관(전자제어 디젤기관) 연료장치에서 각종 센서로부터 입력값을 받아 인젝터로 출력 신호를 내보내는 역할을 한다.

   핵심 포크

   커먼레일 디젤기관 연료장치의 구성
   - 커먼레일
   - 고압펌프
   - 인젝터
   - 고압연료라인
   - 저압연료라인
   - 연료리턴라인
   - 연료압력센서
   - 연료압력조절기

32. 축전지 전해액 내부에 있는 황산에 대한 설명으로 옳지 않은 것은?
   ① 눈에 들어가면 실명 위험이 있다.
   ② 라이터를 사용하여 점검할 수 있다.
   ③ 피부에 닿으면 화상을 입을 수 있다.
   ④ 의복에 묻으면 구멍이 뚫릴 수 있다.

    ②

   전해액의 황산은 부식성이 강하기 때문에, 피부나 의복 등에 접촉되지 않게 해야 하며, 화학 작용을 하므로 불에 가까이 해서는 안 된다.

33 터보식 과급기의 작동 상태에 대한 설명으로 옳지 않은 것은?

① 각 실린더의 밸브가 열릴 때마다 압축공기가 들어가 충전 효율이 증대된다.
② 디퓨저에서는 공기의 속도 에너지가 압력 에너지로 바뀐다.
③ 디퓨저에서는 공기의 압력 에너지가 속도 에너지로 바뀐다.
④ 배기가스가 임펠러를 회전시키면 공기가 흡입되어 디퓨저에 들어간다.

정답 ③

터보식 과급기의 디퓨저는 공기의 속도 에너지를 압력 에너지로 바꾸어 주는 역할을 한다.

> **핵심 포크**
> **과급기의 구성**
> • 디퓨저(Diffuser) : 과급기의 케이스 내부에 설치되어 공기의 속도 에너지를 압력 에너지로 변환하는 장치이다.
> • 블로어(Blower) : 과급기에 설치되어 실린더에 공기를 불어넣는 송풍기를 말한다.

34 냉각장치의 냉각수가 줄어드는 원인에 따른 정비 방법으로 옳지 않은 것은?

① 라디에이터 캡의 불량 : 부품 교체
② 워터펌프의 불량 : 조정
③ 히터 혹은 라디에이터 호스의 불량 : 수리 및 부품 교체
④ 서머 스타트 하우징의 불량 : 개스킷 및 하우징 교체

정답 ②

냉각수가 줄어드는 원인이 워터펌프의 불량일 경우, 개스킷 및 워터펌프를 교체해야 한다. 서머 스타트(서모스탯)은 수랭식 냉각장치의 수온조절기를 말하는 것이다.

35 팬 벨트와 연결되지 않는 것은?

① 발전기의 풀리
② 워터펌프의 풀리
③ 기관 오일펌프의 풀리
④ 크랭크축의 풀리

정답 ③

기관의 오일펌프는 크랭크축에 의해 직접 구동되는 것으로, 팬 벨트와 연결되는 것이 아니다.

36 추락 위험이 있는 장소에서 작업하는 경우 안전관리상 해야 하는 것으로 가장 적절한 것은?

① 안전띠 또는 로프를 사용한다.
② 일반 공구를 사용한다.
③ 이동식 사다리를 사용한다.
④ 안전모를 착용한다.

정답 ①

추락 위험이 있는 장소에서는 작업자가 작업 도중 추락하는 것을 방지할 수 있는 안전띠나 로프 등을 사용해야 한다.

> **핵심 포크**
> **작업상 안전수칙**
> • 정전 시 스위치를 반드시 끊어야 한다.
> • 기관에서 배출되는 유해가스에 대비한 통풍장치를 설치한다.
> • 병 속의 약품을 냄새로 알아보고자 할 때에는 손바람을 이용한다.
> • 벨트 등의 회전 부위에 주의하며, 안전을 위하여 덮개를 씌우도록 한다.
> • 전기장치는 접지를 하며, 이동식 전기기구는 방호장치를 한다.
> • 주요 장비 등은 조작자를 지정하여 아무나 조작하지 않도록 한다.
> • 추락 위험이 있는 작업 시에는 안전띠 등을 사용하도록 한다.

37 전장품을 안전하게 보호하는 퓨즈의 사용법으로 옳지 않은 것은?

① 회로에 맞는 전류 용량의 퓨즈를 사용한다.
② 과열되어 끊어진 퓨즈는 과열된 원인을 먼저 확인하고 수리한다.
③ 오래되어 산화된 퓨즈는 미리 교체한다.
④ 퓨즈가 없는 경우 임시로 철사를 감아서 사용하도록 한다.

정답 ④

퓨즈 대용으로 철사를 사용하면 과전류로 인하여 배선 및 전장품이 파손될 수 있기 때문에 반드시 퓨즈를 교체하여 사용해야 한다.

38 건설기계의 운전 전 점검사항으로 옳지 않은 것은?

① 배출가스의 상태 확인 및 조정
② 엔진오일의 양 확인 및 보충
③ 팬 벨트의 상태 확인 및 조정
④ 라디에이터의 냉각수량 확인 및 보충

정답 ①

배출가스의 상태 확인 및 조정은 기관 시동 중 점검해야 할 사항이다.

핵심 포크

작업 전 점검
- 연료, 엔진오일, 유압유와 냉각수의 양
- 팬 벨트의 장력 점검, 타이어의 외관 상태
- 공기청정기의 엘리먼트 청소
- 굴착기 외관과 각 부분의 누유 및 누수 점검
- 축전지 점검 등

39 도로교통법상 3색 등화로 표시되는 신호등의 신호 순서로 옳은 것은?

① 녹색(적색 및 녹색 화살표)등화 → 적색등화 → 황색등화
② 녹색(적색 및 녹색 화살표)등화 → 황색등화 → 적색등화
③ 적색점멸등화 → 황색등화 → 녹색(적색 및 녹색 화살표)등화
④ 적색(적색 및 녹색 화살표)등화 → 황색등화 → 녹색등화

정답 ②

3색 등화의 신호 순서는 '녹색(적색등화, 녹색 화살표)등화 → 황색등화 → 적색등화'의 순서이다.

핵심 포크

신호등의 신호 순서
- 3색 등화의 신호 순서 : 녹색(적색등화, 녹색 화살표) → 황색 → 적색등화
- 4색 등화의 신호 순서 : 녹색 → 황색 → 적색등화 및 녹색 화살표 → 적색 및 황색 → 적색등화

40 건설기계관리법상 건설기계가 위치한 장소에서 정기검사를 받을 수 있는 경우에 해당하지 않는 것은?

① 너비가 3.5m인 경우
② 도서지역에 있는 경우
③ 차제중량이 20톤인 경우
④ 최고속도가 20km/h인 경우

정답 ③

건설기계가 위치한 장소에서 정기검사를 받을 수 있는 경우에는 도서지역에 있는 경우, 너비가 3.5m인 경우, 최고속도가 20km/h인 경우, 자체중량이 40톤을 초과하거나 축중이 10톤을 초과하는 경우가 있다.

41 가압식 라디에이터의 장점으로 옳지 않은 것은?

① 냉각수의 비등점을 높일 수 있다.
② 냉각장치의 냉각 효율을 높일 수 있다.
③ 방열기를 작게 할 수 있다.
④ 냉각수의 순환 속도가 빠르다.

 ④

가압식 라디에이터는 압력식 캡의 스프링 장력을 이용하여 냉각 계통의 압력을 적정하게 유지하며 냉각수의 비등점을 112℃로 상승시킨다. 그리하여 냉각 효율을 높일 수 있고 방열기를 작게 할 수 있다는 장점이 있다.

42 실린더의 내경이 행정보다 작은 기관은?

① 단행정 기관
② 장행정 기관
③ 정방형 기관
④ 스퀘어 기관

 ②

기관의 행정 중 실린더의 내경이 행정보다 작은 기관은 장행정 기관이다.

> **핵심 포크**
> 기관 행정의 종류
> • 장행정 : 실린더의 내경 < 행정의 길이
> • 정방행정 : 실린더의 내경 = 행정의 길이
> • 단행정 : 실린더의 내경 > 행정의 길이

43 디젤기관에만 있는 구성품에 해당하는 것은?

① 워터펌프
② 발전기
③ 오일펌프
④ 분사펌프

 ④

디젤기관은 점화장치 없이 압축착화 방식으로 연료를 연소시키기 때문에 연료를 분사노즐까지 고압으로 공급하는 분사펌프가 있다.

44 축전지 내부에 들어가는 것으로 옳지 않은 것은?

① 단자 기둥
② 음극판
③ 양극판
④ 격리판

 ①

축전지의 (+), (−) 단자 기둥은 축전지 바깥에 노출되어 있다.

> **핵심 포크**
> 축전지의 구성
> • 케이스 : 극판과 전해액을 수용하는 용기를 말한다.
> • 극판 : 축전지의 양극판에는 과산화납을 쓰며, 음극판에는 해면상납을 쓴다.
> • 격리판과 유리매트 : 축전지의 극판 사이에서 단락을 방지하는 역할을 한다.
> • 벤트플러그 : 축전지의 전해액과 증류수 보충을 위한 구멍 마개로, 중앙부의 구멍으로 축전지 내부에서 발생하는 산소가스가 배출된다.
> • 터미널 : 축전지의 연결 단자를 말한다.
> • 셀 커넥터 : 축전지 내부의 각각의 셀을 직렬로 접속하기 위한 부분을 말한다.

45 기동 전동기 피니언을 플라이휠의 링 기어에 물려 기관을 크랭킹시킬 수 있는 점화 스위치의 위치는?

① ST 위치
② ON 위치
③ OFF 위치
④ ACC 위치

정답 ①

기동 전동기의 피니언을 플라이휠의 링 기어에 물려 기관을 크랭킹시킬 수 있는 점화 스위치의 위치는 ST 위치이다.

47 릴리프 밸브에서 포핏 밸브를 밀어 올려 기름이 흐르기 시작할 때의 압력을 무엇이라고 하는가?

① 허용 압력
② 전개 압력
③ 설정 압력
④ 크래킹 압력

정답 ④

릴리프 밸브에서 포핏 밸브를 밀어 올려 기름이 흐르기 시작할 때의 압력을 크래킹 압력이라고 말한다. 전개 압력이란 밸브가 완전히 열려서 오일이 자유롭게 흐를 때의 압력을 말한다.

46 기계식 변속기의 클러치에서 릴리스 베어링과 릴리스 레버가 분리되어 있는 경우로 옳은 것은?

① 클러치가 연결되었다가 분리될 때
② 접촉하면 안 되는 물체로 분리되어 있을 때
③ 클러치가 연결되어 있을 때
④ 클러치가 분리되어 있을 때

정답 ③

클러치 페달에서 발을 떼면 클러치가 연결되면서 릴리스 베어링과 릴리스 레버가 분리되고, 압력판이 클러치 디스크를 플라이휠에 압착함으로써 동력이 전달된다.

> **핵심 포크**
>
> **클러치의 필요성**
> • 기관 시동 시 기관을 무부하 상태로 만든다.
> • 변속기의 기어 변속을 위해 일시적으로 동력을 차단하거나 연결한다.

48 유압장치에서 회전축 둘레의 누유를 방지하기 위해 사용하는 밀봉장치는?

① 더스트 실(dust seal)
② 기계적 실(mechanical seal)
③ 오링(O-Ring)
④ 개스킷(gasket)

정답 ②

유압장치에서 회전축 둘레의 누유를 방지하기 위하여 사용하는 밀봉장치를 기계적 실(mechanical seal)이라고 한다. 오링은 패킹의 일종이며, 개스킷은 기기의 오일 누출을 방지하는 고정용 실에 사용되기도 한다. 더스트 실은 오염물이 실린더 내부에 유입되는 것을 방지하기 위하여 설치하는 것을 말한다.

49 연암 구간 절삭작업 및 아스콘, 콘크리트 제거 등에 사용하는 굴착기 작업장치는?

① 브레이커
② 이젝터
③ 리퍼
④ 컴팩터

 ③

갈고리 모양으로 되어 연암 구간 절삭작업이나 아스콘, 콘크리트의 제거 등에 사용되는 작업장치는 리퍼이다.

> **핵심 포크**
>
> **버킷의 종류**
> - 이젝터(ejector) : 점토 등의 굴착 작업 시 버킷 내부의 토사를 떼어낸다.
> - 어스 오거 : 기둥을 박기 위해 구멍을 파거나 스크루를 돌려 전주를 박을 때 사용하는 장치를 말한다.
> - 파일 드라이버 : 건축, 토목의 기초 공사를 할 때 박는 말뚝인 파일(pile)을 박거나 뺄 때 사용하는 장치를 말한다.
> - 컴팩터(compactor) : 지반 다짐이 필요할 때 사용하는 장치를 말한다.

50 굴착기를 크레인으로 들어 올리는 방법으로 옳지 않은 것은?

① 배관 등에 와이어가 닿지 않도록 한다.
② 굴착기의 중량에 맞는 크레인을 사용하도록 한다.
③ 굴착기의 앞부분부터 들리도록 와이어를 묶는다.
④ 와이어는 충분한 강도가 있어야 한다.

 ③

굴착기를 크레인으로 들어 올리는 경우 굴착기가 수평을 유지하도록 와이어를 묶어야 한다.

51 무한궤도식 굴착기의 주행 방법으로 옳지 않은 것은?

① 요철이 심한 곳에서는 엔진 회전수를 높여 통과하도록 한다.
② 연약한 지반을 피해서 간다.
③ 가능하면 평탄한 길을 택하여 주행한다.
④ 돌이 주행모터에 부딪치지 않도록 한다.

 ①

요철이 심한 곳에서는 엔진 회전수를 낮게 하여 통과하도록 한다.

> **핵심 포크**
>
> **굴착기 주행 중 주의사항**
> - 주행 시 버킷의 높이는 30~50cm가 적절하다.
> - 기관을 필요 이상으로 공회전시키지 않는다.
> - 주행 중 작업장치의 레버를 조작하지 않는다.
> - 가능한 한 평탄한 지면을 택하며, 연약한 지반은 피하도록 한다.

52 유압장치에서 캐비테이션이 미치는 영향으로 옳지 않은 것은?

① 펌프의 손상을 촉진한다.
② 펌프의 효율이 저하된다.
③ 소음과 진동이 발생한다.
④ 동력전달의 효율이 증가한다.

 ④

캐비테이션(공동 현상)이란, 작동유 내부에 용해 공기가 기포로 발생하여 유압장치 내에 국부적으로 높은 압력과 소음 및 진동이 발생하는 현상을 말한다. 캐비테이션이 발생할 경우 용적 효율이 저하되고 유체의 동력전달 효율이 떨어지게 된다.

53 트랙프레임 상부롤러에 대한 설명으로 옳지 않은 것은?

① 트랙의 회전을 바르게 유지한다.
② 트랙이 밑으로 처지는 것을 방지한다.
③ 전부유동륜과 기동륜 사이에 1~2개가 설치된다.
④ 더블플랜지형을 주로 사용한다.

 ④

트랙프레임 상부롤러는 주로 싱글플랜지형을 사용한다.

> **핵심 포크**
>
> **상부롤러(캐리어롤러)**
> 상부롤러(Carrier roller, 캐리어롤러)
> - 트랙의 회전 위치를 바르게 유지하는 역할을 한다.
> - 롤러의 바깥 방향에 흙이나 먼지의 침입을 방지하기 위한 더스트 실(dust seal)이 설치되어 있다.
> - 스프로킷과 프론트 아이들러 사이에 있는 트랙을 지지하여 처지는 것을 방지한다.
> - 트랙프레임에 1~2개 정도 설치된다.
> - 주로 싱글플랜지형을 사용한다.

54 유압장치의 방향변환 밸브가 중립 상태에서 실린더가 외력에 의해 충격을 받았을 때 발생하는 고압을 릴리프시키는 밸브는?

① 과부하 릴리프 밸브
② 메인 릴리프 밸브
③ 반전 방지 밸브
④ 유량 감지 밸브

 ①

과부하 릴리프 밸브(포트 릴리프 밸브)는 제어 밸브와 유압 액추에이터 사이에 설치되어 방향변환 밸브(방향제어 밸브)가 중립상태에서 실린더가 외력에 의해 충격을 받았을 때 발생하는 고압을 릴리프시키는 밸브이다.

55 굴착기에 차동제한장치가 있을 때의 장점으로 옳은 것은?

① 조향이 원활해진다.
② 연약한 지반에서 구동력 제어가 용이하다.
③ 변속이 용이하다.
④ 충격이 완화된다.

 ②

차동제한장치(LSD)란, 미끄러운 길이나 연약한 지반에서 주행 시 한쪽 바퀴가 헛돌며 빠져나오지 못할 경우 헛도는 바퀴의 구동력을 제어하여 쉽게 빠져나올 수 있도록 도와주는 장치를 말한다.

56 유압 건설기계의 고압 호스가 자주 파열되는 원인으로 옳은 것은?

① 유압펌프의 고속 회전
② 유압모터의 고속 회전
③ 오일의 점도 저하
④ 릴리프 밸브의 설정압력 불량

 ④

유압라인 내부의 최대 압력을 제어하는 릴리프 밸브의 설정압력이 높을 경우 고압 호스가 자주 파열되는 원인이 된다.

> **핵심 포크**
>
> **압력제어 밸브**
> - 릴리프 밸브 : 유압회로의 최고 압력을 제한하는 밸브로 유압을 설정압력으로 일정하게 유지
> - 리듀싱 밸브(감압 밸브) : 유량이나 1차측의 압력과 관계없이 분기회로에서 2차측 압력을 설정값까지 감압하여 사용하는 제어 밸브
> - 카운터 밸런스 밸브 : 실린더가 중력으로 인하여 제어 속도 이상으로 낙하하는 것을 방지

57 록킹볼이 불량할 경우 발생하는 현상은?

① 기어가 이중으로 물린다.
② 기어가 빠지기 쉽다.
③ 변속할 때 소음이 발생한다.
④ 변속 레버의 유격이 커진다.

정답

록킹볼이란 수동 변속기의 기어가 결합 후 빠지는 것을 방지하기 위해 스프링 장력에 의해 고정시키는 부품을 말한다. 그러므로 록킹볼이 불량할 경우 기어가 쉽게 빠지게 된다.

> **핵심 포크**
>
> **수동 변속기 기어가 빠지는 원인**
> - 변속기 기어가 덜 물림
> - 변속기 기어의 마모
> - 변속기 록킹볼의 불량
> - 로크 스프링의 장력 부족

58 유압 계통의 수명 연장을 위해 가장 중요한 것은?

① 오일 탱크의 세척
② 오일 액추에이터의 점검 및 교체
③ 오일과 오일 필터의 정기점검 및 교체
④ 오일 냉각기의 점검 및 세척

정답

유압 계통의 수명에 가장 영향을 많이 미치는 것은 오일과 오일 필터의 오염이므로, 유압 계통의 수명 연장을 위해서는 오일과 오일 필터를 정기점검 및 교체해야 한다.

59 타이어식 건설기계에서 토인에 대한 설명으로 옳지 않은 것은?

① 토인은 직진성을 좋게 하고 조향을 가볍게 한다.
② 토인의 조정이 잘못되면 타이어가 편마모 된다.
③ 토인은 반드시 직진 상태에서 측정해야 한다.
④ 토인은 좌우 앞바퀴의 간격이 앞보다 뒤가 좁은 것이다.

정답

> **핵심 포크**
>
> **토인(Toe In)**
> - 좌우 앞바퀴의 간격이 뒤보다 앞이 2~6mm 정도 좁다.
> - 타이어의 마멸을 방지한다.
> - 앞바퀴를 주행 중에 평행하게 회전시킨다.
> - 직진성을 좋게 하고 조향을 가볍도록 한다.
> - 토인 측정은 반드시 직진 상태에서 측정해야 한다.
> - 토인 조정이 잘못되었을 경우 타이어가 편마모 된다.

60 문화재 · 관광지용 건물번호판에 해당하는 것은?

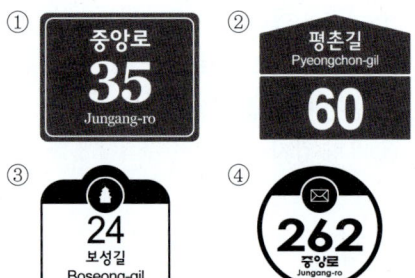

정답

①과 ②는 일반건물용 건물번호판이고, ④는 관공서용 건물번호판이다.

제 3 장
실전 모의고사

CRAFTSMAN
EXCAVATING
MACHINE
OPERATOR

실전모의고사 제1회
실전모의고사 제2회
실전모의고사 제3회
실전모의고사 제4회
실전모의고사 제5회

실전모의고사 제1회

01 유압 에너지를 기계적 에너지로 바꾸는 장치는?
① 액추에이터
② 인젝터
③ 어큐뮬레이터
④ 과급기

02 건설기계를 조종하는 도중 과실로 경상 3명의 인명피해를 입힌 자에 대한 처분은?
① 면허효력정지 25일
② 면허효력정지 20일
③ 면허효력정지 15일
④ 면허효력정지 10일

03 건설기계에 사용되는 저압 타이어의 표시로 옳은 것은?
① 타이어의 내경 – 플라이 수 – 타이어의 폭
② 타이어의 폭 – 타이어의 내경 – 플라이 수
③ 플라이 수 – 타이어의 폭 – 타이어의 내경
④ 타이어의 내경 – 타이어의 폭 – 타이어의 외경

04 수동식 변속기가 장착된 건설기계장비에서 주행 중 기어가 빠지는 원인으로 옳지 않은 것은?
① 기어의 마모가 심하다.
② 클러치의 마모가 심하다.
③ 기어가 덜 물렸다.
④ 변속기의 록 장치가 불량하다.

05 건설기계관리법령상 건설기계에 대하여 실시하는 검사에 해당하지 않는 것은?
① 신규등록검사
② 수시검사
③ 구조변경검사
④ 특수검사

06 유압장치에서 가변용량형 유압펌프의 기호는?

①
②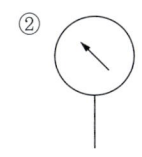
③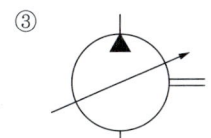
④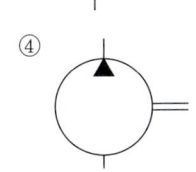

07 라디에이터 캡에 설치되어 있는 밸브로 옳은 것은?

① 부압 밸브, 진공 밸브
② 진공 밸브, 체크 밸브
③ 압력 밸브, 부압 밸브
④ 압력 밸브, 진공 밸브

08 피스톤과 실린더 사이의 간극이 너무 큰 경우 나타나는 현상은?

① 마찰에 따른 마멸의 증대
② 압축압력의 증가
③ 엔진의 출력 증대
④ 엔진오일 소비량 증가

09 가스용접 작업 시 안전수칙으로 옳지 않은 것은?

① 산소 봄베와 아세틸렌 봄베 가까이에서는 불꽃 조정을 피한다.
② 토치에 점화 시 성냥불이나 담뱃불도 이용할 수 있다.
③ 산소누설 시험은 비눗물을 사용한다.
④ 토치 끝으로 용접물의 위치를 바꾸거나 재를 제거해서는 안 된다.

10 유압펌프의 토출량 단위로 옳은 것은?

① atm
② GPM
③ mmHg
④ kPa

11 다음 안전보건표지가 나타내는 것은?

① 출입금지 ② 탑승금지
③ 사용금지 ④ 폭발성 물질 경고

12 12V 납산 축전지의 셀 연결 방법으로 옳은 것은?
① 6개의 셀을 직렬연결한다.
② 6개의 셀을 병렬연결한다.
③ 3개의 셀을 직렬연결한다.
④ 3개의 셀을 병렬연결한다.

13 무한궤도식 굴착기의 제동에 대한 설명으로 옳지 않은 것은?
① 주행모터 내부에 설치된 브레이크 밸브가 주행 시 열린다.
② 제동 방식은 포지티브 방식을 사용한다.
③ 제동은 주차 제동 한 가지만 사용한다.
④ 수동에 의한 제동이 불가하며, 주행신호에 의하여 제동이 해제된다.

14 건설기계대여업 등록신청서에 첨부해야 할 서류에 해당하지 않는 것은?
① 사무실의 소유권 또는 사용권이 있음을 증명하는 서류
② 주기장 소재지를 관할하는 시장·군수·구청장이 발급한 주기장 시설보유 확인서
③ 주민등록등본
④ 건설기계 소유 사실을 증명하는 서류

15 작업 시 장갑을 착용하면 안 되는 작업에 해당하는 것은?
① 렌치 작업 ② 드라이버 작업
③ 용접 작업 ④ 해머 작업

16 다음 도로명판에 대한 설명으로 옳은 것은?

> 1 ← 65　대정로23번길
> 　　　　Daejeong-ro 23beon-gil

① "65→"는 도로의 시작지점을 의미한다.
② "대정로23번길"은 도로 이름을 나타낸다.
③ 왼쪽과 오른쪽 양방향용 도로명판이다.
④ 대정로23번길은 6.5km이다.

17 화재 분류 시 유류화재에 해당하는 것은?
① D급 화재　　② C급 화재
③ B급 화재　　④ A급 화재

18 건식 공기청정기의 장점으로 옳지 않은 것은?
① 기관 회전 속도의 변동에도 안정된 공기청정효율을 얻을 수 있다.
② 설치 또는 분해조립이 간단하다.
③ 작은 입자의 먼지나 오물을 여과할 수 있다.
④ 구조가 간단하고 여과망을 세척하여 사용할 수 있다.

19 블래더형 어큐뮬레이터의 고무주머니에 들어가는 물질은?
① 질소　　　　　② 메탄
③ 에틸렌글리콜　④ 엔진오일

20 굴착기의 굴착력이 가장 큰 경우에 해당하는 것은?
① 암과 붐이 직각 위치에 있다.
② 암과 붐이 일직선상에 있다.
③ 암과 붐이 45° 선상을 이루고 있다.
④ 버킷을 최소 작업 반경 위치로 놓았다.

21 굴착기의 작업 용도로 가장 적절한 것은?

① 터널 공사에서 발파를 위한 천공 작업에 사용한다.
② 화물의 기중, 적재 및 적차 작업에 사용한다.
③ 토목공사에서 터파기, 깎기, 쌓기, 되메우기 작업에 사용한다.
④ 도로포장공사에서 지면의 평탄, 다짐 작업에 사용한다.

22 디젤기관에 과급기를 설치하였을 때의 장점으로 옳지 않은 것은?

① 고지대에서도 출력 감소가 적다.
② 냉각 손실이 적다.
③ 연소상태가 좋아짐으로 압축온도 상승에 따라 착화지연이 짧아진다.
④ 출력이 증가하고 무게가 감소한다.

23 복스 렌치가 오픈엔드 렌치보다 비교적 많이 사용되는 이유로 옳은 것은?

① 여러 크기의 볼트 및 너트에 사용할 수 있다.
② 볼트와 너트 주위를 감싸 작업 중에 미끄러지지 않는다.
③ 강도가 높다.
④ 파이프를 이용하여 손잡이의 길이를 조정할 수 있다.

24 굴착기의 상부 회전체가 회전할 수 있는 각도는?

① 360° ② 270°
③ 180° ④ 150°

25 베이퍼 록의 발생 원인으로 옳지 않은 것은?

① 긴 내리막길에서 과도하게 브레이크를 사용하였다.
② 브레이크 오일이 변질되어 비등점이 저하되었다.
③ 브레이크 드럼과 라이닝의 간극이 넓다.
④ 브레이크 드럼이 편마모되었다.

답안 표기란				
21	①	②	③	④
22	①	②	③	④
23	①	②	③	④
24	①	②	③	④
25	①	②	③	④

26 건설기계의 임시운행 사유로 옳지 않은 것은?

① 수출을 하기 위해 건설기계를 선적지로 운행하는 경우
② 판매하기 전에 성능을 점검하기 위해 정비소로 운행하는 경우
③ 등록신청을 하기 위해 건설기계를 등록지로 운행하는 경우
④ 신개발 건설기계를 시험 및 연구의 목적으로 운행하는 경우

27 도로나 아파트 단지 내에서 굴착작업을 실시할 때에 도시가스 배관의 매설 여부를 확인하기 위해 작업자가 해야 할 일로 옳은 것은?

① 가스공급을 담당하는 도시가스 회사에 가스배관 매설 여부를 확인한다.
② 굴착기로 굴착하여 가스배관의 매설 여부를 직접 확인한다.
③ 해당 지역이나 주변에 거주하는 주민들에게 물어본다.
④ 시청이나 구청에 가스배관 매설 여부를 확인한다.

28 굴착기로 기중작업 시 작업방법으로 옳지 않은 것은?

① 신호수의 신호에 맞춰 작업하도록 한다.
② 제한하중 이상의 것은 달아 올리지 않는다.
③ 경우에 따라서 화물을 수직으로 달아 올린다.
④ 화물을 달아 올릴 때에는 항상 수평으로 한다.

29 타이어식 건설기계에서 발생하는 히트 세퍼레이션 현상에 대한 설명으로 옳은 것은?

① 고속주행 시 차체가 한쪽으로 쏠리는 현상이다.
② 고속주행 시 차체에 진동이 발생하는 현상이다.
③ 고속주행 시 타이어가 파열되는 현상이다.
④ 고속주행 시 타이어의 제동성능이 떨어지는 현상이다.

30 굴착기의 효과적인 굴착방법으로 옳지 않은 것은?

① 버킷은 의도한 대로 위치한 다음 붐과 암을 계속 움직이며 굴착한다.
② 버킷 투스의 끝이 암보다 안쪽으로 향하도록 한다.
③ 붐과 암의 각도가 80~110°인 상태에서 굴착한다.
④ 굴착한 다음 암을 오므리며 붐을 상승시키고 하역위치로 선회한다.

31 유압장치에서 다음 상황이 발생하는 원인으로 가장 적절한 것은?

> • 유압실린더의 숨돌리기 현상이 나타난다.
> • 캐비테이션 현상이 나타난다.

① 작동유의 점도가 높다.
② 엔진오일의 교환 시기를 지나쳤다.
③ 유압펌프의 토출량이 부족하다.
④ 작동유 내부에 공기가 유입되었다.

32 굴착기의 작업장치에 해당하지 않는 것은?
① 백호
② 유니버셜 조인트
③ 하베스터
④ 우드 그래플

33 굴착기 작업 시의 안전수칙으로 옳지 않은 것은?
① 버킷을 들어 올리거나 화물을 달아 올린 채로 브레이크를 걸어두어서는 안 된다.
② 작업 시 버킷 주변에 작업을 보조하기 위한 사람을 위치시킨다.
③ 버킷에 토사 등의 무거운 화물이 있을 경우 5~10cm 들어 올려 안전을 확인한 후 작업을 진행한다.
④ 굴착기 운전자는 작업반경의 주위를 파악한 후에 선회하거나 붐을 작동시킨다.

34 무한궤도식 굴착기 주행장치에 브레이크가 없는 이유는?
① 트랙과 지면의 마찰이 크기 때문이다.
② 제동방식이 포지티브 방식이기 때문이다.
③ 제동방식이 네거티브 방식이기 때문이다.
④ 주행제어 레버를 반대로 작용시키면 제동되기 때문이다.

35 건설기계조종사 면허증의 발급신청 시 첨부해야 할 서류에 해당하지 않는 것은?
① 주민등록등본
② 소형건설기계 조종교육이수증
③ 국가기술자격수첩
④ 신체검사서

36 굴착기의 작업장치 중에서 아스팔트나 콘크리트 등을 파쇄하는 데에 사용하는 것은?

① 리퍼
② 컴팩터
③ 브레이커
④ 어스 오거

37 건설기계의 구조변경에 해당하지 않는 것은?

① 기종의 변경
② 제동장치의 형식변경
③ 건설기계의 길이 변경
④ 수상작업용 건설기계 선체의 형식변경

38 교류 발전기의 주요 구성요소에 해당하지 않는 것은?

① 로터
② 계자 철심과 계자 코일
③ 다이오드
④ 스테이터

39 산업안전을 통한 기대효과로 옳은 것은?

① 기업의 재산만을 보호한다.
② 기업의 생산성이 저하된다.
③ 근로자의 생명이 보호된다.
④ 근로자와 기업의 발전을 도모할 수 있다.

40 건설기계 등록신청에 대한 설명으로 옳은 것은?

① 시·도지사에게 취득일로부터 1개월 이내에 등록을 신청한다.
② 시·도지사에게 취득일로부터 2개월 이내에 등록을 신청한다.
③ 시·군·구청장에게 취득일로부터 1개월 이내에 등록을 신청한다.
④ 시·군·구청장에게 취득일로부터 2개월 이내에 등록을 신청한다.

41 도시가스 배관이 매설된 지점에서 그 주위를 굴착하고자 할 때 반드시 인력으로 굴착해야 하는 범위는?

① 배관의 좌우 4m 이내
② 배관의 좌우 3m 이내
③ 배관의 좌우 2m 이내
④ 배관의 좌우 1m 이내

42 굴착기를 이용하여 하천을 건널 때 주의사항으로 옳지 않은 것은?

① 타이어식 굴착기는 블레이드를 앞쪽으로 하고 도하한다.
② 타이어식 굴착기는 액슬 중심점 이상이 물에 잠기지 않도록 주의하면서 도하한다.
③ 무한궤도식 굴착기는 주행모터의 중심선 이상이 잠기지 않도록 주의하며 도하한다.
④ 수중작업 후에는 물에 잠겼던 부위에 새로운 그리스를 주입한다.

43 등록되지 않은 건설기계를 운행한 자에 대한 벌칙은?

① 2년 이하의 징역 또는 2천만 원 이하의 벌금
② 1년 이하의 징역 또는 1천만 원 이하의 벌금
③ 100만 원 이하의 벌금
④ 50만 원 이하의 벌금

44 디젤기관의 연료장치에서 프라이밍 펌프를 사용하는 때는?

① 연료의 분사압력을 측정할 때
② 연료 계통의 공기를 배출할 때
③ 착화지연 시간을 감소시키고자 할 때
④ 연료의 분사압력을 증가시키고자 할 때

45 유압실린더의 피스톤에서 주로 사용하는 링은?

① V링
② U링
③ C링
④ O링

46 축압기를 사용하는 목적에 해당하지 않는 것은?

① 압력의 보상
② 유체의 맥동 감소
③ 충격압력의 흡수
④ 출력의 상승

47 특별표지판을 부착해야 하는 건설기계에 해당하지 않는 것은?

① 높이가 3m인 건설기계
② 총중량이 50톤인 건설기계
③ 너비가 3m인 건설기계
④ 길이가 15m인 건설기계

48 체인이나 벨트 및 풀리 등 기계가 작동하는 부분에 신체가 끼는 사고는?

① 감전
② 전복
③ 협착
④ 추락

49 타이어식 굴착기에서 아워미터가 하는 역할은?

① 연료의 잔량을 나타낸다.
② 기관의 가동시간을 나타낸다.
③ 굴착기의 주행거리를 나타낸다.
④ 냉각수의 잔량을 나타낸다.

50 굴착기 작업 중 줄파기 작업에서 줄파기 1일 시공량을 결정하는 방법으로 옳은 것은?

① 공사시방서에 명기된 일정에 맞추어 결정한다.
② 공사 관리 감독기관에 보고한 날짜에 맞추어 결정한다.
③ 시공속도가 가장 빠른 천공 작업에 맞추어 결정한다.
④ 시공속도가 가장 느린 천공 작업에 맞추어 결정한다.

51 굴착기 버킷의 투스 사용 및 정비 방법으로 옳지 않은 것은?

① 마모상태에 따라 안쪽과 바깥쪽의 투스를 바꿔 끼워가며 사용한다.
② 로크형 투스는 자갈, 암석 등의 굴착 및 적재 작업에 사용한다.
③ 버킷 투스 교환 시 핀과 고무 등은 그대로 사용한다.
④ 샤프형 투스는 석탄, 점토 등을 깎을 때 사용한다.

52 굴착기 작업장치 중 유압모터를 이용한 스크루로 구멍을 뚫고 전신주 등을 박는 작업에 사용하는 것은?

① 브레이커
② 어스 오거
③ 우드 그래플
④ 리퍼

53 무한궤도식 굴착기의 조향을 담당하는 장치는?

① 주행모터
② 릴리프 밸브
③ 트랙
④ 드라이브 라인

54 유압장치 중 회전운동을 하는 것은?

① 어큐뮬레이터
② 유압실린더
③ 스트레이너
④ 유압모터

55 펌프의 토출 압력, 평균 효율이 가장 높아 고압 대출력에 사용하는 유압모터는?

① 트로코이드 모터
② 플런저 모터
③ 베인 모터
④ 기어 모터

56 유압제어 밸브에 대한 설명으로 옳지 않은 것은?
① 유량제어 밸브는 일의 속도를 제어한다.
② 압력제어 밸브는 일의 크기를 제어한다.
③ 순환제어 밸브는 일의 순서를 제어한다.
④ 방향제어 밸브는 일의 방향을 제어한다.

57 장비에 부하가 걸린 경우 토크 컨버터의 터빈 속도 변화로 옳은 것은?
① 터빈 속도는 변하지 않는다.
② 터빈이 정지한다.
③ 속도가 빨라진다.
④ 속도가 느려진다.

58 축전지 내부의 구성요소로 옳지 않은 것은?
① 격리판
② 음극판
③ 양극판
④ 단자 기둥

59 교류 발전기에서 교류를 직류로 변환하는 장치는?
① 다이오드
② 정류자
③ 슬립 링
④ 브러시

60 유압 작동부에서 오일이 누유되고 있는 경우 가장 먼저 점검해야 하는 부분은?
① 모터
② 실(Seal)
③ 펌프
④ 실린더

실전모의고사 제2회

제한 시간: 60분 전체 문제 수: 60

01 유압모터 선택 시 고려사항으로 옳지 않은 것은?
① 점도
② 체적
③ 동력
④ 효율

02 도시가스사업법상 압축가스에서 저압의 기준은?
① 1MPa 이상 5MPa 미만
② 1MPa 이상
③ 0.1MPa 이상 1MPa 미만
④ 0.1MPa 미만

03 전기화재에 적합하지 않은 소화기는?
① 할론 소화기
② 이산화탄소 소화기
③ 포말 소화기
④ 분말 소화기

04 제동장치의 구비조건으로 옳지 않은 것은?
① 작동이 확실하며 제동 효과가 우수해야 한다.
② 마찰력이 작아야 한다.
③ 신뢰성과 내구성이 뛰어나야 한다.
④ 점검 및 조정이 용이해야 한다.

05 굴착기의 붐을 상부 회전체에 연결시키는 것은?
① 디퍼 핀(dipper pin)
② 암 핀(arm pin)
③ 로크 핀(lock pin)
④ 풋 핀(foot pin)

06 다음 교통안전표지가 나타내는 것은?

① 차간거리 최고 50m ② 차간거리 최저 50m
③ 최저속도 제한 ④ 최고속도 제한

07 디젤기관 엔진의 압축압력을 측정하는 곳은?
① 분사노즐 장착부위 ② 흡기 매니폴드
③ 배기 매니폴드 ④ 연료라인

08 유압유의 주된 역할로 옳지 않은 것은?
① 장치에 동력을 전달한다.
② 출력을 증가시킨다.
③ 필요한 요소 사이를 밀봉한다.
④ 윤활작용 및 냉각작용을 한다.

09 운행상의 안전기준을 넘어서 승차 및 적재가 가능한 경우에 해당하는 것은?
① 동·읍·면장의 허가를 받은 경우
② 관할 시·군수의 허가를 받은 경우
③ 출발지를 관할하는 경찰서장의 허가를 받은 경우
④ 도착지를 관할하는 경찰서장의 허가를 받은 경우

10 엔진에 사용하는 윤활유의 성질 중 가장 중요한 요소는?
① 건도 ② 습도
③ 점도 ④ 온도

11 굴착기의 주행 시 안전수칙으로 옳지 않은 것은?

① 바위나 구조물이 주행모터에 부딪히지 않도록 운행한다.
② 고르지 못한 지면은 고속으로 통과하도록 한다.
③ 장거리 이동 시 선회 고정장치를 체결해야 한다.
④ 급출발과 급정지는 하지 않도록 한다.

12 다음 유압 기호가 나타내는 것은?

① 유압 압력계
② 어큐뮬레이터
③ 단동 솔레노이드
④ 릴리프 밸브

13 기관에서 크랭크축을 회전시켜 엔진을 기동시키는 장치는?

① 예열장치
② 충전장치
③ 점화장치
④ 시동장치

14 일반적인 유압펌프에 대한 설명으로 옳지 않은 것은?

① 벨트에 의해서만 구동된다.
② 동력원이 회전하는 동안에는 항상 회전한다.
③ 엔진 또는 모터의 동력으로 구동된다.
④ 오일을 흡입하여 컨트롤 밸브로 토출한다.

15 무한궤도식 건설기계에서 리코일 스프링의 역할로 옳은 것은?

① 클러치의 미끄러짐을 방지한다.
② 주행 중 트랙 전면에서 오는 충격을 완화한다.
③ 주행 속도를 높인다.
④ 트랙의 이탈을 방지한다.

답안 표기란				
11	①	②	③	④
12	①	②	③	④
13	①	②	③	④
14	①	②	③	④
15	①	②	③	④

16 굴착작업 시 안전수칙으로 옳지 않은 것은?

① 굴착작업 시 구덩이 끝단과 거리를 두어 지반의 붕괴가 없도록 한다.
② 작업 전에 장비가 위치할 지반을 확인하여 안전을 확보한다.
③ 굴착기의 암을 완전히 오므리거나 완전히 편 상태에서 작업한다.
④ 경사면 작업 시 붕괴 가능성을 계속 확인하며 작업한다.

17 다음 안전보건표지가 나타내는 것은?

① 매달린 물체 경고
② 낙하물 경고
③ 방사성물질 경고
④ 위험장소 경고

18 라디에이터의 구비조건으로 옳은 것은?

① 크기가 커야 한다.
② 방열량이 커야 한다.
③ 공기 흐름에 대한 저항이 커야 한다.
④ 강도가 작아야 한다.

19 오일 탱크의 구성품에 해당하지 않는 것은?

① 스트레이너
② 배플
③ 유면계
④ 유압실린더

20 무한궤도식 건설기계에서 트랙의 유격이 너무 커진 경우 발생하는 현상으로 가장 적절한 것은?

① 트랙이 쉽게 이탈한다.
② 주행속도가 빨라진다.
③ 암석지에서 작업 시 트랙이 절단될 가능성이 높다.
④ 슈판의 마모가 급격해진다.

21 도로교통법에 따른 주차금지 장소에 해당하지 않는 것은?
① 소방용 기구가 설치된 곳으로부터 5m 이내인 곳
② 지방경찰청장이 필요하다고 인정하여 지정한 장소
③ 전신주로부터 10m 이내인 곳
④ 터널 내부 및 다리 위

22 무한궤도식 건설기계 주행 중 트랙의 장력 조정 방법은?
① 슬라이드 슈의 위치를 변화시켜 조정한다.
② 구동 스프로킷을 전·후진시켜 조정한다.
③ 드래그 링크를 전·후진시켜 조정한다.
④ 프론트 아이들러를 전·후진시켜 조정한다.

23 굴착기에서 그리스를 주입하지 않아도 되는 곳은?
① 선회 베어링   ② 트랙 슈
③ 버킷 핀   ④ 링키지

24 건설기계 등록신청 시 첨부해야 하는 서류로 옳지 않은 것은?
① 호적등본
② 건설기계 제작증
③ 건설기계 제원표
④ 건설기계 소유자임을 증명하는 서류

25 자동 변속기가 장착된 건설기계의 주차에 대한 설명으로 옳지 않은 것은?
① 변속 레버를 "P" 위치로 한다.
② 주차브레이크를 작동하여 장비가 움직이지 않게 한다.
③ 시동 스위치의 키를 "ON"에 놓는다.
④ 주차는 평탄한 지면에 하도록 한다.

26 작업장 내의 안전통행을 위한 수칙으로 옳지 않은 것은?

① 물건을 운반하는 사람과 마주쳤을 때는 길을 양보하도록 한다.
② 운반차를 이용 시 빠른 속도로 주행한다.
③ 좌측 또는 우측통행 규칙을 엄수해야 한다.
④ 주머니에 손을 넣고 보행하지 않는다.

27 산업안전표지에 대한 설명으로 옳지 않은 것은?

① 지시표지 : 보호구 착용 등 일정한 행동을 할 것을 지시한 표지이다.
② 경고표지 : 벌금 및 과태료 규정을 알리는 표지이다.
③ 안내표지 : 구급 용구 등 위치를 안내하는 표지이다.
④ 금지표지 : 특정한 행동을 못하게 하는 표지이다.

28 건설기계관리법상 등록이 말소된 건설기계의 소유자가 등록번호표를 반납해야 하는 기한은?

① 20일   ② 15일
③ 10일   ④ 5일

29 감압 밸브에 대한 설명으로 옳지 않은 것은?

① 상시 폐쇄 상태로 되어 있다.
② 입구의 주회로에서 출구의 감압회로로 유압유가 흐른다.
③ 출구의 압력이 감압 밸브의 설정 압력보다 높아지면 밸브가 작동하여 유로를 닫는다.
④ 유압장치에서 회로 일부의 압력을 릴리프 밸브의 설정 압력 이하로 하고 싶을 때 사용한다.

30 건설기계에 사용하는 12V 납산 축전지의 구성으로 옳은 것은?

① 6개의 셀이 직렬로 접속되어 있다.
② 6개의 셀이 병렬로 접속되어 있다.
③ 3개의 셀이 직렬로 접속되어 있다.
④ 3개의 셀이 병렬로 접속되어 있다.

31 교류 발전기의 다이오드를 냉각시키는 장치는?

① 슬립 링
② 컷아웃 릴레이
③ 레귤레이터
④ 히트싱크

32 방향제어 밸브 중 원통형 슬리브 면에 내접하여 축 방향으로 이동하면서 유로를 개폐하는 밸브는?

① 감속 밸브
② 체크 밸브
③ 스풀 밸브
④ 셔틀 밸브

33 건설기계조종사의 적성검사에 대한 설명으로 옳은 것은?

① 적성검사는 60세까지만 실시한다.
② 50데시벨의 소리를 들을 수 있어야 한다.
③ 정기적성검사와 수시적성검사가 있다.
④ 면허취득 전에 실시한다.

34 정기검사를 받지 않고 정기검사 신청기간 만료일로부터 30일 이내일 때의 과태료는?

① 2만 원
② 5만 원
③ 10만 원
④ 30만 원

35 건설기계의 구조변경검사를 신청받는 대상은?

① 자동차 정비업자
② 시·도지사
③ 건설기계 정비업자
④ 건설기계 폐기업자

36 퓨즈의 사용법으로 옳지 않은 것은?
① 오랜 사용기간으로 산화된 퓨즈는 교체한다.
② 퓨즈를 사용할 수 없는 경우 철사를 감아 대체한다.
③ 과열로 인해 퓨즈가 끊어진 경우 과열의 원인을 먼저 수리한다.
④ 회로에 맞는 적정 용량의 퓨즈를 사용한다.

37 액추에이터의 속도를 서서히 감속시키며, 캠으로 조작되는 밸브는?
① 스로틀 밸브
② 니들 밸브
③ 온도·압력 보상 유량제어 밸브
④ 디셀러레이션 밸브

38 무한궤도식 건설기계에서 트랙이 자주 이탈하는 원인에 해당하지 않는 것은?
① 트랙의 상부·하부롤러가 마모되었다.
② 트랙의 중심 정렬이 맞지 않다.
③ 리코일 스프링의 장력이 부족하다.
④ 트랙의 유격이 규정보다 작다.

39 전조등 회로에 대한 설명으로 옳은 것은?
① 전조등 회로는 직렬로 연결되어 있다.
② 전조등 회로는 복선식으로 되어 있다.
③ 전조등 회로 전압은 6V이다.
④ 퓨즈와 병렬로 연결되어 있다.

40 도로를 주행 시 포장 노면의 파손을 방지하기 위해 사용하는 트랙 슈는?
① 고무 슈
② 반이중 돌기 슈
③ 단일돌기 슈
④ 평활 슈

답안 표기란				
36	①	②	③	④
37	①	②	③	④
38	①	②	③	④
39	①	②	③	④
40	①	②	③	④

41 유압장치에서 내구성이 강하고 작동 및 움직임이 있는 곳에 사용하기 적합한 호스는?

① PVC 호스
② 강 파이프 호스
③ 플렉시블 호스
④ 구리 파이프 호스

42 굴착기 붐의 작동이 느린 원인에 해당하지 않는 것은?

① 유압이 너무 높다.
② 피스톤 링이 마모되었다.
③ 유압회로 내부에 이물질이 혼입되었다.
④ 작동유의 점도가 너무 낮다.

43 무한궤도식 굴착기에서 상부롤러의 역할은?

① 리코일 스프링의 장력을 조정한다.
② 굴착기 전체의 무게를 지지한다.
③ 전부유동륜의 회전 속도를 증대시킨다.
④ 트랙을 지지한다.

44 무한궤도식 건설기계에서 주행 중 트랙의 장력을 조정하는 방법은?

① 드래그 링크를 전·후진시켜 조정한다.
② 슬라이드 슈의 위치를 변화시켜 조정한다.
③ 프론트 아이들러를 전·후진시켜 조정한다.
④ 구동 스프로킷을 전·후진시켜 조정한다.

45 엔진에서 피스톤 작동 중 측압을 받지 않는 스커트 부분을 절단한 피스톤은?

① 솔리드 피스톤
② 슬리퍼 피스톤
③ 오프셋 피스톤
④ 스플릿 피스톤

46 건설기계조종사 면허의 취소사유에 해당하지 않는 것은?

① 면허의 효력정지기간 중 건설기계를 조종한 경우
② 면허증을 타인에게 대여한 경우
③ 술에 취한 상태에서 건설기계를 조종하다가 사고로 사람을 죽게 하거나 다치게 한 경우
④ 거짓이나 그 밖의 부정한 방법으로 건설기계 등록을 한 경우

47 유압유의 점도가 높을 때 발생하는 현상으로 옳지 않은 것은?

① 유압유의 온도가 상승한다.
② 유압이 낮아진다.
③ 관내의 마찰손실이 증가한다.
④ 동력 손실이 증가한다.

48 기관의 분사노즐 시험기로 점검하는 것으로 옳은 것은?

① 분포상태와 분사량을 점검한다.
② 분사속도와 분포상태를 점검한다.
③ 분사 개시 압력과 후적을 점검한다.
④ 후적과 분사속도를 점검한다.

49 타이어식 굴착기에서 조향 기어의 형식으로 옳지 않은 것은?

① 엘리엇 형식   ② 랙 피니언 형식
③ 서큘러볼 형식   ④ 볼 너트 형식

50 12V 축전지에 2Ω, 5Ω, 5Ω의 저항을 직렬로 연결했을 때 회로에 흐르는 전류의 값은?

① 0.5A   ② 1A
③ 2A   ④ 3A

51 타이어식 굴착기의 장점으로 옳지 않은 것은?

① 자력으로 이동할 수 있다.
② 기동성이 좋다.
③ 무한궤도식 굴착기에 비해 견인력이 좋다.
④ 주행 저항이 적다.

52 유압식 굴착기의 시동 전 점검사항으로 옳지 않은 것은?

① 후륜 구동축 감속기의 오일양을 점검한다.
② 유압유 탱크의 오일양을 점검한다.
③ 엔진오일 및 냉각수를 점검한다.
④ 계기판 경고등의 램프 작동 상태를 점검한다.

53 납산 축전지의 전해액을 취급하기 좋은 작업복은?

① 화학섬유 재질의 작업복
② 고무 재질의 작업복
③ 가죽 재질의 작업복
④ 면 재질의 작업복

54 트랙을 분리하는 경우에 해당하지 않는 것은?

① 트랙이 이탈한 경우
② 아이들러를 교환하는 경우
③ 하부롤러를 교환하는 경우
④ 트랙을 교환하는 경우

55 4행정 사이클 디젤기관에서 동력행정의 연료 분사 진각에 대한 설명으로 옳지 않은 것은?

① 기관의 부하에 따라 변화한다.
② 기관의 회전 속도에 따라 변화한다.
③ 연료의 착화지연 시간을 고려한다.
④ 연료의 점화 지연을 고려한다.

56 유압을 일로 전환해주는 유압장치는?
① 유압 어큐뮬레이터 ② 유압 액추에이터
③ 유압 디퓨저 ④ 압력 스위치

57 굴착작업 중 황색 바탕의 위험표지시트가 발견되었을 경우 예상할 수 있는 매설물은?
① 하수도관 ② 지하차도
③ 전력케이블 ④ 도시가스 배관

58 굴착기 차체의 롤링 현상을 완화하고 안정성을 유지하며 임계하중을 늘리는 구성품은?
① 프론트 아이들러 ② 트랙
③ 카운터 웨이트 ④ 마스터 핀

59 자동 변속기의 토크 컨버터 내부에서 오일의 흐름을 변환하는 구성품은?
① 터빈 ② 펌프 임펠러
③ 변속기 축 ④ 스테이터

60 다음 도로명판에 대한 설명으로 옳지 않은 것은?

① 중앙로의 총 도로 길이는 960m이다.
② 좌측으로 92번 이하의 건물이 있다.
③ "중앙로"는 도로 이름을 나타낸다.
④ 왼쪽과 오른쪽 양 방향용 도로명판이다.

	①	②	③	④
56	①	②	③	④
57	①	②	③	④
58	①	②	③	④
59	①	②	③	④
60	①	②	③	④

실전모의고사 제3회

01 디젤기관에서 과급기의 용도로 옳은 것은?
① 연료의 착화지연 시간을 감소시킨다.
② 기관의 무게를 감소시킨다.
③ 기관의 출력을 증대시킨다.
④ 기관을 냉각시킨다.

02 유압모터의 속도를 감속하기 위해 사용하는 밸브는?
① 시퀀스 밸브
② 무부하 밸브
③ 디셀러레이션 밸브
④ 체크 밸브

03 건설기계를 타인의 토지에 버려둔 자에게 부과되는 처분은?
① 50만 원 이하의 과태료
② 100만 원 이하의 과태료
③ 1년 이하의 징역 또는 500만 원 이하의 벌금
④ 1년 이하의 징역 또는 1천만 원 이하의 벌금

04 유압장치에서 피스톤 로드에 있는 먼지 또는 오염 물질 등이 실린더 내부로 혼입되는 것을 방지하는 구성품은?
① 더스트 실(dust seal)
② 밸브(valve)
③ 실린더 커버(cylinder cover)
④ 필터(filter)

05 최고속도가 시속 15km 미만인 건설기계가 설치해야 하는 조명장치로 옳은 것은?
① 번호등
② 후부반사기
③ 차폭등
④ 방향지시등

06 다음 안전보건표지가 나타내는 것은?

① 낙하물 경고
② 몸균형상실 경고
③ 매달린 물체 경고
④ 폭발성물질 경고

07 유압회로의 속도제어 회로에 해당하지 않는 것은?
① 미터 인 회로
② 미터 아웃 회로
③ 블리드 오프 회로
④ 오픈 블리드 회로

08 등록이전신고를 하는 경우로 옳은 것은?
① 건설기계를 판매한 경우
② 건설기계의 등록사항을 변경하고자 하는 경우
③ 등록한 건설기계의 주소지 또는 사용본거지가 시·도 간의 변경이 있는 경우
④ 건설기계의 소유권을 이전하고자 하는 경우

09 방진마스크를 착용해야 하는 작업장은?
① 소음이 심한 작업장
② 산소가 결핍되기 쉬운 작업장
③ 온도가 낮은 작업장
④ 분진이 많은 작업장

10 무한궤도식 굴착기에서 트랙이 이탈하는 원인으로 옳지 않은 것은?
① 트랙의 정렬이 불량하다.
② 프론트 아이들러의 마모가 크다.
③ 트랙이 너무 팽팽하다.
④ 고속주행 중 급선회를 하였다.

11 굴착기의 작업과정 순서로 옳은 것은?

① 굴착 → 선회 → 적재 → 선회 → 굴착
② 적재 → 굴착 → 선회 → 굴착 → 적재
③ 선회 → 적재 → 선회 → 굴착 → 선회
④ 굴착 → 선회 → 적재 → 굴착 → 선회

12 굴착기에서 상부 회전체에 중심부에 설치되어 굴착기가 회전하더라도 호스, 파이프 등이 꼬이지 않고 오일을 하부 주행체로 원활하게 공급해주는 구성품은?

① 유니버설 조인트
② 등속 조인트
③ 센터 조인트
④ 변속 조인트

13 유압장치에서 액추에이터에 해당하지 않는 것은?

① 유압모터
② 체크 밸브
③ 플런저 모터
④ 유압실린더

14 축전지에 대한 설명으로 옳은 것은?

① 축전지는 운행 중 발전기 가동을 목적으로 장착된다.
② 축전지 탈거 시 (+)단자를 먼저 탈거한다.
③ 축전지 터미널 중 굵기가 굵은 것이 (+)이다.
④ 점프 시동 시 추가 축전지를 직렬로 연결한다.

15 화재에 대한 설명으로 옳지 않은 것은?

① D급 화재는 가연성 물질로 인한 유류화재를 말한다.
② C급 화재는 전기에너지가 발화원이 되는 화재를 말한다.
③ 화재가 발생하기 위해서는 가연성 물질, 산소, 발화원이 필요하다.
④ 화재란 어떤 물질이 산소와 결합하여 연소하는 산화 반응을 말한다.

답안 표기란				
11	①	②	③	④
12	①	②	③	④
13	①	②	③	④
14	①	②	③	④
15	①	②	③	④

16 기계식 변속기가 설치된 건설기계에서 클러치판의 비틀림 코일 스프링의 역할로 옳은 것은?

① 클러치의 회전력을 증대시킨다.
② 클러치 압력판의 마멸을 방지한다.
③ 클러치판의 밀착력을 증대시킨다.
④ 클러치가 작동할 때 충격을 흡수한다.

17 피스톤의 구비조건으로 옳지 않은 것은?

① 열팽창률이 적어야 한다.
② 피스톤의 무게가 무거워야 한다.
③ 고온과 고압에 견뎌야 한다.
④ 열전도가 잘되어야 한다.

18 엔진오일의 교환방법으로 옳지 않은 것은?

① 가혹한 조건에서 일정기간 운전하였다면 교환 시기를 앞당긴다.
② 엔진오일 점검 후 잔류 플러싱 오일에 엔진오일을 보충한다.
③ 엔진오일 보충 시 오일 레벨게이지의 "F"에 가깝게 오일양을 보충한다.
④ 엔진오일 교환 시 순정품으로 교환한다.

19 건설기계의 운전 전 점검사항으로 옳지 않은 것은?

① 엔진오일의 양 점검 및 보충
② V 벨트의 점검 및 장력 조정
③ 배기가스의 상태 점검 및 조정
④ 라디에이터의 냉각수량 점검 및 보충

20 철탑에 154000V 표시판이 부착된 전선 부근에서 작업 시 옳지 않은 것은?

① 전선이 바람에 흔들리는 것을 고려하여 접근금지 로프를 설치한다.
② 철탑 기초 주변에 있는 흙이 무너지지 않도록 한다.
③ 전선에 100cm 이내로 접근하지 않도록 작업한다.
④ 철탑 기초에서 충분히 이격하여 굴착작업을 한다.

21 다음 교통안전표지가 나타내고 있는 것은?

① 회전 교차로　　② 좌·우회전
③ 유턴　　　　　　④ 양측방 통행

22 타이어식 굴착기의 정기검사 유효기간으로 옳은 것은?
① 4년　　② 3년
③ 2년　　④ 1년

23 운전자의 과실로 중상 2명이 발생했을 경우 부과되는 처분은?
① 면허취소
② 면허효력정지 30일
③ 면허효력정지 20일
④ 면허효력정지 10일

24 인력에 의한 기계운반의 특징으로 옳지 않은 것은?
① 표준화되어 지속적이고 운반량이 많은 작업에 적합하다.
② 취급물이 경량인 작업에 적합하다.
③ 취급물의 크기나 성질 등이 일정한 작업에 적합하다.
④ 단순하고 반복적인 작업에 적합하다.

25 유압장치에서 방향제어 밸브에 해당하지 않는 것은?
① 체크 밸브　　② 셔틀 밸브
③ 스풀 밸브　　④ 시퀀스 밸브

26 압력의 단위에 해당하지 않는 것은?

① bar
② N · m
③ kgf/cm²
④ psi

27 기계에 사용하는 방호덮개장치의 구비조건으로 옳지 않은 것은?

① 점검 및 정비가 용이해야 한다.
② 외부로부터의 충격에 쉽게 손상되지 않아야 한다.
③ 작업 시 작업자가 제거하기 용이해야 한다.
④ 최소한의 손질로 오래 사용할 수 있어야 한다.

28 다음 유압기호가 나타내는 것은?

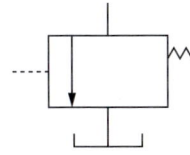

① 릴리프 밸브
② 체크 밸브
③ 무부하 밸브
④ 카운터 밸런스 밸브

29 유압장치에서 유압의 제어방법으로 옳지 않은 것은?

① 유량제어
② 압력제어
③ 방향제어
④ 속도제어

30 무한궤도식 굴착기에서 트랙의 장력을 조정하는 이유로 옳지 않은 것은?

① 구성품의 수명연장
② 선회모터의 과부하 방지
③ 트랙의 이탈 방지
④ 스프로킷의 마모 방지

31 굴착기 작업 시 주의사항으로 옳지 않은 것은?
① 암 레버 조작 시 잠깐 멈췄다가 작동한다면 펌프의 토출량이 부족하기 때문이다.
② 작업 시 실린더의 행정 끝에서 약간 여유를 남기도록 조종한다.
③ 작업 시 선회 관성을 이용하면 작업의 능률을 높일 수 있다.
④ 땅이 깊은 곳을 굴착할 때에는 전부장치의 호스가 지면에 닿지 않도록 한다.

32 작업 중 기계장치에서 이상 소음이 발생한 경우 작업자가 해야 할 조치로 옳은 것은?
① 장비를 멈추고 열을 식힌 후에 다시 작업하도록 한다.
② 작업은 계속하고 조치는 작업이 종료된 후에 하도록 한다.
③ 즉시 장비의 작동을 멈추고 점검하도록 한다.
④ 속도를 조금 줄여 작업하도록 한다.

33 작업 현장에서 유압 작동유의 열화를 확인하는 방법으로 옳은 것은?
① 여과지를 오일에 넣어 젖는 시간을 확인한다.
② 자극적인 악취나 색깔의 변화를 확인한다.
③ 오일을 냉각시켰을 때 침전물의 유무를 확인한다.
④ 오일을 가열했을 때 냉각되는 시간을 확인한다.

34 굴착기의 구성품으로만 짝지은 것으로 옳지 않은 것은?
① 하부 주행체 – 버킷 – 에이프런
② 암 – 센터 조인트 – 아이들러
③ 버킷 – 붐 – 선회모터
④ 선회모터 – 하부 주행체 – 센터 조인트

35 토사 굴토 작업, 도랑 파기 작업, 토사 상차 작업 등에 적합한 작업장치는?
① 파일 드라이버　　② 리퍼
③ 블레이드　　　　④ 버킷

36 변속기의 구비조건으로 옳은 것은?

① 신속할 필요는 없지만 조작이 쉬워야 한다.
② 동력전달효율이 좋아야 한다.
③ 무게가 무거워야 한다.
④ 대형이며 고장이 없어야 한다.

37 건식 공기청정기의 세척방법으로 옳은 것은?

① 압축오일로 밖에서 안으로 세척한다.
② 압축오일로 안에서 밖으로 세척한다.
③ 압축공기로 밖에서 안으로 불어낸다.
④ 압축공기로 안에서 밖으로 불어낸다.

38 일상점검에 대한 설명으로 옳은 것은?

① 정비업자가 행하는 점검
② 현장감독관이 행하는 점검
③ 운전 전·중·후에 행하는 점검
④ 신호수가 행하는 점검

39 특별표지판을 부착해야 하는 건설기계로 옳지 않은 것은?

① 최소회전반경이 15m인 건설기계
② 높이가 3m인 건설기계
③ 너비가 5m인 건설기계
④ 길이가 18m인 건설기계

40 산업안전의 의미에 대한 설명으로 옳지 않은 것은?

① 외상의 범위에 있는 부상에만 해당한다.
② 위험이 없는 상태를 의미한다.
③ 사고가 없는 상태를 의미한다.
④ 직업병이 발생하지 않는 것을 의미한다.

41 굴착기의 조종 레버 중에서 굴착작업과 직접적인 관계가 없는 것은?

① 암 제어 레버 ② 버킷 제어 레버
③ 붐 제어 레버 ④ 스윙 제어 레버

42 하부 주행체에서 프론트 아이들러의 역할로 옳은 것은?

① 트랙의 회전력을 증대시킨다.
② 주행 중 트랙의 장력을 조정한다.
③ 동력을 발생시켜 트랙으로 전달한다.
④ 차체의 파손을 방지하고 원활한 운전이 되도록 해준다.

43 도시가스의 배관을 매설할 때 폭이 4m 이상 8m 미만인 도로는 지면과 배관 상부와의 최소 이격거리가 몇 m 이상인가?

① 1.0m ② 1.2m
③ 1.5m ④ 2.0m

44 굴착기 주행 시 안전한 운행 방법으로 옳은 것은?

① 방향전환 시 가속을 한다.
② 버킷을 지면으로부터 1m 정도 상승시키고 유지하며 운전한다.
③ 속도를 천천히 증가시킨다.
④ 지그재그로 운전한다.

45 시동 스위치를 시동(ST) 위치로 했을 때 솔레노이드 스위치는 정상작동되지만 기동 전동기가 작동되지 않는 경우의 원인에 해당하지 않는 것은?

① 기동 전동기의 브러시가 손상되었다.
② 엔진 내부의 피스톤이 고착되었다.
③ 시동 스위치가 불량하다.
④ 축전지가 방전되어 전류의 용량이 부족하다.

46 유압펌프의 토출량에 대한 설명으로 옳은 것은?
① 단위시간당 토출하는 액체의 체적
② 최대 시간 내에 토출하는 액체의 최대 체적
③ 임의의 체적당 토출하는 액체의 체적
④ 임의의 체적당 용기에 가하는 체적

47 AC 발전기에서 전류가 흐를 때 전자석이 되는 부품은?
① 브러시 ② 스테이터
③ 아마추어 ④ 로터

48 윤활장치의 유압이 낮아지는 원인에 해당하지 않는 것은?
① 오일 팬의 오일이 부족하다.
② 압력조절 스프링의 장력이 약하다.
③ 유압의 점도가 높다.
④ 베어링의 윤활간극이 크다.

49 건설기계조종사 면허에 대한 설명으로 옳은 것은?
① 기중기로 도로 주행 시 자동차 제1종 면허를 소지해야 한다.
② 콘크리트믹서트럭을 조종하려면 자동차 제1종 대형면허를 소지해야 한다.
③ 건설기계조종사 면허는 국토교통부장관이 발급한다.
④ 기중기 면허 소지 시 굴착기도 조종할 수 있다.

50 건설기계 운전 중에 축전지 충전 표시등에 빨간 불이 점등될 경우 점검해야 하는 것은?
① 엔진오일 ② 공기청정기
③ 충전 계통 ④ 연료레벨 표시등

51 진흙 지대 등에서의 굴착작업 시 적합한 버킷은?
① 셔블(shovel)
② 크램셸(clamshell)
③ 백호(back hoe)
④ 이젝터(ejecter)

52 무한궤도식 굴착기에서 슈, 핀, 링크, 부싱 등으로 구성된 장치로 옳은 것은?
① 붐
② 엔진
③ 클러치
④ 트랙

53 기관에서 발생하는 진동을 감소시키는 부품으로 옳지 않은 것은?
① 밸런스 샤프트
② 캠 샤프트
③ 댐퍼 풀리
④ 플라이휠

54 유압장치에서 사용되는 밸브 부품을 세척하는 데에 사용하는 것은?
① 압축공기
② 엔진오일
③ 경유
④ 전해액

55 차량을 정면에서 보았을 때 확인할 수 있는 앞바퀴 정렬은?
① 캠버, 킹핀 경사각
② 캐스터, 토인
③ 캠버, 캐스터
④ 토인, 캠버

56 토크 컨버터에 사용하는 오일의 구비조건으로 옳은 것은?

① 화학변화가 잘 일어나야 한다.
② 착화점이 낮아야 한다.
③ 점도가 낮아야 한다.
④ 비중이 커야 한다.

57 트랙 슈의 종류에 해당하지 않는 것은?

① 4중 돌기 슈   ② 고무 슈
③ 스노 슈   ④ 평활 슈

58 자동차 운행 시 주의해야 하는 어린이 이동수단에 해당하지 않는 것은?

① 인라인스케이트   ② 스노보드
③ 킥보드   ④ 스케이트보드

59 전시 등의 비상사태에서 건설기계를 등록할 경우 등록신청을 해야 하는 기한은?

① 15일 이내   ② 10일 이내
③ 7일 이내   ④ 5일 이내

60 다음 건물번호판에 대한 설명으로 옳은 것은?

① 도로명은 '262'이다.
② 문화재·관광지용 건물번호판이다.
③ 일반건물용 건물번호판이다.
④ 관공서용 건물번호판이다.

실전모의고사 제4회

01 축전지의 충전을 끝냈을 때 비중으로 옳은 것은?
① 1.120
② 1.180
③ 1.280
④ 1.380

02 트랙의 장력 조정 시 실린더에 주입하는 것은?
① 유압유
② 냉각수
③ 엔진오일
④ 그리스

03 굴착기에서 센터 조인트의 기능으로 옳은 것은?
① 트랙을 구동시켜 주행하도록 한다.
② 메인펌프에서 공급되는 오일을 하부 주행체로 공급한다.
③ 전·후륜의 중앙에 있는 디퍼렌셜 기어에 오일을 공급한다.
④ 트랙을 지지한다.

04 작동유를 넓은 온도 범위에서 사용하기 위한 조건으로 가장 적절한 것은?
① 점도 지수가 높아야 한다.
② 비중이 적당해야 한다.
③ 강한 유막을 형성해야 한다.
④ 발화점이 높아야 한다.

05 굴착기의 3대 주요 구성장치로 옳지 않은 것은?
① 작업장치
② 상부 회전체
③ 하부 주행체
④ 공기압장치

06. 다음 안전보건표지가 사용되는 곳으로 가장 적절한 것은?

① 폭발성 물질이 있는 장소
② 레이저 광선에 노출될 우려가 있는 장소
③ 물체 낙하의 위험이 있는 장소
④ 독성 물질이 있는 장소

07. 클러치 작동유 사용에 대한 유의사항으로 옳지 않은 것은?
① 오일에 수분이 혼입되지 않도록 한다.
② 도장 면에 올이 묻으면 벗겨지기 때문에 주의하도록 한다.
③ 공기배출 작업 시 하이드로 백을 통해 배출한다.
④ 다른 종류와 섞어서 사용하지 않는다.

08. 유압펌프의 기능에 대한 설명으로 옳은 것은?
① 기관의 기계적 에너지를 유압 에너지로 바꾼다.
② 유압 에너지를 동력으로 바꾼다.
③ 축압기와 같은 기능을 한다.
④ 유압회로 내의 압력을 측정한다.

09. 4행정 사이클 기관에서 흡·배기 밸브가 모두 개방되는 시점은?
① 흡입행정의 초기
② 압축행정의 말기
③ 폭발행정의 초기
④ 배기행정의 말기

10. 굴착기 작업 도중 장비에 안정성을 주고 균형을 유지하기 위해 설치하는 것은?
① 리퍼
② 카운터 웨이트
③ 트랙
④ 블레이드

11 제시된 유압 기호가 나타내는 것은?

① 필터　　　　　② 실린더
③ 압력 스위치　　④ 밸브

12 굴착기가 주로 하는 작업으로 옳지 않은 것은?

① 시추　　　　　② 토사 적재
③ 메우기　　　　④ 터파기

13 굴착기 레버를 움직이더라도 액추에이터가 작동하지 않는 이유로 옳지 않은 것은?

① 유압이 규정보다 조금 높다.
② 컨트롤 밸브 스풀이 고착되었거나 파손되었다.
③ 유압호스 및 파이프가 파손되어 유압유가 누출된다.
④ 여과기가 막혀 유압유가 공급되지 않는다.

14 건설기계의 등록신청을 받는 대상은?

① 국토교통부장관　　② 지방경찰청장
③ 서울특별시장　　　④ 읍·면·동장

15 트랙 슈의 돌기에 대한 설명으로 옳지 않은 것은?

① 2중 돌기 슈는 선회 성능이 좋다.
② 3중 돌기 슈는 조향할 때 회전 저항이 크다.
③ 단일 돌기 슈는 견인력이 크다.
④ 습지용 슈는 접지 면적이 넓어 접지 압력이 작다.

16 정비 명령을 이행하지 않은 자에게 부과되는 벌칙은?

① 50만 원 이하의 과태료
② 100만 원 이하의 과태료
③ 1천만 원 이하의 벌금
④ 2천만 원 이하의 벌금

17 전선로 부근에서 굴착작업 시 유의사항으로 옳지 않은 것은?

① 전선로 주변에서 작업 시 붐이 전선에 근접하지 않도록 주의한다.
② 바람의 강도를 확인하여 전선이 흔들리는 정도에 신경을 쓰도록 한다.
③ 전선은 바람에 흔들리기 때문에 이격거리를 늘려 작업하도록 한다.
④ 전선은 철탑 또는 전신주에서 멀어질수록 적게 흔들린다.

18 재해의 발생원인 중 가장 높은 비중을 차지하는 것은?

① 불안전한 작업환경
② 작업자의 불안전한 행동
③ 작업자의 성격적 결함
④ 사회적 환경

19 연소의 3요소에 해당하지 않는 것은?

① 점화원
② 질소
③ 가연성 물질
④ 산소

20 무한궤도식 굴착기에서 하부 주행체의 동력전달순서로 옳은 것은?

① 유압펌프 → 센터 조인트 → 제어밸브 → 주행모터
② 유압펌프 → 제어밸브 → 자재 이음 → 센터 조인트
③ 유압펌프 → 주행모터 → 제어밸브 → 자재 이음
④ 유압펌프 → 제어밸브 → 센터 조인트 → 주행모터

21 다음 교통안전표지가 나타내는 것은?

① 최고속도 제한
② 최저속도 제한
③ 차폭 제한
④ 차간거리 확보

22 디젤기관과 관련이 없는 것은?
① 예열 플러그
② 세탄가
③ 점화
④ 착화

23 교통사고 발생 시 사상자가 발생하였을 때 운전자가 즉시 취해야 할 조치 사항으로 옳은 것은?
① 즉시 정차 – 사상자 구호 – 신고
② 증인확보 – 정차 – 사상자 구호
③ 즉시 정차 – 신고 – 사상자 구호
④ 즉시 정차 – 증인 확보 – 신고

24 건설기계 장비에서 국부적인 높은 압력과 소음이 발생하는 현상은?
① 오버랩
② 캐비테이션
③ 베이퍼 록
④ 페이드

25 굴착기 작업 시 안전사항으로 옳지 않은 것은?
① 선회반동을 이용하여 작업하지 않는다.
② 작업 중지 시 파낸 모서리로부터 장비를 이동시킨다.
③ 굴착하면서 주행하지 않는다.
④ 효율적인 작업을 위해서 안전한 작업 반경을 초과할 수 있다.

26 회로 내의 임의의 점에서 그 점으로 유입되는 전류의 합은 유출되는 전류의 합과 같다는 법칙은?

① 플레밍의 왼손 법칙
② 플레밍의 오른손 법칙
③ 카르히호프의 제1법칙
④ 줄의 법칙

27 1종 대형면허로 운전할 수 있는 건설기계가 아닌 것은?

① 굴착기
② 덤프트럭
③ 3톤 미만의 지게차
④ 트럭 적재식 천공기

28 엔진오일에 대한 설명으로 옳은 것은?

① 엔진오일에는 기포가 많이 들어있는 것이 좋다.
② 엔진오일의 순환상태는 오일레벨 게이지로 확인한다.
③ 여름철에는 점도가 높은 엔진오일을 사용하도록 한다.
④ 엔진을 시동한 상태에서 점검한다.

29 차마가 도로 이외의 장소에 출입하기 위해 보도를 횡단하려고 할 때에 통행방법으로 가장 적절한 것은?

① 보행자가 없다면 서행하도록 한다.
② 보행자의 유무에 구애받지 않는다.
③ 보행자가 있더라도 차마가 우선 출입하도록 한다.
④ 보도 진입 직전에 일시정지하여 주위를 살피고 안전을 확인한 후에 횡단하도록 한다.

30 디젤기관에서 노킹의 원인으로 옳지 않은 것은?

① 연료의 분사압력이 낮다.
② 연료의 세탄가가 높다.
③ 착화지연 시간이 길다.
④ 연소실의 온도가 낮다.

31 유압회로의 압력을 점검하는 위치로 가장 적절한 것은?

① 유압펌프와 컨트롤 밸브 사이
② 유압 오일탱크에서 직접 점검
③ 실린더와 유압 오일탱크 사이
④ 유압 오일탱크와 유압펌프 사이

32 건설기계조종사 면허의 취소처분에 해당되는 경우는?

① 중앙선을 침범한 경우
② 과속운전을 한 경우
③ 면허효력정지 기간에 건설기계를 운전한 경우
④ 신호를 위반한 경우

33 암석이나 콘크리트 등을 파괴하는 데에 사용하는 작업장치는?

① 버킷
② 파일 드라이버
③ 브레이커
④ 리퍼

34 유압실린더의 종류에 해당하지 않는 것은?

① 플런저형 단동 실린더
② 배플형 단동 실린더
③ 싱글로드형 복동 실린더
④ 더블로드형 복동 실린더

35 유압장치의 오일탱크에서 펌프의 흡입구 설치에 대한 설명으로 옳지 않은 것은?

① 펌프의 흡입구는 반드시 탱크 가장 아래에 설치한다.
② 펌프의 흡입구는 탱크로의 복귀구로부터 될 수 있는 한 멀리 떨어진 위치에 설치한다.
③ 펌프의 흡입구와 탱크로의 복귀구 사이에는 격판을 설치한다.
④ 펌프의 흡입구는 스트레이너를 설치한다.

답안 표기란				
31	①	②	③	④
32	①	②	③	④
33	①	②	③	④
34	①	②	③	④
35	①	②	③	④

36 변속기의 필요성으로 옳지 않은 것은?
① 기관을 무부하 상태로 한다.
② 역전이 가능하게 한다.
③ 회전력을 증대시킨다.
④ 회전수를 증가시킨다.

37 건설기계 운전 중 안전사항으로 옳은 것은?
① 빠른 속도로 작업 시에는 일시적으로 안전장치를 제거한다.
② 운전 도중 이상한 냄새나 소음, 진동이 발생했을 경우 운전을 정지하고 전원을 끈다.
③ 작업의 속도 및 효율을 높이기 위해 작업 범위 이외의 기계도 동시에 작동한다.
④ 기계장비의 이상으로 정상가동이 어려운 경우에는 중속 회전 상태로 작업한다.

38 안전모를 착용해야 하는 작업에 해당하지 않는 것은?
① 추락 위험 작업
② 전기용접 작업
③ 비계의 해체 및 조립 작업
④ 물체의 낙하 위험이 있는 작업

39 무한궤도식 굴착기에서 슈, 링크, 핀, 부싱 등으로 구성된 장치는?
① 프론트 아이들러
② 블레이드
③ 트랙
④ 스프로킷

40 기관의 회전은 상승하지만 차체의 속도가 증가되지 않는 원인으로 옳은 것은?
① 클러치 페달의 자유간극 과대
② 클러치 스프링의 장력 감소
③ 릴리스 포크의 마모
④ 클러치 파일럿 베어링의 파손

41 타이어식 건설기계 작업 시 주의사항으로 옳지 않은 것은?

① 작업 범위 내에 물품과 사람을 배치한다.
② 낙하물의 위험이 있으면 운전실에 헤드 가드를 부착한다.
③ 지반의 침하방지 여부를 확인하다.
④ 노면의 붕괴방지 여부를 확인한다.

42 굴착기의 붐이나 암이 심하게 자연 하강하는 원인으로 옳지 않은 것은?

① 유압실린더 로드 실에서 유압유 누유가 발생되었다.
② 실린더 헤드 개스킷이 파손되어 오일의 누유가 발생되었다.
③ 유압실린더의 O링의 조립상태가 불량하여 누유가 발생되었다.
④ 유압실린더의 O링의 마모로 인해 누유가 발생되었다.

43 유압에 진공이 형성되어 기포가 생기며, 이로 인해 국부적인 고압이나 소음이 발생하는 현상은?

① 서징(surging)
② 채터링(chattering)
③ 오리피스(orifice)
④ 캐비테이션(cavitation)

44 무한궤도식 건설기계에서 트랙이 자주 이탈하는 원인으로 옳지 않은 것은?

① 트랙의 정렬이 불량하다.
② 트랙의 상부 및 하부롤러가 마모되었다.
③ 최종구동기어가 마모되었다.
④ 트랙의 유격이 규정보다 크다.

45 도로교통법상 도로에 해당하지 않는 것은?

① 해상도로법에 의한 항로
② 도로법에 의한 도로
③ 차마의 통행을 위한 도로
④ 유료도로법에 의한 유로도로

46 유압펌프에서 소음이 발생하는 원인으로 옳지 않은 것은?
① 흡입되는 오일에 공기가 혼입되었다.
② 흡입 스트레이너가 막혔다.
③ 프라이밍 펌프가 고장이 났다.
④ 오일탱크의 유량이 부족하다.

47 엔진 시동 전 점검사항으로 옳지 않은 것은?
① 엔진의 팬 벨트 장력 점검
② 엔진오일의 압력 점검
③ 냉각수의 양 점검
④ 배기가스의 색 점검

48 기동 전동기가 회전하지 않는 경우로 옳지 않은 것은?
① 연료가 부족하다.
② 브러시와 정류자의 밀착이 불량하다.
③ 축전지의 전압이 낮다.
④ 기동 전동기가 손상됐다.

49 배기터빈 과급기에서 터빈축 베어링에 급유하는 것은?
① 그리스
② 엔진오일
③ 오일리스 베어링
④ 기어오일

50 산업안전보건법상 근로자의 의무사항으로 옳지 않은 것은?
① 안전보호구를 착용한다.
② 위험장소에 출입을 금지한다.
③ 안전 및 보건에 대한 교육을 실시한다.
④ 안전규칙을 준수한다.

51 4행정 기관에서 주로 사용하는 오일펌프는?

① 로터리식, 나사식
② 로터리식, 기어식
③ 플런저식, 기어식
④ 플런저식, 원심식

52 자체중량에 의한 자유낙하 등을 방지하기 위해 회로의 압력을 일정하게 유지하는 밸브는?

① 릴리프 밸브
② 감압 밸브
③ 카운터 밸런스 밸브
④ 체크 밸브

53 가스공급압력이 중압 이상인 배관 상부에 사용되는 보호판에 대한 설명으로 옳지 않은 것은?

① 두께가 4mm 이상인 철판으로 코팅되어 있다.
② 배관 직상부에서 30cm 상단에 매설되어 있다.
③ 가스의 누출을 방지하기 위해 보호판을 설치한다.
④ 장비에 의한 배관 손상을 방지하기 위해 설치한다.

54 굴착기 작업장치에 해당하지 않는 것은?

① 붐(boom)
② 버킷(bucket)
③ 포크(fork)
④ 암(arm)

55 경음기 스위치를 작동하지 않았는데도 경음기가 계속 작동하고 있는 원인으로 옳은 것은?

① 경음기 릴레이의 접점이 용착되었다.
② 경금기 전원의 공급선이 단선되었다.
③ 경음기의 접지선이 단선되었다.
④ 축전지가 과충전되었다.

56 디젤기관에서 질소산화물(NOx)의 발생을 감소시키는 방법으로 옳지 않은 것은?

① 연소실에서 공기의 와류가 잘 발생하도록 한다.
② 연소 온도를 낮춘다.
③ 분사시기를 앞당긴다.
④ 연소가 완만하게 되어야 한다.

57 굴착기의 작업장치 중 지반의 다짐을 하는 데에 사용하는 것은?

① 크램셸　　　　② 컴팩터
③ 우드 그래플　　④ 하베스터

58 목재, 종이 등 일반 가연물의 화재에 해당하는 것은?

① D급 화재　　　② C급 화재
③ B급 화재　　　④ A급 화재

59 교차로에서 먼저 진입한 건설기계가 좌회전할 때에 버스가 직진하는 경우의 우선순위로 옳은 것은?

① 서로 양보하도록 한다.
② 속도가 더 빠른 차가 우선한다.
③ 좌회전하는 건설기계가 우선 주행한다.
④ 직진하는 버스가 우선 주행한다.

60 다음 도로명판에 대한 설명으로 옳지 않은 것은?

① 앞쪽 방향을 나타내는 도로명판이다.
② 도로명판이 설치된 곳은 '사임당로'의 시작지점으로부터 약 9.2km 지점이다.
③ '사임당로'의 도로구간 총 길이는 약 2500m이다.
④ 진행방향에서 '사임당로'의 남은 거리는 도로명판이 위치한 곳을 기준으로 끝지점 사이의 거리를 구하면 된다.

실전모의고사 제5회

제한 시간: 60분 전체 문제 수: 60

01 도시가스사업법상 저압에 해당하는 압축가스의 압력은?
① 2MPa 이상 3MPa 미만
② 1MPa 이상 2MPa 미만
③ 0.1MPa 이상 1MPa 미만
④ 0.1MPa 미만

02 굴착기 작업장치 중 전신주나 기둥 등을 세우기 위해 지반에 구멍을 뚫을 때 사용하는 것은?
① 어스 오거
② 리퍼
③ 컴팩터
④ 파일 드라이버

03 유압장치 중 방향제어 밸브에 해당하는 것은?
① 디셀러레이션 밸브
② 릴리프 밸브
③ 스풀 밸브
④ 무부하 밸브

04 벨트를 풀리에 걸 때에는 어떤 상태에서 해야 하는가?
① 정지 상태
② 저속 상태
③ 중속 상태
④ 고속 상태

05 타이어에서 고무로 피복된 코드를 여러 겹으로 겹친 층으로 타이어의 골격을 이루는 부분은?
① 트레드
② 카커스
③ 비드
④ 브레이커

06 건설기계조종자가 운전 중 고의로 경상 3명, 중상 1명의 사고를 일으켰을 경우에 대한 처분은?
① 면허효력정지 15일
② 면허효력정지 30일
③ 면허효력정지 45일
④ 면허취소

07 건설기계 운전 중 작동유의 열화를 촉진시키는 직접적인 원인으로 옳지 않은 것은?
① 작동유가 금속과의 접촉이 일어났다.
② 작동유가 열의 영향을 받았다.
③ 작동유에 수분이 혼입되었다.
④ 유압이 낮다.

08 유압실린더 교체 후 우선적으로 실시해야 하는 것은?
① 작동유의 압력을 측정한다.
② 엔진을 저속 공회전시킨 상태에서 공기를 배출한다.
③ 엔진을 고속 공회전시킨 상태에서 공기를 배출한다.
④ 유압장치를 최대한 부하 상태로 유지한다.

09 다음 중 정용량형 유압펌프에 해당하는 것은?

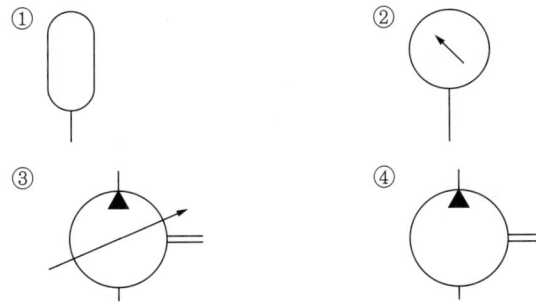

10 디젤기관의 터보차저의 기능으로 옳은 것은?
① 실린더에 공기를 공급한다.
② 기관의 회전수를 조절한다.
③ 작동유의 온도를 조절한다.
④ 냉각수의 흐름을 조절한다.

11 도시가스 배관 등의 손상을 방지하기 위해 굴착공사자가 굴착공사 예정 지역의 위치를 표시하는 경우 적합한 페인트의 색상은?

① 황색
② 검정색
③ 흰색
④ 적색

12 건설기계관리법상 건설기계조종사의 적성검사 기준으로 옳지 않은 것은?

① 시각은 150°이상일 것
② 언어분별력이 80퍼센트 이상일 것
③ 65데시벨의 소리를 들을 수 있을 것
④ 두 눈을 동시에 뜨고 잰 시력이 0.7 이상일 것

13 4행정 사이클 기관의 행정 순서로 옳은 것은?

① 압축 → 배기 → 동력 → 흡입
② 흡입 → 압축 → 동력 → 배기
③ 동력 → 배기 → 압축 → 흡입
④ 배기 → 흡입 → 동력 → 압축

14 기관의 연료압력이 너무 낮은 원인으로 옳지 않은 것은?

① 연료의 리턴호스에서 연료가 누설된다.
② 연료펌프의 압력이 너무 낮다.
③ 연료필터가 막혔다.
④ 연료호스의 파손으로 연료가 누설된다.

15 동일한 방향으로 진행하는 앞차와의 안전거리에 대한 설명으로 옳은 것은?

① 앞차 속도의 0.3배에 해당하는 거리
② 앞차의 진행 방향을 확인할 수 있는 거리
③ 앞차와의 평균 7미터 이상의 거리
④ 앞차가 급정지하는 경우에 충돌을 피할 수 있는 거리

16 굴착기의 붐이 자연 하강하는 정도가 많은 경우의 원인으로 옳지 않은 것은?

① 유압실린더의 내부 누출이 있다.
② 유압실린더의 배관이 파손되었다.
③ 유압이 지나치게 높다.
④ 컨트롤 밸브의 스풀에서 누출이 많다.

17 도로상의 한전 맨홀 부근에서 굴착작업 시 옳은 것은?

① 접지선이 노출됐을 경우 제거한 후에 계속 작업한다.
② 한전 직원의 입회하에 안전하게 작업하도록 한다.
③ 교통에 지장이 되기 때문에 관련 기관이나 담당자 모르게 야간에 신속히 작업하고 되메운다.
④ 맨홀 뚜껑을 경계로 하여 뚜껑이 손상되지 않도록 하며 나머지는 임의로 작업하도록 한다.

18 다음 안전보건표지가 나타내고 있는 것은?

① 방사성물질 경고   ② 위험장소 경고
③ 급성 독성물질 경고   ④ 낙하물 경고

19 화재 발생 시 소화기를 사용한 소화방법으로 옳은 것은?

① 바람을 등지고 좌측에서 우측을 향해 소화기를 발사한다.
② 바람을 등지고 위쪽에서 아래쪽을 향해 소화기를 발사한다.
③ 바람을 안고 좌측에서 우측을 향해 소화기를 발사한다.
④ 바람을 안고 위쪽에서 아래쪽을 향해 소화기를 발사한다.

20 지하구조물이 설치된 지역에 도시가스가 공급되는 곳에서 굴착공사 도중 지면으로부터 0.3m 깊이에서 확인할 수 있는 것은?

① 보호포   ② 보호판
③ 보호관   ④ 표지시트

21 하부롤러, 링크 등 트랙 부품의 마모가 촉진되는 원인으로 가장 적절한 것은?

① 트랙의 정렬이 불량하다.
② 겨울철에 작업을 했다.
③ 트랙의 장력이 너무 헐겁다.
④ 트랙의 장력이 너무 팽팽하다.

22 기동 전동기의 벤딕스식 동력전달장치에 대한 설명으로 옳은 것은?

① 오버러닝 클러치가 요구된다.
② 피니언의 관성과 전동기의 회전을 이용하여 전동기의 회전력을 기관에 전달한다.
③ 전자력을 이용하여 피니언 기어의 이동과 스위치를 개폐시킨다.
④ 전기자 중심과 계자 중심을 옵셋시켜 자력선이 가까운 거리를 통과하려는 성질을 이용한다.

23 특별표지판을 부착해야 하는 건설기계에 해당하지 않는 것은?

① 길이가 15m를 초과하는 건설기계
② 너비가 2.5m를 초과하는 건설기계
③ 높이가 4.0m를 초과하는 건설기계
④ 총중량이 40톤을 초과하는 건설기계

24 기관의 냉각 팬이 회전할 때 공기가 통과하는 방향은?

① 엔진 방향
② 방열기 방향
③ 냉각수 탱크 방향
④ 워터펌프 방향

25 오일 스트레이너에 대한 설명으로 옳지 않은 것은?

① 오일필터에 있는 오일을 여과하여 각 윤활부로 압송한다.
② 고정식과 부동식이 있으며 주로 고정식이 사용된다.
③ 불순물로 여과망이 막혔을 때 오일이 통할 수 있도록 바이패스 밸브가 설치된 것도 있다.
④ 비교적 큰 입자의 불순물을 여과한다.

26 무한궤도식 굴착기로 진흙탕이나 수중 작업 시 점검사항으로 옳지 않은 것은?

① 작업 전에 기어실과 클러치실 등의 드레인 플러그의 조임 상태를 확인한다.
② 작업 후에 기어실과 클러치실의 드레인 플러그를 열어 물의 침입을 확인한다.
③ 습지용 슈를 사용했다면 주행장치 베어링에 주유할 필요가 없다.
④ 작업 후 세차를 하고 각 베어링에 주유를 한다.

27 건설기계관리법에 따른 건설기계의 형식으로 가장 적절한 것은?

① 성능 및 용량을 말한다.
② 엔진구조 및 성능을 말한다.
③ 형식 및 규격을 말한다.
④ 구조·규격 및 성능 등에 관하여 일정하게 정한 것을 말한다.

28 굴착기로 절토작업 시 안전사항으로 옳지 않은 것은?

① 굴착면이 높은 경우에는 계단식으로 굴착한다.
② 붕괴낙하 위험이 있는 장소에서는 작업을 하지 않는다.
③ 작업의 능률을 높이기 위해 상·하부 작업을 동시에 할 수 있다.
④ 부석이나 붕괴되기 쉬운 지반은 작업 전에 적절한 보강을 한다.

29 작업현장에서 사용하는 안전표지의 색상으로 옳지 않은 것은?

① 보라색 – 안전지도 표시
② 녹색 – 비상구 표시
③ 노란색 – 충돌·추락주의 표시
④ 빨간색 – 방화 표시

30 충전계기의 확인 점검을 하는 때로 옳은 것은?

① 현장관리자의 입회하일 때
② 기관이 가동 중일 때
③ 램프에 경고등이 점등되었을 때
④ 주간 및 월간 점검을 하는 때

31 교류 발전기 작동 중 소음이 발생하는 원인으로 옳지 않은 것은?

① 고정 볼트가 풀렸다.
② 벨트의 장력이 약하다.
③ 베어링이 손상되었다.
④ 축전지의 전해액이 부족하다.

32 유압유 탱크의 기능으로 옳지 않은 것은?

① 스트레이너 설치로 회로 내에 불순물 혼입을 방지한다.
② 격판에 의하여 오일의 기포를 분리 및 제거한다.
③ 유압회로에 필요한 유량을 확보한다.
④ 유압회로에 필요한 압력을 설정한다.

33 굴착기의 붐 제어 레버를 계속 상승위치로 당기고 있을 경우 큰 손상이 발생하는 부분은?

① 엔진
② 릴리프 밸브 및 시트
③ 유압모터
④ 유압펌프

34 유압회로 내에서 열 발생 원인으로 옳지 않은 것은?

① 유압모터 내에서 내부마찰이 발생했다.
② 유압회로 내에서 캐비테이션이 발생했다.
③ 유압회로 내의 작동 압력이 너무 낮다.
④ 작동유의 점도가 너무 높다.

35 굴착기의 일일점검사항으로 옳지 않은 것은?

① 배터리의 전해액 점검
② 냉각수 점검
③ 엔진오일 점검
④ 연료량 점검

36 무한궤도식 굴착기에서 좌우 트랙에 하나씩 설치되어 센터 조인트로부터 유압을 받아 조향기능을 하는 부품은?

① 드래그 링크 ② 주행모터
③ 조향기어 박스 ④ 최종감속기어

37 안전기준을 초과한 화물의 적재허가를 받은 자가 달아야 하는 빨간 헝겊으로 된 표지의 크기는?

① 너비 10cm, 길이 20cm 이상
② 너비 15cm, 길이 30cm 이상
③ 너비 30cm, 길이 50cm 이상
④ 너비 50cm, 길이 100cm 이상

38 굴착기 작업장치에서 배수로 등의 도랑파기 작업을 할 때 가장 적절한 버킷은?

① V형 버킷 ② 셔블
③ 백호 ④ 이젝터

39 전기회로에서 저항의 병렬접속 방법에 대한 설명으로 옳지 않은 것은?

① 어느 저항에서나 동일한 전압이 흐른다.
② 합성저항의 값은 각 저항의 어떠한 것보다도 적다.
③ 저항의 개수가 늘어날수록 합성저항의 값이 늘어난다.
④ 합성저항이 감소하는 것은 전류가 나누어져 저항 속을 흐르기 때문이다.

40 주행 형식에 따른 굴착기 분류에서 접지 면적이 크고 접지 압력이 낮아 습지나 사지 같은 위험한 지역에서 작업이 가능한 형식은?

① 타이어식 ② 무한궤도식
③ 트럭탑재식 ④ 굴진식

41 클러치의 필요성으로 옳지 않은 것은?
① 전·후진을 가능하게 한다.
② 동력을 차단한다.
③ 엔진 기동 시 무부하 상태로 한다.
④ 관성 운전을 가능하게 한다.

42 무한궤도식 굴착기로 주행 시 회전반경이 가장 적은 주행방법은?
① 트랙의 폭이 좁은 것으로 교체한다.
② 한쪽의 주행모터만 구동시킨다.
③ 작동하는 주행모터 이외에 다른 모터의 조향 브레이크를 강하게 작동시킨다.
④ 2개의 주행모터를 서로 반대 방향으로 동시에 구동시킨다.

43 건설기계관리법상 건설기계의 등록말소 사유에 해당하지 않는 것은?
① 건설기계의 차대가 등록 시의 차대와 다른 경우
② 건설기계의 구조를 변경할 목적으로 해체한 경우
③ 건설기계를 도난당한 경우
④ 건설기계를 교육·연구 목적으로 사용한 경우

44 교류 발전기의 작동원리로, 유도 기전력의 방향은 코일 내의 자속의 변화를 방해하려는 방향으로 발생한다는 법칙은?
① 자기유도 법칙
② 렌츠의 법칙
③ 플레밍의 오른손 법칙
④ 플레밍의 왼손 법칙

45 무한궤도식 굴착기에 설치되는 유압모터의 개수는?
① 4개
② 3개
③ 2개
④ 1개

46 압력제어 밸브 중 유압실린더 등이 중력에 의한 자유낙하를 방지하기 위하여 압력을 유지하는 밸브는?

① 감압 밸브
② 시퀀스 밸브
③ 카운터 밸런스 밸브
④ 언로드 밸브

47 오일펌프에서 압송된 오일의 압력을 일정한 압력으로 조절하는 유압 조절기의 설치 위치로 옳은 것은?

① 오일 필터 안
② 오일 팬
③ 오일펌프의 토출부
④ 오일 스트레이너

48 굴착기의 작업장치에 해당하지 않는 것은?

① 힌지드 버킷
② 셔블
③ 어스 오거
④ 하베스터

49 도로에서 굴착공사를 시행하기 전에 주위 매설물을 확인하는 방법으로 가장 적절한 것은?

① 시공관리자 입회하에 작업한다면 확인할 필요가 없다.
② 매설물 탐지조사를 직접 실시한다.
③ 도로 인근에 거주하는 주민에게 물어본다.
④ 매설물 관련 기관에 의견을 조회한다.

50 도로교통법상 어린이로 규정하고 있는 연령으로 옳은 것은?

① 10세 미만
② 11세 미만
③ 12세 미만
④ 13세 미만

51 건설기계 제동장치 검사 시 모든 축의 제동력의 합이 당해 축중의 최소 몇 % 이상이어야 하는가? (단, 축중의 기준은 빈차일 때이다.)

① 20% ② 30%
③ 40% ④ 50%

52 건설기계등록지를 변경한 때에 시·도지사에게 등록번호표를 반납해야 하는 기한은?

① 15일 이내 ② 10일 이내
③ 7일 이내   ④ 5일 이내

53 2개 이상의 분기회로에서 유압 액추에이터의 작동순서를 제어하는 밸브는?

① 리듀싱 밸브 ② 릴리프 밸브
③ 시퀀스 밸브 ④ 무부하 밸브

54 건설기계관리법상 건설기계의 주요구조를 변경 또는 개조할 수 있는 범위에 해당되지 않는 것은?

① 건설기계의 기종변경
② 주행장치의 형식변경
③ 수상작업용 건설기계의 선체의 형식변경
④ 작업장치의 형식변경

55 발전소 상호간 및 변전소 상호간 또는 발전소와 변전소 간에 설치되는 전선로는?

① 송전선로 ② 배전선로
③ 변전선로 ④ 가공선로

56 점토나 석탄 등의 굴착작업에 용이한 버킷 투스는?
① 롤러형 투스　　② 샤프형 투스
③ 로크형 투스　　④ 톱날형 투스

57 도시가스 배관 부근에서 굴착작업 시 안전수칙으로 옳은 것은?
① 가스배관 주위 5m 이내에는 건설기계에 의한 작업이 모두 금지된다.
② 가스배관 주위 50cm 이내까지 건설기계로 작업할 수 있다.
③ 관할 시설관리자의 입회하에는 가스배관 주위 50cm까지 건설기계로 작업할 수 있다.
④ 가스배관의 좌우 1m 이내에서는 장비에 의한 작업을 금지하며 인력으로 굴착작업을 해야 한다.

58 유압장치의 구성요소 중 유압을 발생시키는 장치에 해당하지 않는 것은?
① 오일탱크　　② 엔진
③ 유압실린더　　④ 유압펌프

59 릴리프 밸브에서 볼(ball)이 밸브의 시트를 때려 소음이 발생하는 현상은?
① 베이퍼 록(vaper lock)　　② 채터링(chattering)
③ 노킹(knocking)　　④ 페이드(fade)

60 다음 중 관공서용 건물번호판에 해당하는 것은?

①
②
④

굴착기운전기능사 필기 초단기완성

Craftsman Excavating Machine Operator

실전모의고사 정답 및 해설

CRAFTSMAN EXCAVATING MACHINE OPERATOR

실전모의고사 제1회
실전모의고사 제2회
실전모의고사 제3회
실전모의고사 제4회
실전모의고사 제5회

실전모의고사 제1회

01 ①	02 ③	03 ②	04 ②	05 ④
06 ③	07 ④	08 ④	09 ②	10 ②
11 ③	12 ①	13 ②	14 ③	15 ④
16 ②	17 ③	18 ④	19 ①	20 ①
21 ③	22 ④	23 ②	24 ①	25 ③
26 ②	27 ①	28 ④	29 ③	30 ②
31 ④	32 ②	33 ②	34 ③	35 ①
36 ③	37 ①	38 ②	39 ④	40 ②
41 ④	42 ③	43 ①	44 ②	45 ④
46 ④	47 ③	48 ④	49 ④	50 ④
51 ③	52 ③	53 ①	54 ④	55 ②
56 ③	57 ④	58 ④	59 ①	60 ②

01 정답 ①

액추에이터란, 직선 운동을 하는 유압 실린더와 회전 운동을 하는 유압 모터를 아우르는 것으로, 유압펌프에서 송출된 유압 에너지를 기계적 에너지로 바꾸는 장치를 말한다.

02 정답 ③

건설기계를 조종하는 도중 과실로 인한 경상의 인명피해를 입혔을 경우, 사고의 피해자 1명당 면허효력정지 5일에 처한다. 그러므로 경상 3명인 경우에는 15일에 처하게 된다.

03 정답 ②

저압 타이어의 경우 표시할 때 '타이어의 폭 – 타이어의 내경 – 플라이 수'로 한다.

> **핵심 포크**
> **타이어 표시**
> • 고압 타이어 : 타이어 외경 – 타이어의 폭 – 플라이 수
> • 저압 타이어 : 타이어의 폭 – 타이어의 내경 – 플라이 수

04 정답 ②

클러치의 마모가 심할 경우 기어가 빠지는 원인이 아니라, 클러치의 미끄러짐 현상의 원인이 된다.

> **핵심 포크**
> **수동 변속기 기어가 빠지는 원인**
> • 변속기 기어가 덜 물림
> • 변속기 기어의 마모
> • 변속기 록킹볼의 불량
> • 로크 스프링의 장력 부족

05 정답 ④

건설기계관리법령상 건설기계에 대하여 실시하는 검사에는 신규등록검사, 수시검사, 구조변경검사, 정기검사가 있다.

06 정답 ③

공유압 기호에서 가변용량형 유압펌프를 나타내는 것은 ③이다. ①은 어큐뮬레이터, ②는 유압 압력계, ④는 정용량형 유압펌프이다.

07 정답 ④

라디에이터 캡이란, 냉각장치에서 라디에이터 냉각수 주입구의 마개를 말한다. 라디에이터 캡에는 압력 밸브와 진공 밸브가 설치되어 있다.

08 정답 ④

피스톤과 실린더 사이의 간극이 너무 클 경우, 연소실에 오일이 유입되어 오일의 소비량이 증가한다. 또한, 연소가스가 피스톤과 실린더 사이로 누출되는 블로바이 현상에 의해 압축 압력이 저하되며, 피스톤 왕복 운동 시 실린더 벽에 충격을 주는 피스톤 슬랩 현상으로 인하여 기관의 출력이 저하된다.

09 정답 ②

가스용접 작업 시 토치에 점화를 할 때에는 안전을 위하여 반드시 전용 점화기로 해야 한다.

핵심 포크

가스용접 작업 시 주의사항
- 토치에 점화할 때에는 반드시 전용 점화기로 한다.
- 화재 사고에 대비하기 위해 소화기를 구비한다.
- 산소 봄베나 아세틸렌 봄베 가까이에서 불꽃 조정을 하지 않는다.
- 산소 및 아세틸렌 가스의 누설 시험에는 비눗물을 사용한다.

10   정답 ②

유압펌프의 토출량을 나타내는 단위로는 LPM(Liter Per Minute)과 GPM(Gallon Per Minute)이 있다.

11   정답 ③

안전보건표지에서 제시된 그림은 사용금지에 해당한다.

핵심 포크
안전보건표지 — 출입 금지 / 사용 금지 / 탑승 금지

12   정답 ①

12V 납산 축전지의 셀당 전압은 2~2.2V로, 6개의 셀이 직렬로 연결되어 있다.

13   정답 ②

무한궤도식 굴착기에서는 멈춘 상태가 기본이며, 주행 시 제동이 풀리는 네거티브 방식의 제동을 사용한다.

14   정답 ③

건설기계대여업을 등록하기 위하여 신청서를 제출할 때 주민등록등본은 첨부해야 할 서류에 해당하지 않는다.

15   정답 ④

해머를 사용한 작업 시 장갑을 착용하면 손이 미끄러져 해머를 놓치는 사고가 발생할 수 있기 때문에 안전을 위하여 장갑을 착용하지 않는다. 해머 작업뿐만 아니라 연삭 작업, 드릴 작업, 정밀기계 작업을 할 때에도 장갑을 착용하지 않는다.

16   정답 ②

제시된 도로명판에서 대정로23번길은 도로 이름을 나타내고 있다. 또한, "65→"는 도로의 끝지점을 의미하며, 대정로23번길은 650m라는 것을 나타낸다.

17   정답 ③

화재 분류에서 유류화재는 B급 화재이다.

핵심 포크

화재의 종류
- A급 화재 : 물질이 연소된 후 재를 남기는 일반적인 화재를 말한다.
- B급 화재 : 휘발유 등의 유류에 의한 화재로 연소 후에 재가 거의 없다.
- C급 화재 : 전기에 의한 화재를 말한다.
- D급 화재 : 금속나트륨이나 금속칼륨 등에 의한 금속화재를 말한다.

18   정답 ④

건식 공기청정기의 세척 방법은 엘리먼트를 압축공기로 안에서 밖으로 불어내는 것이다.

19   정답 ①

블래더형 어큐뮬레이터(축압기)는 압력 용기 상부에 고무주머니를 설치하여 기체실과 유체실을 구분한다. 또한, 블래더 내부에는 질소 가스가 충전되어 있다.

20   정답 ①

굴착기의 굴착력은 암과 붐의 각도가 80~110°일 때 가장 크다.

21   정답 ③

굴착기는 주로 토목공사에서 토사의 굴착 및 굴토, 깎기, 쌓기, 되메우기, 토사의 상차 등의 작업을 하는 데에 사용한다.

22   정답 ④

디젤기관에 과급기를 설치할 경우 무게는 10~15% 증가하고, 출력은 35~45% 증가한다.

23   정답 ②

옵셋 렌치라고도 하는 복스 렌치는 여러 방향에서의 사용이 가능하며 볼트 및 너트 주위를 완전히 감싸게 되어 사용 중에 미끄러지지 않는다는 특징이 있다.

24   정답 ①

굴착기의 상부 회전체는 360° 회전이 가능하지만, 작업 시 선회반동(회전반동)을 이용하여 작업하는 것은 위험하기 때문에 유의해야 한다.

25   정답 ③

베이퍼 록의 발생 원인에는 브레이크 드럼과 라이닝의 간극이 넓은 경우가 아니라 좁은 경우가 있다.

> **핵심 포크**
> **베이퍼 록의 발생 원인**
> - 오일 변질로 인한 비등점 저하
> - 브레이크 드럼과 라이닝의 좁은 간극
> - 불량 오일 사용이나 오일의 지나친 수분함유
> - 긴 내리막길에서 과도한 브레이크 사용

26   정답 ②

건설기계를 임시운행하는 경우에는 판매 또는 전시를 위해 건설기계를 일시적으로 운행하는 경우가 해당되지만, 성능점검을 위해 정비소로 운행하는 경우는 해당되지 않는다.

> **핵심 포크**
> **건설기계를 임시운행 하는 경우**
> - 등록신청을 하기 위하여 건설기계를 등록지로 운행하는 경우
> - 신규등록검사 및 확인검사를 받기 위하여 건설기계를 검사장소로 운행하는 경우
> - 수출을 하기 위하여 건설기계를 선적지로 운행하는 경우
> - 신개발 건설기계를 시험·연구의 목적으로 운행하는 경우
> - 판매 또는 전시를 위하여 건설기계를 일시적으로 운행하는 경우 등

27   정답 ①

도시가스 배관의 매설 여부를 확인할 때에는 해당 지역에 가스공급을 담당하는 회사에 확인한 다음 배관이 매설되어 있을 경우 도시가스 회사의 입회하에 작업을 실시한다.

28   정답 ④

굴착기로 기중작업을 하는 경우 원목처럼 길이가 긴 화물은 수직으로 달아 올린다.

> **핵심 포크**
> **기중작업 시 안전사항**
> - 신호수의 신호에 따라 작업하며, 신호수는 원칙적으로 1인이다.
> - 화물의 무게는 제한하중 이하가 되어야 한다.
> - 화물이 불안정하다고 판단될 때에는 작업을 중지한다.
> - 원목처럼 길이가 긴 화물의 경우 수직으로 달아 올린다.

29   정답 ③

히트 세퍼레이션(heat separation) 현상은 타이어가 고속주행이나 과적 등의 가혹한 조건에서 타이어 코드와 고무 간에

접착이 열에 의하여 약해져서 고무가 분리되고 심각한 경우 녹아서 타이어가 파열되는 현상을 말한다.

30 정답 ②

굴착작업 시 버킷 투스의 끝은 암보다 바깥쪽으로 향하도록 해야 효과적인 굴착을 할 수 있다.

31 정답 ④

작동유에 공기가 유입되어 기포가 발생할 경우 실린더의 숨 돌리기 현상, 캐비테이션 현상 등이 발생한다.

32 정답 ②

유니버설 조인트는 동력전달장치에서 드라이브 라인의 자재 이음을 말한다.

33 정답 ②

굴착기로 작업 시 안전을 위하여 작업반경 내에 사람이 있어선 안 된다.

34 정답 ③

무한궤도식 굴착기는 기본적으로 제동상태가 되어 있고 주행 레버 조작 시 제동이 풀리게 되는 네거티브 방식이기 때문에 수동으로 제동을 하지 않는다.

35 정답 ①

건설기계조종사 면허증의 발급신청 시 신체검사서, 증명사진 2매, 소형건설기계 조종교육이수증(해당자에 한함)을 첨부해야 하며, 면허의 종류를 추가할 시에는 건설기계조종사 면허증도 첨부해야 한다.

36 정답 ③

브레이커는 암석이나 콘크리트 파쇄, 말뚝 박기 등에 사용되는 유압식 왕복 해머를 말한다.

37 정답 ①

건설기계관리법 시행규칙에 따르면, 건설기계의 주요구조 변경 및 개조의 범위에는 원동기 및 전동기의 형식변경, 동력전달장치의 형식변경, 제동장치의 형식변경, 주행장치의 형식변경, 유압장치의 형식변경, 조종장치의 형식변경, 조향장치의 형식변경, 작업장치의 형식변경, 건설기계의 길이·너비·높이 등의 변경, 수상작업용 건설기계 선체의 형식변경, 타워크레인 설치기초 및 전기장치의 형식변경이 있다.

38 정답 ②

교류 발전기의 주요 구성요소에는 로터, 다이오드, 스테이터 등이 있다. 계자 철심과 계자 코일은 직류 발전기의 구성요소에 해당한다.

39 정답 ④

산업안전을 통하여 근로자와 기업 양쪽의 발전을 도모할 수 있는 기대효과를 일으킬 수 있다.

40 정답 ②

건설기계의 등록신청은 건설기계 소유자의 주소지 또는 건설기계 사용 본거지를 관할하는 특별시장·광역시장 또는 시·도지사에게 취득일로부터 취득일로부터 2개월 이내에 해야 한다.

41 정답 ④

도시가스 배관이 매설된 지점에서 좌우 1m 이내에서는 안전을 위하여 반드시 인력으로 굴착을 해야 한다.

42 정답 ③

무한궤도식 굴착기는 주행모터의 중심선이 아니라 상부롤러의 중심선 이상이 물에 잠기지 않도록 주의하면서 도하해야 한다.

43 정답 ①

등록되지 않은 건설기계를 사용하거나 운행한 자는 2년 이하의 징역 또는 2천만 원 이하의 벌금에 처하게 된다.

44 정답 ②

프라이밍 펌프는 수동용 펌프로서, 엔진이 정지되었을 때 연료 탱크의 연료를 연료 분사 펌프까지 공급하거나 연료 라인 내의 공기 배출 등에 사용한다.

45 정답 ④

유압 실린더 피스톤에서는 유압 실린더 피스톤의 모양이 원형으로 되어 있기 때문에 주로 O링을 사용한다. O링이나 실(seal)은 정비 시 반드시 교환해야 한다.

46 정답 ④

축압기(어큐뮬레이터)는 유압유의 압력 에너지를 일시 저장하여 비상용 혹은 보조 유압원으로 사용되며, 유압회로 내의 압력 보상, 유압 에너지 축적, 서지 압력 및 맥동 흡수의 역할을 한다.

47 정답 ④

특별표지판을 부착해야 하는 건설기계에는 길이가 16.7m 이상인 건설기계가 해당된다.

핵심 포크
특별표지판을 부착해야 하는 건설기계
- 길이 : 16.7m 초과
- 너비 : 2.5m 초과
- 높이 : 4.0m 초과
- 최소회전반경 : 12m 초과
- 총중량 : 40톤 초과
- 축하중 : 10톤 초과

48 정답 ③

협착이란, 기계의 움직이는 부분 사이 또는 움직이는 부분과 고정부분 사이에 신체 또는 신체의 일부분이 끼거나 물리는 것을 말한다.

49 정답 ②

굴착기 계기판상에 표시되는 아워미터는 기관의 가동시간을 나타낸다. 아워미터를 확인하여 주기적인 정비를 한다.

50 정답 ④

줄파기 작업이란, 줄기초파기의 줄임말로, 벽 토대 등을 도랑 모양으로 길게 파는 작업을 말한다. 줄파기 작업의 1일 시공량은 시공속도가 가장 느린 천공 작업에 맞추어 1일 시공량을 결정한다.

51 정답 ③

버킷 투스 교환 시 함께 쓰던 핀과 고무 등도 버킷 투스의 사용시간만큼 사용하였기 때문에 교환하도록 한다.

52 정답 ②

기둥을 박기 위해 구멍을 파거나 스크루를 돌려 전주를 박을 때 사용하는 장치는 어스 오거이다.

핵심 포크
버킷의 종류
- 브레이커 : 암석이나 콘크리트 파쇄, 말뚝 박기 등에 사용되는 유압식 왕복 해머를 말한다.
- 어스 오거 : 기둥을 박기 위해 구멍을 파거나 스크루를 돌려 전주를 박을 때 사용하는 장치를 말한다.
- 우드 그래플(wood grapple) : 집게로 원목 등을 집어 운반, 하역 작업을 하는 장치를 말한다.
- 리퍼 : 갈고리 모양으로 되어 연암 구간 절삭작업이나 아스콘, 콘크리트의 제거 등에 사용되는 장치를 말한다.

53 정답 ①

무한궤도식 굴착기의 조향은 주행모터에 의하여 이루어진다.

54 정답 ④

유압모터는 유압펌프를 통하여 송출된 에너지를 회전운동을 통하여 기계적 에너지로 변환한다.

> **핵심 포크**
> **액추에이터**
> 유압펌프를 통하여 송출된 에너지를 직선운동이나 회전운동을 통하여 기계적 일을 하는 기기로, 유압실린더와 유압모터가 있다. 압력 에너지를 기계적 에너지로 바꾸는 일을 한다.

55 정답 ②

플런저(피스톤) 모터는 펌프의 최고 토출 압력과 평균 효율이 가장 높아 고압 대출력에 사용하는 유압모터이다.

56 정답 ③

유압제어 밸브에는 유량제어 밸브, 압력제어 밸브, 방향제어 밸브가 있다. 유량제어 밸브는 일의 속도를 제어하고, 압력제어 밸브는 일의 크기를 제어하며, 방향제어 밸브는 일의 방향을 제어한다.

> **핵심 포크**
> **유압제어 밸브**
> - 유압제어 밸브 : 유압펌프에서 발생한 유압을 유압실린더와 유압모터가 일을 하는 목적에 알맞도록 오일의 압력, 방향, 속도를 제어하는 밸브이다.
> - 유압의 제어 방법
>   – 압력제어 밸브 : 일의 크기 제어
>   – 방향제어 밸브 : 일의 방향 제어
>   – 유량제어 밸브 : 일의 속도 제어

57 정답 ④

장비에 부하가 걸린 경우에는 토크 컨버터의 터빈 속도가 느려지게 된다.

58 정답 ④

축전지의 단자 기둥이란, 축전지 커버에 노출되어 있어 외부의 회로와 접속할 수 있도록 하는 부분을 말한다.

59 정답 ①

교류 발전기에서는 다이오드가 교류 전기를 직류 전기로 변환한다. 직류 발전기에서 정류자와 브러시가 하는 역할에 해당한다.

60 정답 ②

오일 실(Seal)은 유압 작동부에서 기기의 오일 누출을 방지해 주는 장치로, 작동부에서 오일 누유가 발생한 경우 가장 먼저 점검해야 하는 부분이다.

실전모의고사 제2회

01　정답 ①

유압모터의 구비조건에는 체적 및 효율이 우수할 것, 모터로 필요한 동력을 얻을 수 있을 것, 주어진 부하에 대한 내구성이 클 것이 있다.

핵심 포크
유압모터의 구비 조건
- 체적 및 효율이 우수해야 한다.
- 주어진 부하에 대한 내구성이 커야 한다.
- 모터로 필요한 동력을 얻을 수 있어야 한다.

02　정답 ④

도시가스사업법상 저압 압축가스의 기준은 0.1MPa 미만이다.

핵심 포크
도시가스 압력 구분
- 고압 : 1MPa 이상
- 중압 : 0.1MPa 이상 1MPa 미만
- 저압 : 0.1MPa 미만

03　정답 ③

C급 화재인 전기화재에는 이산화탄소가 가장 적합하며, 포말 소화기는 적합하지 않다.

04　정답 ②

제동장치는 마찰력을 이용하는 브레이크장치이기 때문에 마찰력이 커야 좋은 제동력을 얻을 수가 있다. 그러므로 제동장치의 구비조건에는 마찰력이 커야 한다는 것이 있다.

핵심 포크
제동장치의 구비조건
- 마찰력이 좋아야 한다.
- 신뢰성과 내구성이 뛰어나야 한다.
- 작동이 확실하고 제동 효과가 우수해야 한다.
- 점검 및 정비가 용이해야 한다.

05　정답 ④

굴착기의 붐은 풋 핀(foot pin)에 의하여 상부 회전체에 연결되어 있다.

06　정답 ④

제시된 교통안전표지는 최고속도 제한이다.

핵심 포크
교통안전표지

| 차간거리 확보 | 최저속도 제한 |

07　정답 ①

디젤기관에서 엔진의 압축압력은 분사노즐 장착부위에서 측정한다.

08 정답 ②

유압유는 동력전달, 윤활 및 냉각작용, 방청작용, 밀봉작용의 역할을 한다.

> **핵심 포크**
> **유압유의 역할**
> - 유압 계통의 윤활작용 및 냉각작용을 한다.
> - 유압 계통의 부식을 방지한다.
> - 필요한 요소 사이를 밀봉하는 역할을 한다.
> - 압력 에너지를 이송하여 장치에 동력을 전달한다.

09 정답 ③

운행상의 안전기준을 초과하여 승차 및 적재를 하는 경우에는 출발지를 관할하는 경찰서장에게 허가를 받아야 한다.

10 정답 ③

윤활유의 점도는 끈적끈적한 정도를 나타내며, 윤활유의 성질 중에서 가장 중요한 요소에 해당한다. 또한, 점도 지수는 온도에 따른 점도 변화의 정도를 나타내며, 점도 지수가 크다는 것은 온도에 따른 점도 변화가 적다는 것을 의미한다.

11 정답 ②

굴착기 주행 시 고르지 못한 지면을 통과할 때에는 안전을 위해 저속으로 통과해야 한다.

12 정답 ③

제시된 유압 기호는 단동 솔레노이드에 해당한다.

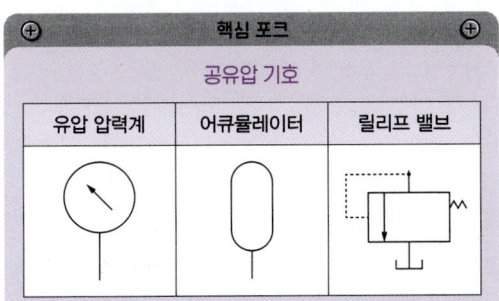

13 정답 ④

정지상태의 엔진을 작동시키는 데에는 피스톤이 작동하여 1회의 폭발을 얻어야 하므로, 시동장치인 기동 전동기를 이용하여 크랭크축을 회전시켜 엔진을 기동시킨다.

14 정답 ①

유압펌프의 구동은 일반적으로 기어 장치에 의해서 구동된다.

15 정답 ②

리코일 스프링(Recoil spring)이란 굴착기 주행 시 프론트 아이들러에서 오는 충격을 완화하여 하부 주행체의 파손을 방지하고, 트랙이 원활하게 회전하는 장치를 말한다.

16 정답 ③

굴착기 작업 시 붐과 암을 작동시킬 때에는 행정의 끝부분에 약간의 여유를 두고 작업하는 것이 좋다.

17 정답 ①

제시된 안전보건표지는 매달린 물체 경고이다.

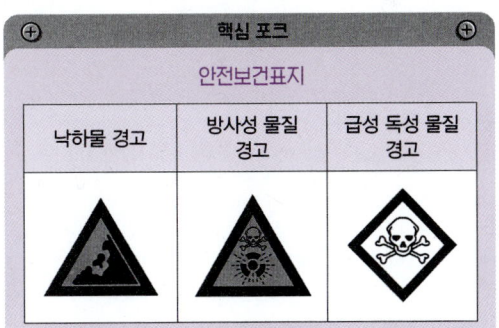

18 정답 ②

라디에이터는 기관의 방열을 방지하기 위한 장치이기 때문에 방열량이 커야 한다.

핵심 포크
라디에이터의 구비조건
- 크기가 작고 무게가 가벼워야 한다.
- 방열량이 커야 한다.
- 공기 흐름에 대한 저항이 적어야 한다.
- 냉각수 흐름에 대한 저항이 적어야 한다.
- 강도가 커야 한다.

19 정답 ④

오일 탱크의 일반적인 구성품에는 유면계, 스트레이너, 드레인 플러그, 배플(칸막이), 주입구 캡이 있다.

20 정답 ①

무한궤도식 건설기계의 트랙의 장력이 규정보다 높아 유격이 너무 커진 경우 트랙이 이탈하는 원인이 된다.

21 정답 ③

핵심 포크
주차금지 장소
- 다음 장소로부터 5미터 이내인 장소
  - 도로공사를 하고 있는 경우 그 공사 구역의 양쪽 가장자리
  - 소방본부장의 요청에 의하여 지방경찰청장이 지정한 장소
- 터널 내부 및 다리 위
- 지방경찰청장이 필요하다고 인정하여 지정한 장소

22 정답 ④

무한궤도 건설기계의 트랙 장력 조정은 트랙 어저스터로 하며, 주행 중에 트랙의 장력을 조정할 때에는 프론트 아이들러를 전·후진시켜 조정한다.

23 정답 ②

트랙의 슈에는 그리스를 주입할 필요가 없다.

24 정답 ①

건설기계 등록신청 시 제출해야 하는 서류에는 건설기계의 출처를 증명하는 서류(건설기계 제작증, 수입면장, 매수증서 중 하나), 건설기계의 소유자임을 증명하는 서류, 건설기계 제원표, 보험 또는 공제의 가입을 증명하는 서류가 있다.

25 정답 ③

건설기계의 주차 시 시동 스위치의 위치는 "OFF"에 놓아야 한다.

26 정답 ②

운반차를 이용하여 통행할 때에는 안전을 위해 주변 작업자나 장애물에 주의하며 천천히 주행해야 한다.

27 정답 ②

산업안전표지에서 경고표지는 일정한 위험에 대한 경고를 나타내는 표지이다.

28 정답 ③

건설기계의 등록이 말소된 경우, 건설기계의 소유자는 등록번호표의 봉인을 떼어낸 후 10일 이내에 시·도지사에게 반납해야 한다. 등록된 건설기계 소유자의 주소지 및 등록번호가 변경된 경우, 등록번호표의 봉인이 떨어지거나 식별이 어려운 경우에도 마찬가지다.

29 정답 ①

감압 밸브(리듀싱 밸브)는 유량이나 1차측(입구)의 압력과 관계없이 분기회로에서 2차측(출구) 압력을 설정값까지 감압하여 사용하는 제어 밸브이다. 하류의 압력이 설정 압력보다 낮으면 유체는 밸브를 통과하고, 압력이 높아지면 밸브가 닫혀 압력을 감소시킨다. 그러므로 상시 폐쇄상태라는 설명은 옳지 않다.

30 정답 ①

건설기계에 사용하는 12V 납산 축전지는 6개의 셀이 직렬로 접속되어 있다.

31 정답 ④

히트싱크란, 다이오드가 교류 전기를 직류로 정류할 때 발생하는 열을 냉각시키기 위한 장치를 말한다.

32 정답 ③

스풀 밸브는, 하나의 밸브 보디에 여러 개의 홈이 파인 밸브로, 축 방향으로 이동하여 오일의 흐름을 변환한다.

핵심 포크

방향제어 밸브

체크 밸브	오일의 역류를 방지하며, 회로 내부의 잔류 압력을 유지
스풀 밸브	하나의 밸브 보디에 여러 개의 홈이 파인 밸브로, 축 방향으로 이동하여 오일의 흐름을 변환
감속 밸브	기계장치에 의하여 스풀을 작동시켜 유로를 서서히 개폐시키고, 작동체의 발진, 정지, 감속 변환 등을 충격 없이 행하는 밸브
셔틀 밸브	두 개 이상의 입구와 한 개의 출구가 설치되어 있으며, 출구가 최고 압력의 입구를 선택하는 기능을 가진 밸브. 저압측은 통제하고 고압측만 통과시킴

33 정답 ③

건설기계조종사의 적성검사는 정기적성검사와 수시적성검사가 있다. 정기적성검사는 10년마다 하며, 65세 이상인 경우에는 5년마다 실시한다. 수시적성검사는 안전한 조종에 장애가 되는 후천적 신체장애 등의 법률이 정한 사유가 발생했을 시에 실시한다. 또한, 적성검사는 면허취득 시 실시하며, 그 기준에는 55데시벨(보청기 사용자의 경우 40데시벨)의 소리를 들을 수 있어야 한다는 것이 있다.

핵심 포크

적성검사의 기준

- 55데시벨(보청기 사용자의 경우 40데시벨)의 소리를 들을 수 있고, 언어분별력이 80퍼센트 이상일 것
- 시각은 150° 이상일 것
- 정신질환자 또는 뇌전증 환자가 아닐 것
- 두 눈을 동시에 뜨고 잰 시력(교정시력 포함)이 0.7 이상이고 두 눈의 시력이 각각 0.3 이상일 것
- 마약·대마·향정신성의약품 또는 알코올 중독자가 아닐 것

34 정답 ①

정기검사를 받지 않았을 경우 신청기간 만료일부터 30일 이내에는 2만 원의 과태료가 부과되며, 30일을 초과하는 경우 3일당 1만 원씩 가산된다.

35 정답 ②

건설기계의 구조변경검사는 구조변경이 있는 날로부터 20일 이내에 시·도지사 또는 건설기계 검사대행자에게 신청해야 한다.

36 정답 ②

퓨즈의 역할은 회로에서 과전류가 흐를 때에 전류를 차단하여 전자기기나 배선 등을 보호하는 것인데, 철사를 감아 대체할 경우 그 차단기 역할을 하지 못하기 때문에 화재의 위험이 있다.

37 정답 ④

감속 밸브(디셀러레이션 밸브)는 캠에 의해 조작되며, 유량을 감소시켜 액추에이터의 속도를 서서히 감속시키는 유량제어 밸브이다.

38 정답 ④

트랙이 자주 이탈하는 원인에는 트랙의 유격이 규정보다 큰 경우가 있다.

핵심 포크

트랙이 이탈하는 원인

- 트랙의 장력이 너무 커서 유격이 너무 큰 경우
- 리코일 스프링의 장력이 부족한 경우
- 경사지에서 작업하는 경우
- 상부롤러가 파손된 경우
- 트랙의 정렬이 불량한 경우
- 프론트 아이들러와 스프로킷의 중심이 맞지 않는 경우

39   정답 ②

전조등 회로는 좌우측 중에 한쪽 전조등이 고장 나더라도 다른 쪽 전조등은 작동되어야 하기 때문에 복선식으로 구성된다. 그러므로, 전조등 회로는 병렬로 연결되어 있으며 전조등 회로의 전압은 12V이다. 퓨즈와는 직렬로 연결되어 있다.

40   정답 ④

평활 슈는 도로 주행 시 노면의 파손을 방지하기 위해 슈를 편평하게 한 트랙 슈를 말한다.

> **핵심 포크**
>
> **트랙 슈의 종류**
> - 고무 슈 : 진동이나 소음 없이 노면을 보호하고 도로를 주행하기 위하여 일반 슈에 볼트로 부착하여 사용한다.
> - 반이중 돌기 슈 : 높이가 다른 2열의 돌기를 가지며, 높은 견인력과 회전력을 갖추고 있어 굴착 및 적재작업에 적합하다.
> - 단일 돌기 슈 : 일렬의 돌기를 가지며 큰 견인력을 얻을 수 있다.

41   정답 ③

움직임이 있는 곳에 사용하기 위해선 호스가 유연해야 하기 때문에 플렉시블(flexible, 유연한) 호스가 가장 적합하다.

42   정답 ①

유압장치에서 유압 실린더의 작동이 느리거나 불규칙한 원인에는 유압이 너무 낮은 경우가 있다.

> **핵심 포크**
>
> **유압 실린더의 작동이 느리거나 불규칙한 원인**
> - 피스톤 링의 마모
> - 너무 낮은 유압유 점도
> - 회로 내부에 공기 혼입
> - 너무 낮은 유압

43   정답 ④

상부롤러는 스프로킷과 전부유동륜 사이에 있는 트랙을 지지하여 처지는 것을 방지하고, 트랙의 회전 위치를 바르게 유지하는 역할을 한다. 굴착기 전체의 무게를 지지하는 것은 하부 롤러이다.

44   정답 ③

무한궤도식 건설기계에서 트랙의 장력 조정은 트랙 어저스터로 하며, 주행 중에 트랙의 장력을 조정할 경우 프론트 아이들러를 전·후진시켜 조정한다.

45   정답 ②

슬리퍼 피스톤은 측압을 받지 않는 스커트(피스톤 핀으로부터 아래의 몸통 부분) 부분을 잘라낸 피스톤으로 경량이라는 이점 때문에 고속엔진에 많이 사용되는 피스톤이다.

> **핵심 포크**
>
> **피스톤의 종류**
> - 솔리드 피스톤 : 피스톤 측면이 원통형으로 되어있는 피스톤으로서 내구성은 좋으나 중량이 무겁고 마찰손실이 크다.
> - 오프셋 피스톤 : 피스톤이 실린더 벽을 때리는 현상인 피스톤 슬랩을 경감시키기 위해 피스톤 핀 중심위치를 피스톤 중심과 어긋나게 한 피스톤이다.
> - 스플릿 피스톤 : 피스톤 상면에서의 열이 스커트 부분으로 전달되는 것을 막기 위하여 링 랜드와 스커트 사이에 가는 홈을 둔 피스톤이다.

46   정답 ④

거짓이나 그 밖의 부정한 방법으로 건설기계 등록을 한 경우는 1년 이하의 징역 또는 1천만 원 이하의 벌금에 처한다.

47   정답 ②

유압유의 점도가 높은 경우 유압이 낮아지는 것이 아니라 유압이 높아진다.

> **핵심 포크**
>
> **유압유의 점도가 높은 경우**
> - 유압의 압력 상승
> - 동력 소비량의 증가

- 유압장치의 작동 불량
- 유압유의 온도 상승
- 유압회로 내 마찰의 증가
- 유압회로 내 압력 손실 증대

48 정답 ③

분사노즐 시험기로 점검하는 사항에는 분포상태, 분사 각도, 후적의 유무, 분사 개시 압력 등이 있다.

49 정답 ①

조향 기어의 종류에는 볼 너트 형식, 랙 피니언 형식, 웜 섹터 형식, 서큘러볼 형식 등이 있다.

50 정답 ②

직렬로 저항을 연결하면 회로의 총저항은 12Ω이 되므로, 회로에 흐르는 전류의 값을 구하려면 전압값을 저항값으로 나누면 된다. 따라서 12V/12Ω이 되어 전류의 값은 1A가 된다.

51 정답 ③

타이어식 굴착기의 장점에는 변속 및 주행 속도가 빠르다는 점, 장거리 이동이 쉽고 기동성이 양호하다는 점 등이 있다. 그러나 무한궤도식 굴착기에 비해 견인력이 떨어진다.

52 정답 ①

후륜 구동축 감속기의 오일양은 시동 전이나 일상적으로 점검하기 어려운 사항에 해당된다.

53 정답 ②

납산 축전지의 전해액에는 부식성이 강한 황산을 사용하기 때문에 내산성을 갖춘 고무 재질의 작업복이 가장 적합하다.

54 정답 ③

하부롤러를 교환하는 경우에는 트랙을 분리할 필요가 없다. 트랙을 분리하는 경우에는 트랙이 이탈한 경우, 트랙을 교환하는 경우, 핀, 부싱 등의 부품이나 아이들러 및 스프로킷을 교환하는 경우가 있다.

55 정답 ④

연료 분사의 진각이란, 디젤노크를 방지하기 위해 기관의 연료 분사 시간을 앞당기는 것을 말한다. 기관의 회전 속도가 빨라질수록, 기관의 부하가 커질수록, 연료의 착화지연 시간이 길어질수록, 압축비가 높아질수록 기관의 연료 분사 시간을 진각시킨다.

56 정답 ②

액추에이터란 유체의 유압 에너지를 기계적 에너지인 일로 전환하는 장치로, 유압실린더와 유압모터를 말한다.

57 정답 ③

'고압선 위험' 표지시트 바로 아래에는 전력케이블이 묻혀 있기 때문에 지중 전선로 부근에서 굴착작업 시 주의해야 한다.

58 정답 ③

카운터 웨이트는 굴착기의 상부 회전체의 뒷부분에 설치되어 버킷으로 중량물을 운반할 때의 임계하중을 늘려 굴착기의 뒷부분이 들리는 것을 방지하며, 작업 시 앞으로 넘어지는 것을 방지한다.

59 정답 ④

토크 컨버터의 스테이터는 토크 컨버터 내부에서 오일의 흐름을 변환하여 회전력을 증대시키는 역할을 한다.

60 정답 ①

제시된 도로명판은 교차지점의 도로명판에 해당하는 것으로, 도로명판에 따른 정보만으로는 도로의 끝지점을 알 수가 없어 총 도로 길이도 파악할 수가 없다. 좌측의 숫자 92번은 도로명판의 좌측으로 92번 이하의 건물이 있다는 것을 표시하고, 우측의 숫자 96번은 도로명판의 우측으로 96번 이상의 건물이 있다는 것을 표시한다.

01 정답 ③

과급기는 실린더 내부에 공기를 압축·공급하는 공기 펌프를 말하며, 기관의 출력을 증대시키기 위해 사용한다.

02 정답 ③

디셀러레이션(감속) 밸브는 일의 속도를 제어하는 유량제어 밸브의 하나로, 기계장치에 의하여 스풀을 작동시켜 유로를 서서히 개폐시키고, 작동체의 발진, 정지, 감속 변환 등을 충격 없이 행한다.

03 정답 ④

건설기계를 도로나 타인의 토지에 버려둔 자에게는 1년 이하의 징역 또는 1천만 원 이하의 벌금이 부과된다.

04 정답 ①

유압실린더에서 피스톤 로드는 실린더 튜브의 내부와 외부를 이동하기 때문에 오염물질이 튜브 내부로 유입되는 것을 방지하기 위해 더스트 실을 설치한다.

05 정답 ②

건설기계 안전기준에 관한 규칙에 따르면, 최고속도가 시속 15km 미만인 건설기계에는 전조등, 제동등, 후부반사기, 후부반사판 또는 후부반사지를 설치해야 한다. 방향지시등, 번호등, 차폭등은 시속 15km 이상 50km 미만인 건설기계에 설치해야 한다.

06 정답 ②

제시된 안전보건표지는 몸균형상실 경고에 해당한다.

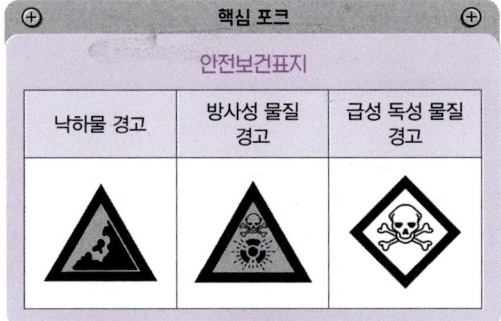

07 정답 ④

유압회로의 속도제어 회로에는 미터 인, 미터 아웃, 블리드 오프 회로가 있다.

08 정답 ③

건설기계의 소유자는 등록한 주소지 또는 사용본거지가 시·도 간의 변경이 있는 경우 그 변경이 있은 날부터 30일 이내에 새로운 등록지를 관할하는 시·도지사에게 서류와 함께 등록이전신고서를 제출해야 한다.

09 정답 ④

분진이 많은 작업장에서는 안전을 위해 방진마스크를 착용해야 한다.

10 정답 ③

트랙이 너무 팽팽한 경우에는 스프로킷의 마모가 촉진되고, 암반 지역에서 운행 시 트랙이 절단될 수가 있다. 트랙이 너무 느슨한 경우가 트랙이 이탈하는 원인 중 하나다.

11 정답 ①

굴착기 작업 시 작업과정의 일반적인 순서는 굴착 → 선회 → 적재 → 선회 → 굴착이다.

12 정답 ③

센터 조인트는 굴착기에서 상부 회전체에 중심부에 설치되어 굴착기가 회전하더라도 호스, 파이프 등이 꼬이지 않고 오일을 하부 주행체로 원활하게 공급해준다.

13 정답 ②

액추에이터는 유체의 압력 에너지를 기계적 에너지로 바꾸는 장치로 유압모터와 유압실린더가 이에 해당한다. 유압모터에는 기어형, 베인형, 플런저형이 있다.

14 정답 ③

축전지 터미널 중 굵기가 굵은 것은 (+)이고, 가는 것은 (−)이다. 축전지는 운행 전 발전기의 가동을 목적으로 장착되며, 축전지 탈거 시 (−)단자를 먼저 탈거한다. 점프 시동 시에는 추가 축전지를 병렬로 연결한다.

15 정답 ①

가연성 물질(연료성 물질)로 인한 화재는 유류화재로 B급 화재이다. D급 화재는 금속화재에 해당한다.

16 정답 ④

비틀림 코일 스프링(토션 스프링)은 클러치가 작동할 때 충격을 흡수하는 것으로, 클러치판이 회전하는 플라이휠에 접속할 때 충격을 흡수한다.

17 정답 ②

피스톤에 구비조건에는 피스톤의 무게가 가벼워야 한다는 것이 있다.

> **핵심 포크**
> **피스톤의 구비조건**
> • 열팽창률이 적어야 한다.
> • 관성력을 방지하기 위해 무게가 가벼워야 한다.
> • 고온과 고압에 견뎌야 한다.
> • 열전도가 잘되어야 한다.
> • 가스 및 오일 누설이 없어야 한다.

18 정답 ②

플러싱 오일은 오일장치 내부의 슬러지 등을 청소하기 위한 오일이기 때문에 플러싱이 끝난 후 남은 잔류 플러싱 오일은 반드시 제거한 다음에 엔진오일을 보충해야 한다.

19 정답 ③

배기가스의 상태 점검 및 조정은 운전 전이 아니라 운전 중에 실시하는 점검사항에 해당한다.

20 정답 ③

154000V는 한전의 고압 전력선으로, 그 부근에서 작업 시 안전을 위하여 160cm 이상 이격거리를 유지해야 한다.

21 정답 ②

제시된 교통안전표지는 좌·우회전 표지에 해당한다.

> **핵심 포크**
> **회전 교차로와 양측방 통행 표지**
>
> | 회전 교차로 | 양측방 통행 |
> |---|---|
> |  | |

22 정답 ④

타이어식 굴착기의 정기검사 유효기간은 1년이다. 무한궤도식 굴착기의 경우 연식이 20년 이하라면 3년, 연식이 20년 초과라면 1년이다.

23 정답 ②

건설기계 운전 중 운전자의 과실로 인한 인명사고가 발생했을 경우 중상 1명마다 면허효력정지 15일에 처한다. 그러므로 중상 2명이 발생했다면 면허효력정지 30일에 처하게 된다.

24 정답 ②

기계운반의 경우 취급물이 경량인 작업보다 중량인 작업에 더 적합하다.

25 정답 ④

시퀀스 밸브는 유압제어 밸브 중 압력제어 밸브에 해당한다.

> **핵심 포크**
> - 체크 밸브 : 오일의 역류를 방지하며, 회로 내부의 잔류 압력을 유지
> - 스풀 밸브 : 하나의 밸브 보디에 여러 개의 홈이 파인 밸브로, 축 방향으로 이동하여 오일의 흐름을 변환
> - 셔틀 밸브 : 두 개 이상의 입구와 한 개의 출구가 설치되어 있으며, 출구가 최고 압력의 입구를 선택하는 기능을 가진 밸브. 저압측은 통제하고 고압측만 통과시킴

26 정답 ②

압력의 단위에는 bar, kgf/cm², psi, kPa, mmHg 등이 있다. N · m는 일의 단위에 해당한다.

27 정답 ③

방호덮개장치는 작업자의 안전을 위하여 작업 시 항상 설치해두어야 하기 때문에 작업자가 제거해서는 안 된다.

28 정답 ①

제시된 유압기호는 릴리프 밸브에 해당한다.

29 정답 ④

유압장치에서 유압을 제어하는 방법에는 유량제어, 압력제어, 방향제어가 있다.

30 정답 ②

무한궤도식 굴착기에서는 스프로킷의 마모 방지, 트랙의 이탈 방지, 구성품의 수명연장을 위하여 트랙의 장력을 조정한다. 장력 조정은 트랙 어저스터(Track adjuster)로 하며, 그 방식에는 너트식(기계식)과 그리스 주입식이 있다.

31 정답 ③

굴착기 작업 시 선회 관성을 이용하면 사고 발생의 위험이 높기 때문에 선회 관성을 이용하여 작업을 해서는 안 된다.

32 정답 ③

작업 도중에 기계장치에서 이상 소음이 발생했을 경우에는 즉시 장비의 작동을 멈추고 점검하도록 한다.

33 정답 ②

작업 현장에서 유압 작동유의 열화를 확인하는 방법에는 자극적인 악취나 색깔의 변화 확인, 정상온도에서의 침전물의 유무 확인, 흔들었을 때 생기는 거품의 소멸양상 확인 등으로 한다.

34 정답 ①

에이프런은 굴착기가 아니라 모터스크레이퍼의 작업장치에 해당하는 구성품이다.

35 정답 ④

토사 굴토, 도랑 파기, 토사 상차 등의 작업에는 버킷이 가장 적합하다.

36 정답 ②

변속기의 구비조건에는 동력전달의 효율이 좋아야 한다는 것이 있다.

> **핵심 포크**
> **변속기의 구비조건**
> - 소형 및 경량으로 취급이 용이해야 한다.
> - 고장이 적고 소음 및 진동이 없으며, 점검과 정비가 용이해야 한다.
> - 강도와 내구성 및 신뢰성이 우수하고 수명이 길어야 한다.
> - 변속 조작이 용이하고 신속, 정확하게 이루어져야 한다.
> - 회전 속도와 회전력의 변환이 빠르고 연속적으로 이루어져야 한다.
> - 동력전달의 효율이 우수하고 경제적·능률적이어야 한다.

37 정답 ④

건식 공기청정기는 압축공기(에어건)을 이용하여 안에서 밖으로 불어내는 방법으로 세척한다.

38 정답 ③

일상점검이란 건설기계 장비의 운전 전·중·후에 일상적으로 하는 점검을 말한다.

39 정답 ②

건설기계 안전기준에 관한 규칙에 따르면, 특별표지판을 부착해야 하는 건설기계에는 높이가 4m를 초과하는 건설기계가 해당된다.

> **핵심 포크**
> **특별표지판을 부착해야 하는 건설기계**
> - 길이 : 16.7m 초과
> - 너비 : 2.5m 초과
> - 높이 : 4.0m 초과
> - 최소회전반경 : 12m 초과
> - 총중량 : 40톤 초과
> - 축하중 : 10톤 초과

40 정답 ①

산업안전이란, 생산활동에서 발생하는 모든 위험으로부터 작업자의 신체와 건강을 보호하며, 산업시설을 안전하게 유지하고 산업재해를 방지하는 것을 말한다. 여기서 건강이란 신체적 건강뿐만 아니라 정신적 건강 또한 포함된다.

41 정답 ④

스윙(선회)은 굴착기의 상부 회전체를 회전시키는 동작으로 굴착작업에서 보조적인 역할을 하지만 직접적으로는 상관이 없다.

42 정답 ②

프론트 아이들러(전부유동륜)은 트랙의 구성품 중에서 트랙의 진행방향을 유도하고, 주행 중 트랙의 장력을 조정하는 역할을 한다.

43 정답 ①

폭이 4m 이상 8m 미만인 도로에서 도시가스 배관을 매설할 경우 지면과 배관 상부와의 최소 이격거리는 1m 이상이어야 한다.

> **핵심 포크**
> **가스배관의 지하매설 깊이**
> - 폭 8m 이상 도로에서는 1.2m 이상
> - 폭 4m 이상 8m 미만인 도로에서는 1m 이상
> - 공동주택 등의 부지 내에서는 0.6m 이상

44 정답 ③

굴착기 주행 시 속도는 천천히 증가시키도록 하며, 버킷의 높이는 30~50cm를 유지하는 것이 적당하다. 또한, 방향을 전환하는 경우 속도를 줄이도록 하며, 지그재그 운전은 하지 않는다.

45 정답 ③

솔레노이드 스위치(전자 스위치)란 축전지에서 시동 전동기까지 흐르는 전류를 단속하는 스위치를 말한다. 시동 스위치가 불량할 경우 솔레노이드 스위치 또한 작동하지 않는다.

46 정답 ①

유압펌프에서 말하는 토출량이란 펌프가 단위시간당 토출하는 액체의 체적을 말한다.

47 정답 ④

AC(교류) 발전기에서 전류에 의해 전자석이 되는 것은 로터이다. 로터는 브러시를 통해 들어온 전류에 의해 전자석이 된다. 아마추어(전기자)는 DC(직류) 발전기의 구성요소이다.

48 정답 ③

유압의 점도가 높은 경우가 아니라 낮을 경우 윤활장치의 유압이 떨어지게 된다.

49 정답 ②

자동차 제1종 대형면허 소지 시 콘크리트믹서트럭을 조종할 수 있다. 기중기로 도로 주행 시에는 트럭적재식 기중기의 경우 제1종 대형면허가 필요하지만, 일반 기중기의 경우 제1종 면허를 따로 소지할 필요가 없다. 또한, 건설기계조종사 면허는 시장·군수·구청장이 발급하며, 굴착기를 조종하기 위해선 굴착기조종사 면허를 소지해야 한다.

50 정답 ③

건설기계 계기판에서 충전 표시등에 빨간 불이 점등되는 경우 충전이 되지 않고 있다는 것이기 때문에 충전 계통을 점검해야 한다.

51 정답 ④

이젝터는 버킷 내부에 토사를 밀어내는 이젝터가 있어 진흙 등의 토사를 굴착하는 데에 용이하다.

52 정답 ④

트랙은 트랙 슈, 핀, 링크, 슈 볼트, 더스트 실 등으로 구성되어 있다.

53 정답 ②

캠 샤프트는 밸브를 개폐하는 캠이 붙어 있는 축을 말하는 것으로, 기관의 진동을 감소시키는 것과는 거리가 멀다. 밸런스 샤프트는 캠축 모양으로 크랭크축의 양쪽에 장착하여 진동을 흡수하는 부품이며, 댐퍼 풀리는 크랭크축에 장착하여 벨트로 발전기, 워터펌프 등을 연결하고 관성충격을 감소시킨다. 또한, 플라이휠은 각 실린더의 폭발의 차이에 따른 진동을 최소화한다.

54 정답 ③

유압장치에서 사용되는 밸브 부품을 세척할 때에는 경유를 사용한다.

55 정답 ①

차량의 정면에서 확인할 수 있는 앞바퀴 정렬에는 캠버와 킹핀 경사각이 있다.

56 　　　　　　　　　　　정답 ③

토크 컨버터 오일의 구비조건에는 점도가 낮아야 한다는 것이 있다.

> **핵심 포크**
>
> **토크 컨버터 오일의 구비조건**
> - 점도가 낮아야 한다.
> - 쉽게 연소되지 않기 위해 착화점이 높아야 한다.
> - 쉽게 끓지 않기 위해 비등점(끓는점)이 높아야 하며, 쉽게 얼지 않기 위해 빙점(어는점)이 낮아야 한다.
> - 고무나 금속을 변질시키지 않아야 한다.
> - 화학변화를 잘 일으키지 않아야 한다.

57 　　　　　　　　　　　정답 ①

트랙 슈의 종류에는 단일 돌기, 이중·3중 돌기 슈, 스노 슈, 암반용 슈, 습지용 슈, 평활 슈, 고무 슈 등이 있다.

58 　　　　　　　　　　　정답 ②

도로교통법에 따르면 어린이 보호와 관련하여 위험성이 큰 놀이기구에는 킥보드, 롤러스케이트, 인라인스케이트, 스케이트보드가 있다.

59 　　　　　　　　　　　정답 ④

일반적인 상황에서 건설기계의 등록은 취득일로부터 2개월 이내에 등록을 해야 하지만, 전시 등의 비상사태에서는 5일 이내에 등록신청을 해야 한다.

60 　　　　　　　　　　　정답 ④

제시된 건물번호판은 관공서용 건물번호판에 해당하며, 도로명은 '중앙로'이다. '262'은 건물번호에 해당한다.

실전모의고사 제4회

01 ③	02 ④	03 ②	04 ①	05 ④
06 ②	07 ③	08 ①	09 ④	10 ②
11 ④	12 ①	13 ①	14 ③	15 ②
16 ②	17 ④	18 ②	19 ②	20 ④
21 ④	22 ③	23 ②	24 ②	25 ④
26 ③	27 ①	28 ③	29 ④	30 ②
31 ①	32 ③	33 ②	34 ②	35 ①
36 ④	37 ②	38 ②	39 ③	40 ②
41 ①	42 ②	43 ②	44 ②	45 ①
46 ③	47 ④	48 ①	49 ②	50 ③
51 ②	52 ③	53 ③	54 ②	55 ①
56 ③	57 ②	58 ④	59 ③	60 ②

01 정답 ③
축전지의 충전을 끝냈을 때 전해액의 비중은 20℃에서 1.280이다.

02 정답 ④
트랙의 장력 조정은 트랙 어저스터로 하며 그 방식에는 기계식(너트식)과 그리스 주입식이 있다. 그리스 주입식의 경우 트랙프레임의 장력 조정 실린더에 그리스를 주입하여 장력을 조정한다.

03 정답 ②
센터 조인트는 상부 회전체가 회전하더라도 오일 관로가 꼬이지 않고 유압펌프에서 공급되는 작동유를 하부 주행체로 공급해준다.

04 정답 ①
점도 지수가 높다는 것은 온도 변화에 따른 점도 변화가 적다는 것을 의미하기 때문에, 점도 지수가 높을수록 넓은 온도 범위에서 사용할 수 있다.

05 정답 ④
굴착기의 3대 주요 구성장치에는 작업장치(전부장치), 상부 회전체, 하부 주행체가 있다.

06 정답 ②
제시된 안전보건표지는 경고표지 중에서 레이저광선 경고에 해당한다.

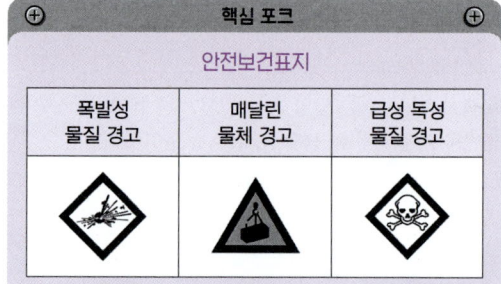

07 정답 ③
하이드로 백은 제동장치에 해당하는 것으로 클러치의 공기배출 작업과는 관련이 없다. 클러치의 공기배출 작업은 유압을 전달해주는 릴리스 실린더로 한다.

08 정답 ①
유압펌프는 기관으로부터 전달된 기계적 에너지를 유압 에너지로 바꾸는 장치이다.

09 정답 ④
배기행정에서는 흡기 밸브가 닫힌 상태에서 배기 밸브가 개방되며, 배기행정의 말기에서 흡기 밸브가 개방되어 흡·배기 밸브가 모두 개방되는 시점이 생긴다.

10 정답 ②

카운터 웨이트는 밸런스웨이트라고도 하며, 장비의 제일 뒷부분에 설치되어 굴착작업 시 버킷의 적재된 화물에 의해 장비 뒷부분이 들리는 것을 방지한다.

11 정답 ④

제시된 유압 기호가 나타내는 것은 밸브이다.

12 정답 ①

굴착기의 주요 작업에는 굴착, 적재, 운반 등이 있으며, 시추는 굴착기의 주요 작업과는 거리가 멀다.

13 정답 ①

굴착기 레버를 움직였는데도 액추에이터가 작동하지 않았다면, 유압유가 공급되지 않거나 유압이 낮은 경우이다. 이 경우 유압 계통을 점검해야 한다.

14 정답 ③

건설기계의 등록신청은 건설기계 소유자의 주소지 혹은 건설기계의 사용 본거지를 관할하는 특별시장·광역시장 또는 시·도지사에게 신청한다.

15 정답 ②

3중 돌기 슈는 조향 시 회전 저항이 작기 때문에 회전 성능이 좋다.

16 정답 ③

정비 명령을 이행하지 않은 자는 1년 이하의 징역 또는 1천만원 이하의 벌금에 처한다.

17 정답 ④

전선은 철탑이나 전신주에서 멀어질수록 많이 흔들리기 때문에 이에 유의하여 이격거리를 두고 작업해야 한다.

18 정답 ②

재해의 발생원인 중에서 가장 높은 비중을 차지하는 것은 작업자의 불안전한 행동, 작업자의 실수 등 직접적인 원인이다.

19 정답 ②

연소의 3요소에는 점화원, 가연성 물질, 산소가 있다.

20 정답 ④

무한궤도식 굴착기에서 하부 주행체의 동력전달순서는 유압펌프 → 제어밸브 → 센터 조인트 → 주행모터의 순서이다.

21 정답 ④

제시된 교통안전표지가 나타내는 것은 차간거리 확보에 해당한다.

22 정답 ③

디젤기관에서는 연료의 연소 시 압축착화 방식을 사용하며, 가솔린기관에서는 점화 방식을 사용한다.

23 정답 ①

교통사고 발생 시 인명피해가 발생했다면 즉시 정차한 후에 가장 먼저 사상자를 구호해야 한다.

24 정답 ②

캐비테이션(공동 현상)이란, 작동유 내부에 용해 공기가 기포로 발생하여 유압장치 내에 국부적으로 높은 압력과 소음 및 진동이 발생하는 현상을 말한다.

25 정답 ④

굴착기 작업 시 안전을 위해서는 안전한 작업 반경 내에서 작업해야 한다.

26 정답 ③

카르히호프의 제1법칙이란, 회로 내의 임의의 점에서 그 점으로 유입되는 전류의 합은 유출되는 전류의 합과 같다는 법칙이다.

27 정답 ①

굴착기는 1종 대형면허가 아니라, 굴착기조종사 면허를 소지해야 운전할 수 있다.

> **핵심 포크**
> **1종 대형면허로 운전할 수 있는 건설기계**
> • 덤프트럭, 아스팔트살포기, 노상안정기
> • 콘크리트믹서트럭, 콘크리트펌프, 트럭 적재식 천공기
> • 콘크리트믹서트레일러, 아스팔트콘크리트재생기
> • 도로보수트럭, 3톤 미만의 지게차

28 정답 ③

오일의 경우 여름에는 점도가 높은 것을 사용하고 겨울에는 점도가 낮은 것을 사용하도록 한다. 엔진오일을 점검할 때에는 시동을 끈 상태에서 하며, 오일레벨 게이지는 오일의 양을 점검할 때 사용하는 것이다.

29 정답 ④

차마가 보도나 철길 및 횡단보도 등을 통행할 때에는 진입 전에 일시정지하여 주위를 살피고 안전을 확인한 후에 횡단한다.

30 정답 ②

기관의 노킹을 방지하는 방법에는 세탄가가 높은 연료를 사용하는 것이 있다.

> **핵심 포크**
> **노킹 현상을 방지하는 방법**
> • 착화지연 시간을 짧게 한다.
> • 연소실 내부에 공기 와류가 일어나도록 한다.
> • 착화성이 좋은 연료를 사용한다.
> • 압축비를 높여 실린더 내의 압력과 온도를 상승시킨다.
> • 착화 기간 중에 연료 분사량을 적게 한다.

31 정답 ①

유압의 측정은 압력이 발생된 후에 측정해야 하므로 유압펌프에서 컨트롤 밸브 사이에서 측정해야 한다.

32 정답 ③

건설기계조종사 면허의 효력정지 기간 중에 건설기계를 운전한 경우에는 면허가 취소된다.

33 정답 ③

브레이커는 암석이나 콘크리트, 아스팔트 등을 파쇄하거나 말뚝을 박는 데에 사용하는 작업장치이다.

34 정답 ②

단동식 유압실린더에는 피스톤형, 램형, 플런저형이 있다.

> **핵심 포크**
>
> **유압실린더의 종류**
> - 단동식 : 피스톤형, 플런저형, 램형
> - 복동식 : 편로드(싱글로드)형과 양로드(더블로드)형
> - 다단식

35 정답 ①

오일탱크의 펌프 흡입구를 반드시 탱크 가장 아래에 설치할 필요는 없다.

36 정답 ④

변속기는 주행 저항에 따라 기관의 회전 속도에 대한 구동바퀴의 회전 속도를 알맞게 조절해준다. 그러므로 회전수를 증가시킨다는 것은 옳지 않다.

37 정답 ②

건설기계 운전 중 이상한 냄새나 소음, 진동이 발생했을 경우에는 운전을 정지하고 전원을 꺼야 한다. 그 후 이상 부분을 점검하도록 한다.

38 정답 ②

안전모는 낙하, 추락 또는 전선이 머리에 닿아 발생하는 감전 사고를 방지하기 위하여 착용하도록 한다.

39 정답 ③

굴착기의 하부 주행체에서 트랙은 트랙 슈, 슈 볼트, 링크, 핀, 부싱, 더스트 실 등으로 구성되어 있다.

40 정답 ②

기관의 회전이 상승하지만 차체의 속도가 증가하지 않는 원인은 클러치가 미끄러질 때이다. 클러치가 미끄러지는 원인에는 클러치 페달의 자유간극 과소, 클러치 압력판 스프링의 장력 감소, 클러치판이나 압력판의 마멸, 클러치판의 오일 부착 등이 있다.

41 정답 ①

건설기계 작업 시 안전을 위해서 작업 범위 내에 물품과 사람을 배치해서는 안 된다.

42 정답 ②

굴착기의 붐이나 암이 심하게 자연 하강하는 원인은 유압실린더 등 오일 계통의 누설 및 고장으로 유압이 낮아졌기 때문이다. 실린더 헤드 개스킷에서의 실린더는 엔진 실린더에 해당한다.

43 정답 ④

캐비테이션(공동 현상)이란, 작동유 내부에 용해 공기가 기포로 발생하여 유압장치 내에 국부적으로 높은 압력과 소음 및 진동이 발생하는 현상을 말한다.

44 정답 ③

무한궤도식 건설기계에서 트랙이 이탈하는 원인에는 트랙의 정렬 불량, 트랙의 상부 및 하부롤러 마모, 트랙의 유격 과대 등이 있다.

> **핵심 포크**
>
> **트랙이 이탈하는 원인**
> - 트랙의 장력이 너무 커서 유격이 너무 큰 경우
> - 리코일 스프링의 장력이 부족한 경우
> - 경사지에서 작업하는 경우
> - 상부롤러가 파손된 경우
> - 트랙의 정렬이 불량한 경우
> - 프론트 아이들러와 스프로킷의 중심이 맞지 않는 경우

45 정답 ①

도로교통법상 도로에는 유료도로법에 의한 유료도로, 차마의 통행을 위한 도로, 도로법에 의한 도로뿐만 아니라, 농어촌도로 정비법에 따른 농어촌도로, 현실적으로 불특정 다수의 사람 또는 차마가 통행할 수 있도록 공개된 장소로서 안전하고 원활한 교통을 확보할 필요가 있는 장소 등이 해당된다.

46 정답 ③

프라이밍 펌프는 기관의 연료 분사펌프에 연료를 보내거나 연료 계통에 공기를 배출할 때 사용하는 장치를 말한다.

47 정답 ④

배기가스의 색이나 이상 소음, 이상한 냄새 등의 점검은 엔진 시동 후에 점검하는 사항에 해당한다.

48 정답 ①

기동 전동기는 축전지의 전류로 기관을 가동시키는 장치이기 때문에 연료의 유무와는 관련이 없다.

49 정답 ②

배기터빈(터보차저) 과급기의 윤활에는 엔진오일을 공급한다.

50 정답 ③

안전 및 보건에 대한 교육을 실시하는 것은 근로자의 의무사항이 아니라, 관리자의 의무사항에 해당한다.

51 정답 ②

오일펌프(유압펌프)에는 기어 펌프, 로터리 펌프(트로코이드 펌프), 베인 펌프 등이 있으며, 4행정 기관에서는 기어 펌프와 로터리 펌프가 주로 사용된다.

52 정답 ③

압력제어 밸브 중 카운터 밸런스 밸브는 실린더가 중력으로 인해 정상적인 제어속도 이상으로 낙하하는 것을 방지하기 위해 회로의 압력을 일정하게 유지시키는 밸브이다.

53 정답 ③

보호판은 가스 공급의 압력이 중압 이상인 배관 상부에 사용하는 것으로, 장비에 의한 배관 손상을 방지하기 위해 설치하며, 가스의 누출을 방지하지는 못한다.

핵심 포크
보호판
- 배관 직상부에서 30cm 상단에 매설되어 있다.
- 4mm 이상의 두께인 철판으로 코팅되어 있다.
- 장비에 의한 배관 손상을 방지하기 위해 보호판을 설치한다.
- 가스공급의 압력이 중압 이상인 배관 상부에 사용한다.

54 정답 ③

포크는 굴착기의 작업장치가 아니라 지게차의 작업장치에 해당한다.

55 정답 ①

경음기 릴레이의 접점이 녹아서 붙는 용착 상태가 되면 경음기 스위치를 작동하지 않더라도 경음기가 계속 작동하는 원인이 된다.

56 정답 ③

디젤기관에서 유해가스인 질소산화물의 발생을 감소시키는 방법은 연소실의 연소 온도를 낮추는 것이다. 연소 온도를 낮추기 위해선 분사시기를 늦추고 연소가 완만하게 되어야 하며, 연소실에서 공기의 와류가 잘 발생하도록 해야 한다.

57 정답 ②

컴팩터는 유압모터의 진동을 이용하여 지반의 다짐을 하는 데에 사용하는 굴착기 작업장치이다. 크램셸은 모래, 자갈 등의 작업 및 곡물 하역 작업에 사용하며, 우드 그래플은 원목 등을 집게로 집어 운반이나 하역 작업을 하는 데에 사용하며, 하베스터는 목재를 절단하는 데에 사용하는 작업장치이다.

58 정답 ④

목재, 종이 등 일반 가연물의 화재로, 연소된 후에 재를 남기는 일반적인 화재는 A급 화재이다.

> **핵심 포크**
>
> **화재의 종류**
> - A급 화재 : 물질이 연소된 후 재를 남기는 일반적인 화재를 말한다.
> - B급 화재 : 휘발유 등의 유류에 의한 화재로 연소 후에 재가 거의 없다.
> - C급 화재 : 전기에 의한 화재를 말한다.
> - D급 화재 : 금속나트륨이나 금속칼륨 등에 의한 금속화재를 말한다.

59 정답 ③

차마가 교차로에 이미 진입하여 좌회전하고 있다면 직진하고자 하는 다른 차마는 좌회전하고 있는 차마의 진로를 방해할 수 없다.

60 정답 ②

제시된 도로명판에 따르면, 도로명판이 설치된 곳은 '사임당로'의 시작지점으로부터 약 920m 지점이다. 도로명판에서 도로구간의 길이를 구할 때에는 단위당 10m로 계산한다.

실전모의고사 제5회

01 ④	02 ①	03 ③	04 ①	05 ②
06 ④	07 ④	08 ②	09 ④	10 ①
11 ③	12 ③	13 ②	14 ①	15 ④
16 ③	17 ②	18 ④	19 ②	20 ③
21 ④	22 ②	23 ①	24 ②	25 ①
26 ③	27 ④	28 ②	29 ①	30 ②
31 ④	32 ④	33 ②	34 ③	35 ①
36 ②	37 ③	38 ①	39 ③	40 ②
41 ①	42 ②	43 ①	44 ②	45 ②
46 ③	47 ③	48 ①	49 ④	50 ④
51 ④	52 ③	53 ③	54 ②	55 ①
56 ②	57 ②	58 ③	59 ②	60 ②

01　정답 ④

도시가스사업법상 저압에 해당하는 압축가스의 압력은 0.1MPa 미만이다.

> **핵심 포크**
> **도시가스 압력 구분**
> • 고압 : 1MPa 이상
> • 중압 : 0.1MPa 이상 1MPa 미만
> • 저압 : 0.1MPa 미만

02　정답 ①

어스 오거는 전신주나 기둥 등을 세우기 위해 구멍을 파거나 스크루를 돌려 박을 때 사용하는 작업장치이다.

03　정답 ③

스풀 밸브는 방향제어 밸브 중 하나이다. 하나의 밸브 보디에 여러 개의 홈이 파인 밸브로, 축 방향으로 이동하여 오일의 흐름을 변환한다.

04　정답 ①

벨트와 풀리는 장비 작동 시 회전하는 부분이기 때문에 사고 발생의 위험이 가장 많다. 그러므로 벨트의 교환이나 장력을 측정할 때에는 반드시 회전이 멈춘 상태에서 해야 한다.

05　정답 ②

카커스는 고무로 피복된 코드를 여러 겹으로 겹친 층으로 타이어의 골격을 이루는 부분이다.

> **핵심 포크**
> **타이어의 구조**
> • 카커스(Carcass) : 타이어의 골격을 이루는 부분으로, 고무로 피복된 코드를 여러 겹으로 겹친 층에 해당한다.
> • 비드 : 타이어 림과 접촉하는 부분이다.
> • 트레드(Tread) : 노면과 직접적으로 접촉되어 마모에 견디고 견인력을 증대시키며 미끄럼 방지 및 열 발산의 효과가 있다.
> • 브레이커 : 트레드와 카커스 사이에 내열성 고무로 몇 겹의 코드 층을 감싼 구조를 말한다.

06　정답 ④

건설기계조종사가 운전 중 고의로 인명피해를 입혔을 경우 사고의 경중에 상관없이 면허가 취소된다.

07　정답 ④

작동유의 열화란 주로 열과 수분, 금속과의 접촉에 의해 작동유의 물리적·화학적 변화가 일어나 성능이 저하되는 것을 말한다.

08　정답 ②

유압실린더를 교체한 뒤에는 엔진을 저속 공회전시킨 상태에서 공기배출 작업을 우선적으로 실시한다.

09 정답 ④

제시된 공유압 기호 중 정용량형 유압펌프는 ④이다. ①은 어큐뮬레이터, ②는 유압 압력계, ③은 가변용량형 유압펌프에 해당한다.

10 정답 ①

터보차저(과급기)는 디젤기관의 흡기관과 배기관 사이에 설치되어 실린더에 외부 공기를 압축·공급하여 기관의 출력을 증대시킨다.

11 정답 ③

굴착공사자가 굴착공사 예정지역의 위치를 표시하는 경우에는 흰색 페인트로 표시한다.

12 정답 ③

건설기계조종사의 적성검사 기준에서는 55데시벨의 소리를 들을 수 있어야 한다는 것이 있다. 이때 보청기 사용자는 40데시벨이다.

> **핵심 포크**
>
> **적성검사의 기준**
> - 55데시벨(보청기 사용자의 경우 40데시벨)의 소리를 들을 수 있고, 언어분별력이 80퍼센트 이상일 것
> - 시각이 150° 이상일 것
> - 정신질환자 또는 뇌전증 환자가 아닐 것
> - 두 눈을 동시에 뜨고 잰 시력(교정시력 포함)이 0.7 이상이고 두 눈의 시력이 각각 0.3 이상일 것
> - 마약·대마·향정신성의약품 또는 알코올 중독자가 아닐 것

13 정답 ②

4행정 사이클 기관의 행정은 흡입 → 압축 → 동력 → 배기의 순서이다.

14 정답 ①

기관에서 연료리턴라인은 연료공급라인에서 공급된 과잉연료가 복귀되는 시스템이기 때문에 기관의 연료압력에는 영향을 주지 않는다.

15 정답 ④

도로주행 시 앞차와의 안전거리는 앞차가 급정지하게 되는 경우 그 앞차와 충돌을 피할 수 있는 거리에 해당한다.

16 정답 ③

굴착기에서 붐이 자연 하강하는 정도가 많은 경우의 원인에는 오일 계통의 누설이나 고장 등으로 인해 유압이 낮아지는 것이 있다.

17 정답 ②

한전의 전기설비 부근에서 굴착작업 시 안전을 위하여 반드시 한전 직원의 입회하에 작업하도록 한다.

18 정답 ④

제시된 안전보건표지는 경고표지 중에서 낙하물 경고에 해당한다.

19 정답 ②

화재 진압을 위해 소화기를 사용할 때에는 바람을 등진 채 위쪽에서 아래쪽을 향해 소화기를 발사하는 것이 올바른 사용법이다.

20 정답 ③

지하구조물이 설치된 지역에서는 도시가스 배관을 보호하기 위해 지면으로부터 0.3m 지점에 보호관을 설치해야 한다.

21 정답 ④

트랙의 장력이 너무 팽팽할 경우, 트랙 핀, 부싱, 링크 등의 트랙 부품과 프론트 아이들러, 스프로킷의 마모가 심하게 된다.

22 정답 ②

기동 전동기의 동력전달장치 중에서 벤딕스식은 기동 전동기의 구동 피니언이 플라이휠의 링 기어에 물리는 방식으로, 피니언의 관성과 전동기의 회전을 이용하여 전동기의 회전력을 기관에 전달한다.

23 정답 ①

특별표지판을 부착해야 하는 건설기계에는 길이가 16.7m를 초과하는 건설기계가 있다.

핵심 포크
특별표지판을 부착해야 하는 건설기계
- 길이 : 16.7m 초과
- 너비 : 2.5m 초과
- 높이 : 4.0m 초과
- 최소회전반경 : 12m 초과
- 총중량 : 40톤 초과
- 축하중 : 10톤 초과

24 정답 ②

냉각 팬이 회전하면 공기가 방열기 사이를 통과하면서 냉각수의 열을 냉각시킨다.

25 정답 ①

오일 스트레이너는 오일펌프 흡입구에 설치되어 비교적 큰 입자의 불순물을 제거하는 데에 사용된다.

26 정답 ③

습지용 슈를 사용했다 하더라도 진흙탕이나 수중 작업 시에는 작업 후에 세차를 한 다음 주행장치와 각 베어링에 주유를 해야 한다.

27 정답 ④

건설기계관리법에 따르면, 건설기계의 형식이란 건설기계의 구조·규격 및 성능 등에 관하여 일정하게 정한 것을 말한다.

28 정답 ③

굴착기로 작업 시 안전을 위해 상·하부에서 동시작업해서는 안 된다.

29 정답 ①

보라색은 안전표지 중에서 방사능 등의 표시에 사용되는 색상이다.

30 정답 ②

충전계는 충전이 잘되고 있는지 확인하는 계기로 장비가 가동 중일 때만 확인할 수 있다.

31 정답 ④
교류 발전기 작동 중 소음이 발생하는 원인에는, 고정 볼트가 풀림, 벨트의 부족한 장력, 베어링의 손상이 있다.

32 정답 ④
유압유 탱크가 유압회로에 필요한 압력을 설정하는 기능을 하지는 않는다.

33 정답 ②
굴착기의 붐 제어 레버를 계속 상승위치로 당길 경우 릴리프 밸브 및 시트에 큰 손상이 발생할 수 있다.

34 정답 ③
유압회로 내에서 내부마찰이나 캐비테이션 등이 발생하거나 작동유의 점도가 너무 높으면 유압회로 내에서 열이 발생하게 된다.

35 정답 ①
배터리의 전해액 점검은 매 50시간마다 하는 주간정비사항에 해당한다.

36 정답 ②
주행모터는 굴착기의 좌우 트랙에 하나씩 설치되어 센터 조인트로부터 유압을 받아 주행과 조향의 기능을 수행한다.

37 정답 ③
안전기준을 초과한 화물의 적재허가를 받은 자는 너비 30cm, 길이 50cm 이상의 빨간 헝겊으로 된 표지를 장비에 달아야 한다.

38 정답 ①
V형 버킷은 배수로나 농수로 등의 도랑파기 작업 시 가장 적합한 버킷이다.

39 정답 ③
전기회로에서 저항을 병렬로 접속하는 경우, 저항의 개수가 늘어날수록 합성저항의 값은 감소하게 된다. 반대로 직렬로 접속하는 경우에는 저항의 개수가 늘어날수록 합성저항의 값이 증가한다.

40 정답 ②
무한궤도식은 접지 면적이 크고 접지 압력이 낮기 때문에 습지나 사지 같은 위험 지역에서 작업이 가능하다.

41 정답 ①
전·후진을 가능하게 하는 건 클러치가 아니라 변속기의 기능이다.

42 정답 ④
2개의 주행모터를 서로 반대 방향으로 동시에 구동시키는 스핀턴을 통해 회전반경을 최소화할 수 있다.

43 정답 ②
건설기계의 구조를 변경할 목적으로 해체한 경우는 건설기계의 등록말소사유에 해당하지 않는다.

44 정답 ②
렌츠의 법칙이란, 전자기 유도의 방향에 관한 법칙으로, 전자기 유도에 의해 만들어지는 전류는 자속의 변화를 방해하는 방향으로 흐른다는 법칙이다. 교류 발전기의 작동원리이기도 하다.

45 정답 ②

무한궤도식 굴착기에는 트랙 좌우에 주행모터 2개가 설치되고, 선회모터가 1개 있으므로 총 3개의 유압모터가 설치되어 있다.

46 정답 ③

압력제어 밸브 중에서 카운터 밸런스 밸브는 실린더가 중력으로 인해 제어속도 이상으로 자유낙하하는 것을 방지하기 위해 압력을 유지한다.

47 정답 ③

유압 조절기는 오일펌프에서 압송된 오일의 압력을 일정한 압력으로 조절하는 장치로 펌프의 토출부(오일펌프 커버)에 설치한다.

48 정답 ①

힌지드 버킷은 굴착기의 작업장치에 해당하는 것이 아니라 지게차의 작업장치에 해당하는 것이다.

49 정답 ④

도로 굴착공사 시행 전에 주위 매설물을 확인할 때에는 매설물 관련 기관에 의견을 조회하고 해당 시설의 관리자의 입회 하에 지시에 따라 작업하도록 한다.

50 정답 ④

도로교통법상 어린이로 규정하고 있는 연령은 13세 미만이다.

51 정답 ④

건설기계 제동장치 검사 시 기준은 모든 축의 제동력의 합이 당해 축중의 50% 이상이어야 한다. 이때 축중은 빈차를 기준으로 한다.

52 정답 ②

건설기계 소유자는 등록번호표를 반납해야 하는 사유에 해당되는 경우 10일 이내에 등록번호표의 봉인을 떼어낸 후 시·도지사에게 반납해야 한다.

53 정답 ③

압력제어 밸브 중 시퀀스 밸브는 2개 이상의 분기회로에서 유압 액추에이터의 작동 순서를 제어한다.

> **핵심 포크**
> **압력제어 밸브**
> - 릴리프 밸브 : 유압회로의 최고 압력을 제한하는 밸브로 유압을 설정압력으로 일정하게 유지
> - 리듀싱 밸브 : 유압회로에서 입구 압력을 감압하여 유압실린더 출구 설정 압력으로 유지하는 밸브
> - 무부하 밸브 : 회로 내의 압력이 설정값에 도달하면 펌프의 전 유량을 탱크로 방출하여 펌프에 부하가 걸리지 않게 함으로써 동력을 절약할 수 있는 밸브
> - 시퀀스 밸브 : 두 개 이상의 분기 회로에서 유압회로의 압력에 의하여 유압 액추에이터의 작동 순서를 제어
> - 카운터 밸런스 밸브 : 실린더가 중력으로 인하여 제어 속도 이상으로 낙하하는 것을 방지

54 정답 ①

건설기계관리법 시행규칙에 따르면, 건설기계의 기종변경, 육상작업용 건설기계규격의 증가 또는 적재함의 용량증가를 위한 구조변경은 할 수 없다.

55 정답 ①

발전소 상호간 및 변전소 상호간 또는 발전소와 변전소 간에 설치되는 전선로는 송전선로이다.

56 정답 ②

샤프형 투스는 점토나 석탄 등의 굴착 및 적재작업에 용이하며, 로크형 투스는 암석이나 자갈 등의 굴착 및 적재작업에 용이하다.

57 정답 ④

도시가스 배관이 매설된 위치에서 굴착작업을 하는 경우 가스배관의 좌우 1m 이내에서는 반드시 인력에 의하여 굴착작업을 실시해야 한다.

58 정답 ③

유압실린더는 유압펌프에서 발생된 유압을 직선왕복운동으로 변환하는 유압 구동장치에 해당된다.

> **핵심 포크**
>
> **유압장치의 구성**
> - 유압 발생부 : 유압펌프
> - 유압 제어부 : 각종 제어 밸브
> - 유압 구동부 : 유압실린더, 유압모터 등

59 정답 ②

릴리프 밸브에서 볼(ball)이 밸브의 시트를 때려 소음이 발생하는 현상을 채터링(chattering) 현상이라고 한다.

60 정답 ②

관공서용 건물번호판에 해당하는 것은 ②이다. ①은 문화재·관광지용 건물번호판이며, ③과 ④는 일반용 건물번호판에 해당한다.